应用统计学丛书 30

Advanced Spatial Modeling with Stochastic Partial Differential Equations Using R and INLA

基于R-INLA的 SPDE空间模型的高级分析

Elias Krainski
Virgilio Gómez-Rubio
Haakon Bakka
Amanda Lenzi
Daniela Castro-Camilo
Daniel Simpson
Finn Lindgren
Håvard Rue 著
汤银才 陈婉芳 译

中国教育出版传媒集团
高等教育出版社·北京

图字：01-2020-5988 号

Advanced Spatial Modeling with Stochastic Partial Differential Equations Using R and INLA, 1st Edition, authored/edited by Elias Krainski, Virgilio Gómez-Rubio, Haakon Bakka, Amanda Lenzi, Daniela Castro-Camilo, Daniel Simpson, Finn Lindgren, Håvard Rue

© 2019 by Taylor & Francis Group, LLC
All Rights Reserved.

Authorized translation from the English language edition published by CRC Press, a member of the Taylor & Francis Group, LLC. 本书原版由 Taylor & Francis 出版集团旗下 CRC 出版公司出版，并经其授权翻译出版，版权所有，侵权必究。

Higher Education Press Limited Company is authorized to publish and distribute exclusively the Chinese (simplified characters) language edition. This edition is authorized for sale throughout the mainland of China. No part of the publication may be reproduced or distributed by any means, or stored in a database or retrieval system, without the prior written permission of the publisher. 本书中文简体翻译版授权由高等教育出版社有限公司独家出版并仅限于中华人民共和国境内（但不允许在中国香港、澳门特别行政区和中国台湾地区）销售发行。未经出版者书面许可，不得以任何方式复制或发行本书的任何部分。

Copies of this book sold without a Taylor & Francis sticker on the cover are unauthorized and illegal. 本书封面贴有 Taylor & Francis 公司防伪标签，无标签者不得销售。

图书在版编目（CIP）数据

基于 R-INLA 的 SPDE 空间模型的高级分析／（巴西）埃利亚斯·克拉因斯基等著；汤银才，陈婉芳译. -- 北京：高等教育出版社，2024.1

（应用统计学丛书）

书名原文：Advanced Spatial Modeling with Stochastic Partial Differential Equations Using R and INLA

ISBN 978-7-04-061261-5

Ⅰ. ①基… Ⅱ. ①埃… ②汤… ③陈… Ⅲ. ①随机偏微分方程–研究 Ⅳ. ①O211.63

中国国家版本馆 CIP 数据核字（2023）第 191714 号

JIYU R-INLA DE SPDE KONGJIAN MOXING DE GAOJI FENXI

策划编辑	李华英	责任编辑	李华英	封面设计	李树龙
版式设计	童 丹	责任校对	窦丽娜	责任印制	朱 琦

出版发行	高等教育出版社	咨询电话	400-810-0598
社　　址	北京市西城区德外大街 4 号	网　　址	http://www.hep.edu.cn
邮政编码	100120		http://www.hep.com.cn
印　　刷	北京宏伟双华印刷有限公司	网上订购	http://www.hepmall.com.cn
开　　本	787mm×1092mm 1/16		http://www.hepmall.com
印　　张	17.5		http://www.hepmall.cn
字　　数	350 千字	版　　次	2024 年 1 月第 1 版
插　　页	12	印　　次	2024 年 1 月第 1 次印刷
购书热线	010-58581118	定　　价	79.00 元

本书如有缺页、倒页、脱页等质量问题，请到所购图书销售部门联系调换
版权所有　侵权必究
物　料　号　61261-00

本书献给 SPDE 方法和 R–INLA 早期阶段的所有耐心用户。开发确实受益于你们所有的反馈。谢谢你们！

译序

贝叶斯推断方法广泛应用于统计建模与机器学习,其基本思想是通过贝叶斯公式整合先验分布 (先验信息) 与似然函数 (样本信息) 形成后验分布,然后再进行模型拟合或预测等,其中先验分布可以是源于历史数据或专家经验构建的主观先验分布,也可以是基于某种准则所导出的客观先验分布 (如拉普拉斯平坦分布、Jeffreys 先验和 reference 先验等). 贝叶斯推断不仅适用于小样本下的简单模型,也同样适用于中等或大样本下的复杂模型. 对于后者,后验分布通常很难显式表示为常见的统计分布,这时的后验统计推断往往会涉及复杂的高维积分计算,而传统的数值积分近似及蒙特卡罗积分显然已经无法应对"维数灾难"问题,即后验推断中涉及的计算量随着参数维数的增加而成倍增加的问题.

随着 20 世纪 80 年代马尔可夫链蒙特卡罗 (Markov Chain Monte Carlo, MCMC) 算法的提出并不断推广 (如 Gibbs 抽样、Metropolis-Hastings 算法、切片抽样及哈密顿蒙特卡罗算法),贝叶斯推断所遇到的复杂积分的瓶颈问题可通过从后验分布中迭代抽样得到的马尔可夫链得以解决. 同时,为了大幅降低编程难度,各种基于概率编程思想的贝叶斯推断软件 (如 WinBUGS/OpenBUGS, JAGS, NIMBLE, Stan) 及 R 软件包 (如 R2WinBUGS/R2OpenBUGS, rjags/R2jags/runjags, nimble, rstan) 或 Python 库 (如 PyMC3) 不断推出,逐渐形成了一系列基于 BUGS 语言的智能化贝叶斯推断引擎,并用于处理社会学、生态学、环境科学、计量经济学、金融与经济学、生物医学、流行病学、保险学等各个相关领域中产生的复杂数据的贝叶斯统计推断,这反过来也为 MCMC 算法的优化与长期发展提供了机会.

MCMC 算法本质上是一种拒绝–接受抽样迭代算法,其关键是从后验分布中间接抽取马尔可夫链. 在满足一定的正则条件下,可以保证从达到平稳状态的马尔可夫链截取的一段迭代值可作为后验样本用于蒙特卡罗积分. 理论上,只要迭代次数足够多,此算法提供的迭代值最终会收敛,且收敛到我们预先指定的目标分布,即后验分布. 基于 MCMC 算法的贝叶斯推断理论上可视为一种精确的后验推断方法. 然而,精确并不等于有效. 实际上,MCMC 算法的抽样效率依赖于实际使用时所涉及的一些技巧.

1. 马尔可夫链转移核的选取: 差的转移核会导致算法的收敛速度变得很慢,链值之间存在很强的相关性,或接受的比例很低.

2. 收敛性诊断: 这通常需要人工干预, 或是通过多条链的收敛诊断图 (如样本路径图、遍历均值图、自相关图等), 或是通过考察马尔可夫链的误差及 BGR (Brooks-Gelman-Rubin) 诊断统计量 (又称潜在的规模折减系数, Potential Scale Reduction Factor, PSRF) 进行诊断.

3. 有效样本的选取: 为保证推断的精度, 收敛后的马尔可夫链仍需要抛弃一部分初始迭代值 (称为预烧期, burn-in), 并间隔选取一部分迭代值 (称为稀释, thinning), 它们会直接影响后验推断的精度.

因此, 理论上看似完美的 MCMC 算法在实际使用时仍然避不开 "维数灾难" 问题, 从而在计算上表现为可扩展性问题, 并很大程度上会阻碍贝叶斯推断在复杂模型应用上的落地.

在过去二十年, 贝叶斯近似计算已经悄然兴起, 在计算效率上表现突出的有变分贝叶斯 (Variational Bayes, VB) 与积分嵌套拉普拉斯近似 (Integrated Nested Laplace Approximation, INLA) 方法. INLA 是 Rue 等人于 2009 年提出的, 旨在为一类潜在高斯模型 (Latent Gaussian Model, LGM) 提供一种快速而精确的近似贝叶斯计算方法. 一个 LGM 本质上是一个包含潜变量的分层贝叶斯模型, 它由一个具有线性预测因子的似然函数、一个潜在高斯随机场 (Latent Gaussian Random Field, LGRF) 以及一个超参数向量的先验分布所组成, 用公式表示为

$$\boldsymbol{y} \mid \boldsymbol{x}, \boldsymbol{\theta}_2 \sim \prod_i p(y_i \mid \eta_i, \boldsymbol{\theta}_2),$$

$$\boldsymbol{x} \mid \boldsymbol{\theta}_2 \sim N(\boldsymbol{0}, \boldsymbol{Q}^{-1}(\boldsymbol{\theta}_2)),$$

$$\boldsymbol{\theta} = (\boldsymbol{\theta}_1, \boldsymbol{\theta}_2) \sim \pi(\boldsymbol{\theta}),$$

其中潜变量向量 $\boldsymbol{x}$ 由线性预测因子 η_i 中的所有参数及其本身所构成, $\boldsymbol{\theta}$ 是 LGM 中的超参数向量, $\pi(\boldsymbol{\theta})$ 为其先验, $\boldsymbol{Q}(\boldsymbol{\theta}_2)$ 是精度矩阵. 模型中似然的分布 $p(\cdot \mid \cdot, \cdot)$ 没有什么限制, 而线性预测因子 η_i 中可包括 (线性) 固定效应、(非线性) 随机效应, 后者又可以是平滑效应、空间效应、时空效应等. 可见, LGM 可包括许多复杂的模型, 如熟悉的广义线性模型 (Generalized Linear Model, GLM)、广义可加模型 (Generalized Additive Model, GAM)、时间序列模型、空间模型、测量误差模型等.

LGRF 又被称为高斯–马尔可夫随机场 (Gaussian Markov Random Field, GMRF), 其潜在效应 $\boldsymbol{x}$ 满足马尔可夫性和正态性, 其中的马尔可夫性可保证: (1) 潜变量间条件独立, 即 $x_i \perp x_j \mid \boldsymbol{x}_{-ij}$; (2) $\boldsymbol{Q}_{ij}(\boldsymbol{\theta}_2) = \boldsymbol{0}$, 即精度矩阵是稀疏的. 这样尽管 $\boldsymbol{x}$ 通常是高维的, 但其精度矩阵的稀疏性, 加上超参数向量 $\boldsymbol{\theta}$ 的低维特点, 可以保证这个模型的待

估参数可大幅降低, 这是 INLA 方法得以快速实现贝叶斯计算的关键.

基于上述理论, Rue 等 (2009) 开发了一套 INLA 算法, 实现超参数向量 $\boldsymbol{\theta}$ 后验分布 $\pi(\boldsymbol{\theta} \mid \boldsymbol{y})$ 及潜在效应后验边际分布 $\pi(x_j \mid \boldsymbol{y})$ 的计算. 这里 "拉普拉斯近似" 应用于 $\boldsymbol{x}$ 的条件后验分布上, 而 "嵌套" 是指将上述近似应用于数值积分近似公式中. 为了便于算法的推广与使用, Rue 等人基于同名的 C 语言库 GMRF 开发了一个 R 软件包 INLA (也称为 R-INLA). 经过十多年的迭代更新, 该软件包已经相当稳定, 并被广泛使用. 此外, 为了实现地理区域上空间数据的贝叶斯分析, Lindgren、Rue 和 Lindström 于 2011 年指出, 具有 Matérn 协方差结构的高斯连续空间过程可作为随机偏微分方程的一个解用于近似连续空间上的 LGRF, 而且他们还基于有限元法构建了此 LGRF 的算法, 并开发了 R 软件包 inlabru, 实现了 R-INLA 软件包的扩展, 同时还可进行地理制图. 最后, 人们通过这两个包可以很自然地实现时间过程与空间过程相结合的时空统计建模.

在过去的十多年时间里, INLA 算法及 R-INLA 软件包被广泛使用, 呈现在大量的研究论文与案例中, 并汇集到已经出版的高质量图书中. 在刚刚过去的两年里, 我们通过讨论班形式仔细阅读了 INLA 系列图书的核心章节, 重现了其中的很多实例, 真正体会并验证了 INLA 算法的精确性与高效性, 以及 R-INLA 软件包的便利性. 我们重点阅读了以下五本图书.

1. Blangiardo, M. and M. Cameletti (2015). *Spatial and Spatio-temporal Bayesian Models with R-INLA*. John Wiley & Sons.
2. Gómez-Rubio, V. (2020). *Bayesian Inference with INLA*. Chapman & Hall/CRC.
3. Krainski, E., V. Gómez-Rubio, H. Bakka, A. Lenzi, D. Castro-Camilo, D. Simpson, F. Lindgren, and H. Rue (2019). *Advanced Spatial Modeling with Stochastic Partial Differential Equations Using R and INLA*. Chapman & Hall/CRC.
4. Moraga, P. (2020). *Geospatial Health Data: Modeling and Visualization with R-INLA and Shiny*. Chapman & Hall/CRC.
5. Wang X., Y. R. Yue, and J. J. Faraway (2018). *Bayesian Regression Modeling with INLA*. Chapman & Hall/CRC.

基于此, 我们希望将这些图书翻译出版, 让中国高校更多的师生及数据从业人员熟悉并使用 INLA 算法及其软件包, 推动近似贝叶斯推断算法的应用研究.

在这一系列图书的翻译、排版、校对到最后出版的整个过程中, 我们得到了许多朋友的帮助, 在此衷心表示感谢. 首先, 我要感谢参加由我组织的贝叶斯近似计算讨论班的博士生与硕士生: 周世荣、徐嘉威、李璇、孙彭、吴文韬、林晓凡、刘行、徐顺拓、左天晴、方锦雯、王旭、刘月彤和庄亮亮等, 他们的坚持给了我莫大的动力; 我要特别感谢周世荣、徐嘉威、李璇、吴文韬、林晓凡、刘行和徐顺拓几位同学,他们参与了系列图书第一稿的翻译工作;陈婉芳和王平平两位老师不仅参与了翻译工作,还与我一起承担了图书的校订工作,并给出许多建议,保证了图书翻译的进度与质量,感谢她们;我要感谢系列图书中的几位作者,Virgilio Gómez-Rubio 教授提供了 *Bayesian Inference with INLA* 及 *Advanced Spatial Modeling with Stochastic Partial Differential Equations Using R and INLA* 两本书的 Bookdown 源文件及更新的 R 程序代码,Paula Moraga 教授快速回复了我的邮件,并第一时间提供了 *Geospatial Health Data* 一书的 Bookdown 源文件,他们的热心帮助使得这几本书的翻译时间大为缩短. 最后,也是最为重要的,我要感谢高等教育出版社的赵天夫、吴晓丽、李鹏、和静和李华英几位编辑;赵老师与我就图书的翻译问题及时沟通,联系购买了系列图书英文版的 TeX 源文件,并亲自调试适合此系列图书的 TeX 模板;吴老师更像是我的朋友和贵人,帮我牵线搭桥,通过海外合作部的同事提供图书信息,解决图书翻译中遇到的各种问题.

在整个翻译过程中,我们对书中的 R 代码进行了复现,为保证代码的可读性我们对代码中的注释及图中的坐标标签、图例、标题及说明等进行了翻译. 然而,由于 R 的版本在不断迭代,从原来的 3.6 更新到翻译时的 4.2,而最新的 R-INLA 与早期的版本相比也有很多更新和扩充,少量代码在不同版本下运行难免会出现这样或那样的问题,若遇到此类问题,敬请读者尝试较早的版本、查看作者的主页以及与作者或我们联系.

对于书中的人名,我们基本遵照拉丁字母拼写的形式,但也保留了几个例外,如对 Bayes、Gauss、Markov、Laplace 的姓氏直接译为:贝叶斯、高斯、马尔可夫、拉普拉斯,这是因为这些姓氏的音译已经普及,同时它们又经常变为形容词,如 Bayesian、Gaussian 等,这样在行文时似乎比较自然.

由于整个团队的知识面有限且时间较为仓促,系列图书的翻译难免会出现错误或不到位的情况,敬请广大读者批评指正.

本系列图书可作为统计学专业贝叶斯统计课程的拓展性参考书,也可作为生态学、地理统计、流行病学等专业从事贝叶斯统计分析研究与数据处理的师生及从业人员的工具书和参考读物.

汤银才
2022 年 6 月夏于上海

前言

本书是由 Elias T. Krainski 在 2013 年与他在挪威特隆赫姆挪威科技大学 (NTNU) 的博士生一起编写的教程发展而来的. 此后, 根据众多用户的反馈和新的发展, 该教程不断得到扩充.

Lindgren 等 (2011) 描述了一种基于随机偏微分方程 (SPDE) 解的具有 Matérn 协方差的连续空间模型的近似. 这种逼近的计算是基于稀疏表示法使用积分嵌套拉普拉斯逼近法 (INLA, Rue 等, 2009) 有效地实现的.

本书将展示如何使用统计计算 R 软件的 INLA 包来拟合至少包含一个用 SPDE 定义的效应的模型. 基于 SPDE 的模型可用于定义一维或二维连续随机效应, 通常应用是在分析中明确考虑地理位置的数据中.

本书通过实例探讨 INLA 的功能, 其结构如下. 第 1 章介绍了积分嵌套拉普拉斯近似及其相应的基于 R 编程语言的 INLA 包. 第 2 章介绍了高斯随机场和 SPDE 框架, 给出了一个基于简单数据集的例子, 并展示了一些构建网格的例子. 这里还讨论了一个非高斯数据的例子. 第 3 章介绍了三个关于使用具有几个似然的模型的例子. 这些例子包括测量误差模型、协同区域模型, 并在另一个结果的线性预测因子中考虑一个结果的部分或整个线性预测因子. 第 4 章介绍了使用对数高斯–Cox 过程的点过程分析. 第 5 章建立了非平稳空间模型, 其中包括在协方差参数和屏障模型中加入协方差. 第 6 章主要是生存分析, 讨论了极端值和非标准似然的模型. 第 7 章详细介绍了时空模型. 第 8 章发展了时空模型的一些应用. 书末附有两个附录, 其中包括书中所使用的符号的总结和重现书中实例所需的 R 包的信息.

本书第 1 章的介绍可以作为积分嵌套拉普拉斯近似和 INLA 软件包的起点. 第 2 章试图通过两个例子来解释 SPDE 方法背后的一些理论细节. 要了解更多的理论细节可能需要一些随机过程的背景知识, 在本章和全书的例子中都会详细介绍 SPDE 方法的应用.

本书的重点是基于 INLA 的 SPDE 模型, 但没有涉及贝叶斯推断或空间分析的基础知识. 为此, Bivand 等 (2013) 详细描述了 R 中的空间分析, Banerjee 等 (2014) 详细介绍了不同类型空间模型的贝叶斯推断, Blangiardo 和 Cameletti (2015) 以及 Zuur 等 (2017) 给出了 INLA 的介绍, 并讨论了空间和时空模型. Wang 等 (2018) 以及 Gómez-

Rubio (2020) 对 INLA 和使用 INLA 包建模进行了很好的介绍, 是学习 INLA 很好的资源.

还有一些其他的资源可以在网上或 INLA 包中获得. Lindgren 和 Rue (2015) 是一个很好的教程. 如果你急于拟合一个简单的地理统计模型, 请参考 INLA 包中提供的短文 (vignette), 可以通过键入 `vignette(SPDEhowto)` 加载, 或者通过键入 `vignette(SPDE1d)` 加载一个一维的例子; 还可以通过键入 `meshbuilder()` 打开一个网格构建 Shiny 应用示例.

最后, 本书的 Gitbook 版本可以从 R–INLA 网站获得. 扫描封底二维码可以获得本书的例子以及图形中使用的 R 代码和数据集. 本书的图片是使用 `RColorBrewer` 和 `viridisLite` 包进行调色的, 读者可通过所提供的 R 代码很容易地进行修改.

致谢

我们要感谢 Sarah Gallup 和 Helen Sofaer 在教程中的一些英文点评, 这也是本书的起源. 我们感谢一些人把好的问题和疑问带到 INLA 讨论区, 并直接提供给我们. 最后, 我们感谢 John Kimmel 和 CRC 对本书出版的支持, 以及他在整个出版过程中对我们的帮助.

Elias T. Krainski 在 2013—2016 年间得到了挪威研究委员会的资助. Virgilio Gómez-Rubio 得到了由西班牙教育、文化和体育理事会 (JCCM) 以及 FEDER 颁发的 SBPLY/17/180501/000491 基金, 由西班牙经济和竞争部颁发的 MTM2016-77501-P 基金以及西班牙卡斯蒂利亚-拉曼查大学 (Universidad de Castilla-La Mancha) 支持研究小组的基金的部分资助.

本书使用 `bookdown` 软件包和 R markdown 编写. Albacete 的地图数据版权归 OpenStreetMap 贡献者所有.

本书特色

本书的形式有些不同寻常，我们需要澄清这一点，以免读者感到困惑. 本书的目标是用不到 300 页的篇幅，为应用空间建模的前沿研究提供几种工具. 为了实现这一目标，我们在编写本书时做了一些不同寻常的决定.

- 没有详细的介绍: 本书中没有对空间建模或空间过程进行详细介绍. 我们假设读者熟悉这些文献，或者有其他来源可以依赖.
- 为了在书中加入更多的代码实例，对模型的解释被限制在最小范围内.
- 没有详细的应用讨论: 每章只包含对结果的简单解释.
- 前两章应在其他任何一章之前阅读 (至少表面上是这样的)，但除此之外，各章可以按照任何顺序阅读.

本书以 R 代码为中心，以对用户"有用"为目标:

- 所有的代码都具有较高计算效率，即使是复杂的多元似然时空问题.
- 为了理解模型的统计特性，需要额外的阅读，但读者可以使用和扩展代码来研究这些统计特性.
- 不同章节的代码是独立的，这样用户只需复制一章的代码.

本书是一本关于高等应用统计建模的书籍，因此有些模型在操作上会有一定的难度. 我们将根据用户的反馈，通过在线资源库继续开发本书.

目录

第 1 章　积分嵌套拉普拉斯近似与 R-INLA 包　　1
  1.1　介绍　　1
  1.2　INLA 方法　　1
  1.3　一个简单的例子　　3
  1.4　其他参数和控制选项　　13
  1.5　处理后验边际分布　　20
  1.6　高级功能　　22

第 2 章　空间建模简介　　35
  2.1　简介　　35
  2.2　随机偏微分方程法　　44
  2.3　案例：玩具数据集　　52
  2.4　随机场的投影　　59
  2.5　预测　　61
  2.6　关于三角剖分的细节与示例　　67
  2.7　评估网格的工具　　79
  2.8　非高斯响应：Paraná 州降雨量数据案例　　81

第 3 章　多个似然　　97
  3.1　协同区域模型　　97
  3.2　联合建模：测量误差模型　　104
  3.3　整体线性预测因子的复制部分　　113

第 4 章　点过程和优先抽样法　　121
  4.1　简介　　121
  4.2　在对数高斯–Cox 过程中引入一个协变量　　129
  4.3　基于优先抽样法的地理统计学推断　　132

第 5 章　空间非平稳性　　139

5.1	协方差中的解释变量	139
5.2	屏障模型	146
5.3	Albacete (西班牙) 噪声数据的屏障模型	154

第 6 章 使用非标准似然函数进行风险评估 **165**

6.1	生存分析	165
6.2	极值模型	172

第 7 章 时空模型 **181**

7.1	离散时域	181
7.2	连续时域	190
7.3	降低时空模型的分辨率	193
7.4	条件模拟: 合并两个网格	199

第 8 章 时空模型应用 **209**

8.1	时空协同区域模型	209
8.2	动态回归的例子	214
8.3	时空点过程: Burkitt 例子	220
8.4	大型点过程数据集	225
8.5	累积降雨量: Hurdle 伽马模型	233

附录 A 符号和记号列表 **245**

附录 B 本书使用的软件包 **247**

参考文献 **249**

索引 **257**

第 1 章

积分嵌套拉普拉斯近似与 R-INLA 包

1.1 介绍

在这一介绍性章节中, 我们将简要介绍积分嵌套拉普拉斯近似法 (Integrated Nested Laplace Approximation, INLA, Rue 等, 2009). 本章的目的是介绍 INLA 方法和相关的基于 R 编程语言的 INLA 软件包 (也称为 R-INLA 软件包) 的主要特点. 我们将使用不同的模型对一个模拟数据集进行拟合, 以展示用 INLA 方法和 INLA 包拟合模型的主要步骤.

这篇关于 INLA 方法和 INLA 包的介绍涵盖了基础知识和一些高级功能, 其目的是为读者提供一个总体概述, 这对于学习本书中关于 SPDE 方法的空间模型的其他章节很有帮助. INLA 方法最新的扩展研究可参考: Blangiardo 和 Cameletti (2015) 对 INLA 的主要理论进行了介绍, 并对许多空间和时空模型进行了广泛描述; Wang 等 (2018) 提供了对 INLA 的详细描述, 重点介绍了一般回归模型在 INLA 中的应用; 类似地, Gómez-Rubio (2020) 描述了基本的 INLA 方法, 并介绍了许多不同模型在 INLA 中的应用和计算流程.

1.2 INLA 方法

Rue 等 (2009) 建立了用于近似贝叶斯推断的积分嵌套拉普拉斯近似 (INLA) 算法, 以替代传统的马尔可夫链蒙特卡罗方法 (Markov Chain Monte Carlo, MCMC, Gilks 等, 1996). INLA 重点关注那些可以被表达为潜在高斯-马尔可夫随机场 (Gaussian Markov Random Field, GMRF) 的模型, 因为它们具有计算特性 (详见 Rue 和 Held, 2005). 毫不奇怪, 这涵盖了广泛的模型. 最近对 INLA 及其应用的综述可以在 Rue 等 (2017) 和 Bakka 等 (2018a) 中找到.

INLA 框架可以描述如下. 首先, $y = (y_1, \ldots, y_n)$ 是一个观测变量的向量, 其分布 (在大多数情况下) 属于指数族, 使用适当的连接函数 (link function) 可以方便地将均值 μ_i (对于观测值 y_i) 连接到线性预测因子 η_i (例如也可能将预测器连接到一个分位数).

线性预测因子可以包括协变量 (即固定效应) 以及不同类型的随机效应. 所有潜在效应的向量将用 $\boldsymbol{x}$ 表示, 它将包括线性预测因子、协变量的系数等. 此外, $\boldsymbol{y}$ 的分布可能取决于一些超参数的向量 $\boldsymbol{\theta}_1$.

潜在效应向量 $\boldsymbol{x}$ 的分布被假定为高斯–马尔可夫随机场 (GMRF). 这个 GMRF 将有一个零均值和精确矩阵 (precision matrix) $\boldsymbol{Q}(\boldsymbol{\theta}_2)$, 其中 $\boldsymbol{\theta}_2$ 是一个超参数的向量. 模型中所有超参数的向量将用 $\boldsymbol{\theta} = (\boldsymbol{\theta}_1, \boldsymbol{\theta}_2)$ 表示.

此外, 给定潜在效应向量和超参数, 观测结果被假定为独立的. 这意味着似然函数可以写成

$$\pi(\boldsymbol{y}|\boldsymbol{x}, \boldsymbol{\theta}) = \prod_{i \in \mathcal{I}} \pi(y_i|\eta_i, \boldsymbol{\theta}),$$

这里 η_i 是潜在的线性预测因子 (它是潜在效应向量 $\boldsymbol{x}$ 的一部分), 集合 $\mathcal{I}$ 包含 $\boldsymbol{y}$ 的所有观测值的下标. 有些数值可能没有被观测到.

INLA 方法的目的是对模型效应和超参数的后验边际进行近似. 这是通过利用 GMRF 的计算特性和多重积分的拉普拉斯近似来实现的.

潜在效应和超参数的联合后验分布可以表示为

$$\begin{aligned}\pi(\boldsymbol{x}, \boldsymbol{\theta}|\boldsymbol{y}) &\propto \pi(\boldsymbol{\theta})\pi(\boldsymbol{x}|\boldsymbol{\theta}) \prod_{i \in \mathcal{I}} \pi(y_i|x_i, \boldsymbol{\theta}) \\ &\propto \pi(\boldsymbol{\theta})|\boldsymbol{Q}(\boldsymbol{\theta})|^{1/2} \exp\left\{-\frac{1}{2}\boldsymbol{x}^\top \boldsymbol{Q}(\boldsymbol{\theta})\boldsymbol{x} + \sum_{i \in \mathcal{I}} \log(\pi(y_i|x_i, \boldsymbol{\theta}))\right\}.\end{aligned} \quad (1.1)$$

通过使用 $\boldsymbol{Q}(\boldsymbol{\theta})$ 来表示潜在效应的精确矩阵, 简化了符号. 同时, $|\boldsymbol{Q}(\boldsymbol{\theta})|$ 表示该精确矩阵的行列式. 此外, 当 $i \in \mathcal{I}$ 时, $x_i = \eta_i$.

潜在效应和超参数的边际分布的计算可以考虑

$$\pi(x_i|\boldsymbol{y}) = \int \pi(x_i|\boldsymbol{\theta}, \boldsymbol{y})\pi(\boldsymbol{\theta}|\boldsymbol{y})d\boldsymbol{\theta}$$

和

$$\pi(\theta_j|\boldsymbol{y}) = \int \pi(\boldsymbol{\theta}|\boldsymbol{y})d\boldsymbol{\theta}_{-j}.$$

请注意, 在这两个表达式中, 积分都是在超参数空间上进行的, 并且需要对超参数的联合后验分布进行良好的近似. Rue 等 (2009) 给出了 $\pi(\boldsymbol{\theta}|\boldsymbol{y})$ 的近似, 用 $\tilde{\pi}(\boldsymbol{\theta}|\boldsymbol{y})$ 表示, 并用它来近似潜在参数 x_i 的后验边际

$$\tilde{\pi}(x_i|\boldsymbol{y}) = \sum_k \tilde{\pi}(x_i|\boldsymbol{\theta}_k, \boldsymbol{y}) \times \tilde{\pi}(\boldsymbol{\theta}_k|\boldsymbol{y}) \times \Delta_k,$$

这里 Δ_k 是与网格中的超参数值向量 $\boldsymbol{\theta}_k$ 相关的权重.

近似值 $\tilde{\pi}(\boldsymbol{\theta}_k|\boldsymbol{y})$ 可以采取不同的形式, 以不同的方式进行计算. Rue 等 (2009) 也讨论了这个近似值应该是怎样的, 以减少数值误差.

1.2.1 R-INLA 软件包

INLA 方法是在 INLA 软件包 (也称为 R-INLA 软件包) 中实现的, 其下载说明可从 INLA 主网站上获得. INLA 作为一个 R 软件包, 可以从它自己的资源库中获得, 因为它没有托管在 CRAN 上. 测试版本可以通过运行如下代码下载:

```
# 设定CRAN镜像及INLA资源库
options(repos = c(getOption("repos"),
  INLA = "https://inla.r-inla-download.org/R/testing"))
# 安装INLA及相依软件包
install.packages("INLA", dependencies = TRUE)
```

稳定版可以通过将上面代码中的 `testing` 替换为 `stable` 来下载. 本书是用测试版编译的, 它可能包括本书某些部分所需的 (较新的) 功能.

INLA 包中的主要函数是 `inla()`, 它提供了一种简单的模型拟合方法. 这个函数的工作方式与 `glm()` 或 `gam()` 函数类似. 用一个公式来定义模型, 模型中的固定效应和随机效应由一个 `data.frame` 来表示. 此外, 关于如何计算结果以及具体的模型设置都可以由通用选项来调用. 第 1.3 节提供了一个简单的例子.

1.3 一个简单的例子

在这里, 我们给出一个简单的例子来说明 INLA 方法. 我们将通过 SPDEtoy 数据集说明 INLA 包的使用. 这个数据集将在第 2.8 节介绍空间模型时做进一步分析, 但我们现在将重点关注该数据集在简单回归模型上的应用. SPDEtoy 数据集包含了来自单位面积内连续空间过程的模拟数据. 这将模拟典型的空间数据, 如温度或降雨量, 这些数据在空间上连续发生, 但只在特定地点 (通常是放置站点的地方) 测量. 表 1.1 列出了数据集中三个变量的汇总.

加载此数据集:

```
library(INLA)
data(SPDEtoy)
```

表 1.1 SPDEtoy 数据集中的变量

变量	描述
y	各位置处的模拟观测值
s1	单位正方形中的 x 坐标
s2	单位正方形中的 y 坐标

下面的代码将采用原始数据, 创建一个 SpatialPointsDataFrame (R. S. Bivand 等, 2013) 来表示这些地点, 并在变量 y 上创建一个气泡图:

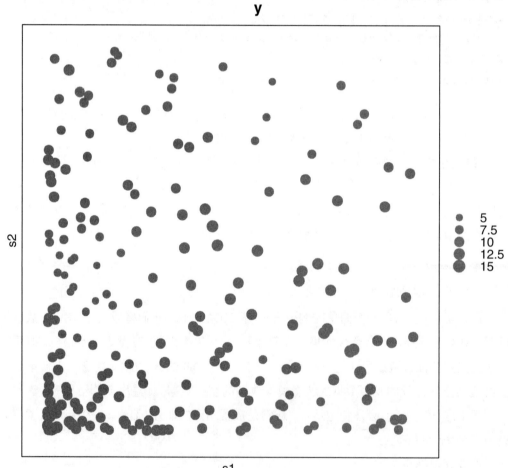

图 1.1 SPDEtoy 数据集的气泡图[1)]

[1)]编者注: 本书中的运行结果图均为译者对原书中 R 代码进行复现后得到的原始图片, 编辑未做任何处理, 以与正文中的代码对应; 图片中的文字和符号等可能与正文内容略有出入.

1.3 一个简单的例子

```
SPDEtoy.sp <- SPDEtoy
coordinates(SPDEtoy.sp) <- ~ s1 + s2

bubble(SPDEtoy.sp, "y", key.entries = c(5, 7.5, 10, 12.5, 15),
       maxsize = 2, xlab = "s1", ylab = "s2")
```

图 1.1 使用气泡图展示了观测值. 在这里, 可以观测到数据的一个明显的趋势, 即在靠近左下角的地方观测到更多的数值.

我们用 INLA 对 SPDEtoy 数据集拟合的第一个模型是基于坐标的线性回归. 这将使用函数 inla() 来完成, 它的参数与 lm()、glm() 和 gam() 函数相似 (举几个例子来说). 在这个模型下, 位置 $s_i = (s_{1i}, s_{2i})$ 处的观测值 y_i 被假定为高斯变量, 其均值为 μ_i, 精度 (precision) 为 τ. 假设均值 μ_i 等于 $\alpha + \beta_1 s_{1i} + \beta_2 s_{2i}$, 其中 α 是模型截距, β_1 和 β_2 是协变量的系数. 默认情况下, 截距的先验是均匀分布; 系数的先验也是高斯分布, 其均值为零, 精度为 0.001; 精度的先验是伽马分布, 参数为 1 和 0.00005. 我们也可以使用第 1.4.2 节中给出的方法改变先验参数.

需要注意的是, 这里使用这个例子只是为了说明如何用 INLA 计算结果. 此外, 本节中的大多数模型都不是合理的空间模型, 因为它们缺乏坐标系的旋转不变性, 而这是许多空间模型中的一个理想属性 (详见第 2 章).

本节研究的第一个模型可以表述如下

$$
\begin{aligned}
&y_i \sim N(\mu_i, \tau^{-1}),\ i = 1, \ldots, 200, \\
&\mu_i = \alpha + \beta_1 s_{1i} + \beta_2 s_{2i}, \\
&\alpha \sim \text{Uniform}, \\
&\beta_j \sim N(0, 0.001^{-1}),\ j = 1, 2, \\
&\tau \sim Ga(1, 0.00005).
\end{aligned}
\tag{1.2}
$$

这个线性模型可以用下面的代码进行拟合:

```
m0 <- inla(y ~ s1 + s2, data = SPDEtoy)
```

虽然这是一个简单的例子, 但背后有很多事情要做. 在截距、协变量系数和误差项的精度上使用了默认的先验分布. 其次, 使用 INLA 方法对模型参数的后验边际进行了逼近, 并计算了一些感兴趣的量 (例如边际似然).

可将模型的拟合结果汇总如下:

```
summary(m0)
## 
## Call:
##    "inla(formula = y ~ s1 + s2, data = SPDEtoy)"
## Time used:
##     Pre = 2.23, Running = 0.401, Post = 0.174, Total = 2.8
## Fixed effects:
##               mean   sd 0.025quant 0.5quant 0.975quant  mode
## (Intercept) 10.13 0.24      9.656    10.13      10.61 10.13
## s1           0.76 0.43     -0.081     0.76       1.61  0.76
## s2          -1.58 0.43     -2.428    -1.58      -0.74 -1.58
##             kld
## (Intercept)  0
## s1           0
## s2           0
## 
## The model has no random effects
## 
## Model hyperparameters:
##                                          mean    sd 0.025quant
## Precision for the Gaussian observations 0.308 0.031      0.251
##                                         0.5quant 0.975quant
## Precision for the Gaussian observations    0.307      0.372
##                                          mode
## Precision for the Gaussian observations 0.305
## 
## Expected number of effective parameters(stdev): 3.00(0.00)
## Number of equivalent replicates : 66.67
## 
## Marginal log-Likelihood:  -423.18
```

输出结果提供了截距、协变量系数和误差项精度的后验边际的汇总. 这些参数的后验边际可以在图 1.2 中看到. 请注意, 模型汇总提供的结果和图 1.2 中的后验边际都表明, 响应变量的值随着 y 坐标 s2 值的增加而减少.

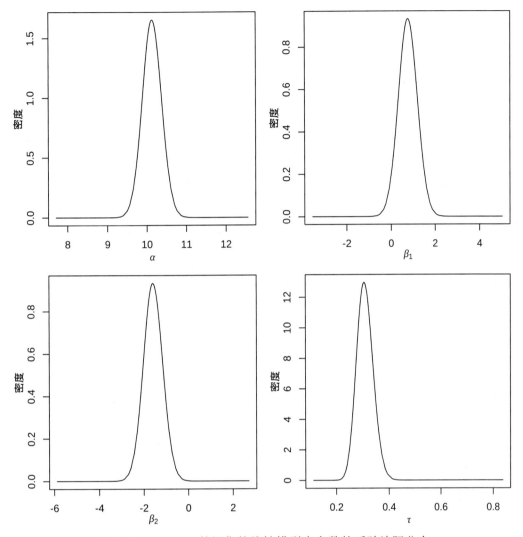

图 1.2 SPDEtoy 数据集的线性模型中参数的后验边际分布

1.3.1 协变量的非线性效应

正如在第 1.2 节中所述, INLA 方法可以处理不同类型的效应, 包括随机效应. 在这种情况下, 为了探索坐标上的非线性趋势, 可以使用一阶随机游走在协变量上增加非线性效应. 这将用一个平滑项取代协变量上的固定效应, 可能会更好地代表坐标的影响.

在独立增量的假设下定义随机效应向量 $\boldsymbol{u} = (u_1, \ldots, u_n)$:

$$\Delta u_i = u_i - u_{i+1} \sim N(0, \tau_u^{-1}),\ i = 1, \ldots, n-1,$$

其中 τ_u 代表一阶随机游走的精度. 请注意, 这是一个离散模型, 当它被定义在一个连续的协变量上时 (如本例), 与观测值 y_i 相关的效应是 $u_{(i)}$. 这里, 索引 (i) 是与 y_i 相关的协变量的位置, 用于在协变量的所有值被递增排序时定义模型.

因此, 现在的模型是用下面的均值来定义观测值的:

$$\mu_i = \alpha + u_{1,(i)} + u_{2,(i')}.$$

向量 $u_1 = (u_{1,1}, \ldots, u_{1,n})$ 和 $u_2 = (u_{2,1}, \ldots, u_{2,n})$ 代表与协变量相关的随机效应. 索引 (i) 和 (i') 分别是协变量 s_{1i} 和 s_{2i} 的位置. 随机效应的精度分别是 τ_1 和 τ_2. 默认情况下, 这些参数将被赋予参数为 1 和 0.00005 的伽马先验. 关于这个模型的全部细节可在 INLA 软件包的文档中找到, 可以用 `inla.doc("rw1")` 查看.

在定义模型的公式中, 我们通过使用 `f()` 函数来定义 INLA 中的随机效应. 之前定义的模型, 在协变量上加了非线性项, 对其引入平滑项, 可以拟合为:

```
f.rw1 <- y ~ f(s1, model = "rw1", scale.model = TRUE) +
  f(s2, model = "rw1", scale.model = TRUE)
```

在前面的公式中, `f()` 函数需要两个参数: 协变量的值, 以及使用 `model` 参数定义的随机效应的类型. 由于我们决定使用一阶随机游走, 模型被定义为: `model = "rw1"`. 此外, 选项 `scale.model = TRUE` 使得模型的平均方差调整为 1 (Sørbye 和 Rue, 2014).

可以用 `inla.models()$latent` 获得一个完整的已实现的随机效应列表. 这将产生一个带有已实现模型的一些计算细节的命名列表. 一个包含已实现模型名称的完整列表可以通过 `names(inla.models()$latent)` 或者 `inla.list.models("latent")` 获得.

然后, 模型被拟合并汇总如下:

```
m1 <- inla(f.rw1, data = SPDEtoy)

summary(m1)
##
## Call:
##    "inla(formula = f.rw1, data = SPDEtoy)"
## Time used:
##     Pre = 2.68, Running = 0.872, Post = 0.205, Total = 3.76
## Fixed effects:
##              mean   sd  0.025quant 0.5quant 0.97quant mode kld
## (Intercept)  9.9  0.12     9.6       9.9       10     9.9   0
##
## Random effects:
```

1.3 一个简单的例子

```
##     Name    Model
##     s1 RW1 model
##     s2 RW1 model
## 
## Model hyperparameters:
##                                              mean      sd
## Precision for the Gaussian observations      0.351     0.04
## Precision for s1                             6.655    18.46
## Precision for s2                            47.089   187.21
##                                             0.025quant 0.5quant
## Precision for the Gaussian observations      0.276     0.35
## Precision for s1                             0.445     2.52
## Precision for s2                             1.378    13.13
##                                             0.97quant  mode
## Precision for the Gaussian observations      0.43     0.350
## Precision for s1                            34.06     0.907
## Precision for s2                           260.36     3.138
## 
## Expected number of effective parameters(stdev): 11.63(5.00)
## Number of equivalent replicates : 17.19
## 
## Marginal log-Likelihood:  -1169.67
```

图 1.3 总结了这个模型的拟合效果, 包括截距的后验边际和误差项的精度, 以及协变量的非线性效应. 请注意, 协变量效应现在是轻微非线性的. 对协变量 s1 和 s2 的两个随机游走的精度 (分别为 τ_1 和 τ_2) 的后验边际也被绘制出来.

结果显示在 s2 方向上有下降的趋势, 但在 s1 方向上的趋势不明确. 此外, 精度 τ_1 和 τ_2 的后验边际显示, 对协变量 s2 的效应有更强的信号. 虽然这第二个模型比前一个模型更复杂, 但似乎并没有改善模型的拟合效果, 因为非线性项对 s1 没有明显的影响, 而对 s2 有线性下降的趋势. 请注意, 边际似然不能用于不恰当的模型, 因为它没有包括重归一化常数, 详情见 inla.doc("rw1").

1.3.2 inla 对象

函数 inla() 返回的对象是 inla 类型, 它是一个列表, 包含了用 INLA 方法进行模型拟合的所有结果. 实际包含的结果可能取决于调用 inla() 时使用的选项 (更多细节见第 1.4 节).

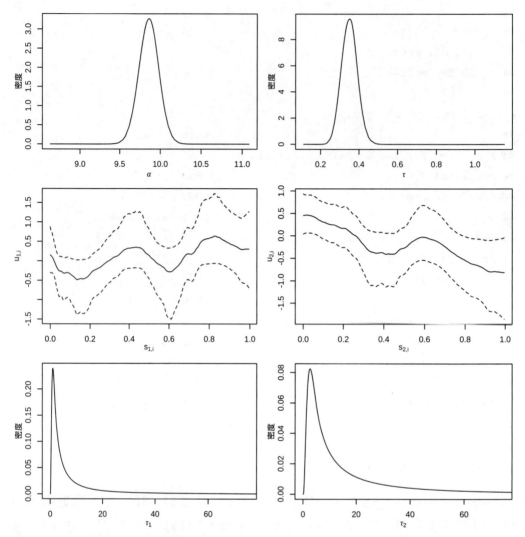

图 1.3 对 SPDEtoy 数据集拟合带有非线性效应的协变量的模型得到的截距和精度的后验边际分布. 协变量的非线性效应是用后验均值 (实线) 和 95% 可信区间的界限 (虚线) 来概括的

表 1.2 描述了 `inla` 对象中的一些可用元素. 请注意, 其中一些是默认计算的, 其他的 (主要是一些效应的边际分布和一些模型评估标准) 只有在向 `inla()` 传递适当的选项时才会计算.

`inla` 对象中的汇总结果通常是一个 `data.frame`, 包含后验均值、标准差、分位数 (默认为 0.025, 0.5 和 0.975 分位数) 和众数. 边际分布在命名的列表中由两列的矩阵表示, 其中第一列是参数的值, 第二列是密度.

1.3 一个简单的例子

表 1.2 调用 inla() 返回的 inla 对象中的元素

函数	描述
summary.fixed	固定效应的汇总
marginals.fixed	固定效应的边际分布列表
summary.random	随机效应的汇总
marginals.random	随机效应的边际分布列表
summary.hyperpar	超参数汇总
marginals.hyperpar	超参数的边际分布列表
mlik	边际对数似然
summary.linear.predictor	线性预测因子的汇总
marginals.linear.predictor	线性预测因子的边际分布列表
summary.fitted.values	拟合值的汇总
marginals.fitted.values	拟合值的边际分布列表

例如, 为了显示来自线性回归模型固定效应的汇总, 我们可以如下操作:

```
m0$summary.fixed
##                   mean      sd   0.025quant  0.5quant  0.975quant    mode
## (Intercept)     10.132   0.242      9.6561    10.132       10.61   10.132
## s1               0.762   0.429     -0.0815     0.762        1.61    0.762
## s2              -1.584   0.429     -2.4276    -1.584       -0.74   -1.584
##                    kld
## (Intercept)   6.25e-07
## s1            6.25e-07
## s2            6.25e-07
```

对于固定效应, inla() 使用高斯和拉普拉斯近似计算对称的 Kullback-Leibler 散度, 并显示在 kld 列下.

同样, 截距项的后验边际分布也可以用以下方法绘制:

```
plot(m0$marginals.fixed[[1]], type = "l",
  xlab = expression(alpha), ylab = "density")
```

图 1.2 中左上角的图就是用这个命令绘制的, 其他固定效应和超参数的边际也可以用类似的方法绘制. 在一个 inla 对象上调用 plot() 也会产生一些默认的图.

1.3.3 预测

贝叶斯推断将缺失的观测值视为模型中的任何其他参数 (Little 和 Rubin, 2002). 当缺失的观测值在响应变量中时, INLA 会自动计算出相应的线性预测因子的预测分布和拟合值. 响应变量中的这些缺失观测值在 R 中将被赋予 NA 值, 这样 INLA 就知道它们是缺失值.

在空间统计中, 在处理连续的空间过程时, 往往需要进行预测, 因为人们关心的是在研究区域的任何一点上估计响应变量. 在下一个例子中, 响应变量的预测分布将在位置 (0.5, 0.5) 处进行近似计算.

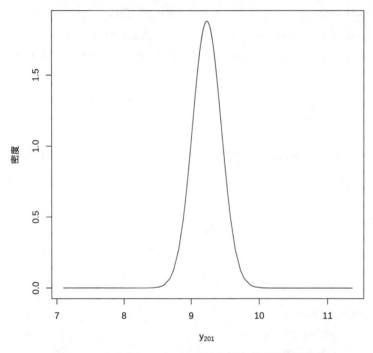

图 1.4 在位置 (0.5, 0.5) 处响应变量的预测分布

SPDEtoy 数据集上会添加一个新的行, 其值为 NA 和点的坐标:

```
SPDEtoy.pred <- rbind(SPDEtoy, c(NA, 0.5, 0.5))
```

接下来, 模型将被拟合到新创建的 SPDEtoy.pred 数据集, 其中包含 201 个观测值. 请注意, 为了计算拟合值的后验边际分布, 需要在 control.predictor 中设置选项 compute = TRUE, 将使用协变量为固定效应的模型:

```
m0.pred <- inla(y ~ s1 + s2, data = SPDEtoy.pred,
  control.predictor = list(compute = TRUE))
```

现在的结果提供了缺失观测值的预测分布 (在拟合值边际分布列表的第 201 个位置):

```
m0.pred$marginals.fitted.values[[201]]
```

这个分布显示在图 1.4 中. INLA 提供了几个函数来操作后验边际以及计算感兴趣的量, 如第 1.5 节所解释的那样. 例如, 可以很容易地计算出后验均值和方差.

1.4 其他参数和控制选项

如上所述, inla() 可以接受一些选项, 这些选项将有助于定义模型和用 INLA 方法计算近似值的方式. 表 1.3 列出了定义模型时可能需要的几个参数, 其中一些将在本书的后面章节中使用.

表 1.3 inla() 采用的一些参数, 用于定义一个模型并产生一个模型拟合的汇总

参数	描述
quantiles	汇总中要计算的分位数 (默认值是 c(0.025, 0.5, 0.975))
E	期望值 (对于某些泊松分布模型, 默认为 NULL)
offset	要添加到线性预测因子中的偏移量 (默认为 NULL)
weights	观测值的权重 (默认为 NULL)
Ntrials	试验的次数 (对于某些二项分布模型, 默认为 NULL)
verbose	冗长的输出 (默认为 FALSE)

表 1.4 显示了 inla() 采用的控制估计过程的主要参数. 请注意, 还有其他控制参数没有在这里显示.

表 1.4 inla() 采用的用于自定义估计过程的一些参数

参数	描述
control.fixed	固定效应的控制选项
control.family	似然的控制选项
control.compute	计算内容的控制选项 (如 DIC、WAIC 等)
control.predictor	线性预测因子的控制选项

续表

参数	描述
control.inla	如何计算后验的控制选项
control.results	用于计算随机效应和线性预测因子的边际分布的控制选项
control.mode	设置超参数众数的控制选项

所有的控制参数都必须采取一个带有不同选项的命名列表. 这些在相应的指南页中都有详细的描述, 这里不做讨论. 例如, 用户可以在 R 控制台中输入?control.fixed, 就可找到与 control.fixed 一起使用的可能的选项列表.

使用这些控制选项的一个典型例子是计算一些模型选择和评估的标准, 比如 DIC (Spiegelhalter 等, 2002)、WAIC (Watanabe, 2013)、CPO (Pettit, 1990) 或 PIT (Marshall 和 Spiegelhalter, 2003). 这些可以通过在 control.compute 中设置适当的选项来计算:

```
m0.opts <- inla(y ~ s1 + s2, data = SPDEtoy,
  control.compute = list(dic = TRUE, cpo = TRUE, waic = TRUE)
)
```

使用新选项的输出与之前的类似, 但现在报告的是 DIC 和 WAIC:

```
summary(m0.opts)
##
## Call:
##    c("inla(formula = y ~ s1 + s2, data = SPDEtoy,
##    control.compute = list(dic = TRUE, ", " cpo = TRUE,
##    waic = TRUE))")
## Time used:
##    Pre = 2.51, Running = 1.14, Post = 0.251, Total = 3.91
## Fixed effects:
##              mean    sd 0.025quant 0.5quant 0.975quant  mode
## (Intercept) 10.13  0.24      9.656    10.13      10.61 10.13
## s1           0.76  0.43     -0.081     0.76       1.61  0.76
## s2          -1.58  0.43     -2.428    -1.58      -0.74 -1.58
##              kld
## (Intercept)    0
## s1             0
## s2             0
```

1.4 其他参数和控制选项

```
## 
## The model has no random effects
## 
## Model hyperparameters:
##                                         mean    sd   0.025quant
## Precision for the Gaussian observations 0.308 0.031     0.251
##                                        0.5quant 0.975quant
## Precision for the Gaussian observations   0.307    0.372
##                                         mode
## Precision for the Gaussian observations 0.305
## 
## Expected number of effective parameters(stdev): 3.00(0.00)
## Number of equivalent replicates : 66.67
## 
## Deviance Information Criterion (DIC) ...............: 810.09
## Deviance Information Criterion (DIC, saturated) ....: 207.16
## Effective number of parameters .....................: 4.08
## 
## Watanabe-Akaike information criterion (WAIC) ...: 809.78
## Effective number of parameters .................: 3.69
## 
## Marginal log-Likelihood:  -423.18
## CPO and PIT are computed
## 
## Posterior marginals for the linear predictor and
##   the fitted values are computed
```

CPO 和 PIT 没有被报告,但输出中的一条信息指出它们已经被计算出来. 它们可以如下获得:

```
m0.opts$cpo$cpo
m0.opts$cpo$pit
```

图 1.5 展示了带固定效应模型的 CPO 和 PIT 计算值的直方图.

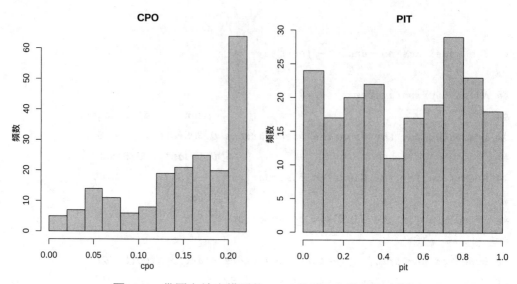

图 1.5 带固定效应模型的 CPO 和 PIT 值的直方图

1.4.1 估计方法

其他重要的选项与 INLA 用来近似超参数的后验分布的方法有关. 这些选项由 control.inla 控制, 其中一些选项在表 1.5 中进行了汇总.

可以改变估计方法以达到更高的近似精度, 或者通过采用不太精确的近似来减少计算时间. 例如, INLA 中的高斯近似比拉普拉斯近似的计算成本低.

同样, 积分策略也可以用不同的方式设置. INLA 使用中心复合设计 (Central Composite Design, CCD, Box 和 Draper, 2007) 来估计超参数的后验分布. 这可以改为经验贝叶斯 (Empirical Bayes, EB, Carlin 和 Louis, 2008) 策略, 这样就不需要对超参数进行积分. 其他的积分策略也是可用的, 如表 1.5 中所列以及在 control.inla 的指南页中所记载.

例如, 我们可以用两种不同的积分策略来计算具有非线性随机效应的模型, 然后比较计算时间, 特别是比较 CCD 和 EB 的积分策略:

```
m1.ccd <- inla(f.rw1, data = SPDEtoy,
  control.compute = list(dic = TRUE, cpo = TRUE, waic = TRUE),
  control.inla = list(int.strategy = "ccd"))
m1.eb <- inla(f.rw1, data = SPDEtoy,
  control.compute = list(dic = TRUE, cpo = TRUE, waic = TRUE),
  control.inla = list(int.strategy = "eb"))
```

1.4 其他参数和控制选项

表 1.5 一些可以通过 control.inla 来控制 INLA 估计过程的选项. (通过 ?control.inla) 查看指南页以了解更多细节

选项	描述
strategy	用于近似的策略: simplified.laplace (默认值), adaptive, gaussian 或 laplace
int.strategy	积分策略: auto (默认值), ccd, grid 或 eb (要了解其他选项, 查看指南页)

如下所示, 经验贝叶斯积分策略 eb 能更快地拟合模型, 但可能会提供不太准确的后验边际分布的近似值. 在这个例子中, 时间上的差异很小, 但是对于更复杂的模型, 我们可以通过使用 eb 来获得巨大的速度提升:

```
# CCD策略
m1.ccd$cpu.used
##    Pre  Running    Post   Total
## 2.6528   0.9115  0.1861  3.7505

# EB策略
m1.eb$cpu.used
##    Pre  Running    Post   Total
## 2.0328   0.7252  0.1626  2.9205
```

1.4.2 设置先验

INLA 对模型中的所有效应都有一套预先定义的先验, 这些先验将被默认使用. 然而, 先验的设定是贝叶斯分析的一个关键步骤, 应仔细注意模型中先验的设定.

对于固定效应, 默认的先验是均值为零的高斯分布, 对于截距项高斯先验的精度为零, 对于协变量系数高斯先验的精度为 0.001. 高斯先验的这些值可以通过参数 control.fixed 用表 1.6 中列出的选项来改变. 更多的信息可以在指南页中找到 (可以用 ?control.fixed 获取).

表 1.6 设置参数 control.fixed 中固定效应的先验的选项

选项	描述
mean.intercept	截距的先验均值 (默认为 0)

续表

选项	描述
prec.intercept	截距的先验精度 (默认为 0)
mean	协变量系数的先验均值 (默认为 0). 它可以是一个命名的列表
prec	协变量系数的先验精度 (默认为 0.001). 它可以是一个命名的列表

似然中的参数也可以通过参数 control.likelihood 中的变量 hyper 来分配一个先验. 同样, 通过 f() 函数定义的随机效应的超参数也可以通过参数 hyper 分配一个先验. 在这两种情况下, hyper 都是一个命名的列表 (使用超参数的名称), 每个值都是一个带有表 1.7 中所列选项的列表.

表 1.7 用于设置似然和随机效应中超参数的先验的选项

选项	描述
initial	超参数的初始值
prior	使用的先验分布
param	先验分布的参数向量的值
fixed	布尔变量, 是否将参数设置为一个固定值 (默认为 FALSE)

为了说明不同的先验是如何定义的, 我们将再次用非线性效应来拟合模型. 请注意, 所有的先验参数都是以 INLA 中参数的内部尺度设置的. 这在软件包的文档中有所报告, 例如, 精度在内部以对数尺度表示, 因此, 先验被设置在对数精度上.

首先, 固定效应将被设定为均值为零、精度为 1 的高斯先验, 这些选项将由参数 control.fixed 来传递:

```
# 固定效应的先验
prior.fixed <- list(mean.intercept = 0, prec.intercept = 1,
  mean = 0, prec = 1)
```

同样, 模型的高斯似然中的对数精度将被分配一个均值为零、精度为 1 的高斯先验, 这是用参数 control.family 传递的:

```
# 似然精度的先验 (对数刻度)
prior.prec <- list(initial = 0, prior = "normal", param = c(0, 1),
  fixed = FALSE)
```

1.4 其他参数和控制选项

请注意初始值是如何被设置为零的,因为这是在内部尺度中;也就是说,精度的初始值是 $\exp(0) = 1$.

最后,随机游走的精度将被固定为 1 (即在内部尺度上为 0):

```
# RW1精度的先验
prior.rw1 <- list(initial = 0, fixed = TRUE)
```

这意味着超参数是不估计的,而是固定在所提供的数值上,因此,它不会被报告在输出中.

下面的 R 代码显示了使用不同的先验来拟合模型的调用方式. 请注意, 似然的超参数和随机效应的先验需要使用超参数的名称嵌入到一个命名的列表中:

```
f.hyper <- y ~ 1 +
  f(s1, model = "rw1", hyper = list(prec = prior.rw1),
    scale.model = TRUE) +
  f(s2, model = "rw1", hyper = list(prec = prior.rw1),
    scale.model = TRUE)

m1.hyper <- inla(f.hyper, data = SPDEtoy,
  control.fixed = prior.fixed,
  control.family = list(hyper = list(prec = prior.prec)))
```

可以得到该模型的汇总如下:

```
summary(m1.hyper)
## 
## Call:
##    c("inla(formula = f.hyper, data = SPDEtoy,
##    control.family = list(hyper = list(prec = prior.prec)),
##    ", " control.fixed = prior.fixed)")
## Time used:
##     Pre = 2.09, Running = 0.391, Post = 0.129, Total = 2.61
## Fixed effects:
##               mean    sd  0.025quant  0.5quant  0.975quant   mode
## (Intercept)  9.726 0.117      9.494     9.726       9.953  9.728
##              kld
## (Intercept)   0
## 
```

```
## Random effects:
##   Name    Model
##     s1 RW1 model
##     s2 RW1 model
##
## Model hyperparameters:
##                                       mean     sd 0.025quant
## Precision for the Gaussian observations 0.37 0.039      0.298
##                                         0.5quant 0.975quant
## Precision for the Gaussian observations   0.369      0.452
##                                         mode
## Precision for the Gaussian observations 0.365
##
## Expected number of effective parameters(stdev): 20.46(1.08)
## Number of equivalent replicates : 9.77
##
## Marginal log-Likelihood:  -1193.32
```

如上所述, 关于协变量的非线性项的精度没有报告, 因为它们已经被固定为 1.

INLA 包中可用的先验的完整列表 (以及它们的选项) 可以通过 inla.models()$prior 获得. 这是一个命名的列表, 用 names(inla.models()$prior) 可以很容易地检查出这些先验的名称. 这些在 R-INLA 包的文档中也有描述. 另一种方法是使用 inla.list.models("prior"). 此外, 还有一个选项是通过表格或 R 表达式来实现用户定义的先验.

1.5 处理后验边际分布

INLA 包中有许多函数可以操作 inla() 函数返回的后验边际分布. 表 1.8 对这些函数进行了总结, 具体信息可以在它们各自的指南页中找到.

表 1.8 处理后验边际分布的函数

函数	描述
inla.emarginal()	计算函数的期望
inla.dmarginal()	计算密度
inla.pmarginal()	计算概率
inla.qmarginal()	计算分位数

1.5 处理后验边际分布

续表

函数	描述
inla.rmarginal()	从边际分布抽样
inla.hpdmarginal()	计算最高概率密度 (HPD) 区间
inla.smarginal()	解释后验边际分布
inla.mmarginal()	计算众数
inla.tmarginal()	对边际分布作变换
inla.zmarginal()	计算汇总统计量

使用这些函数的一个典型例子是计算误差项方差 (即 $1/\tau$) 的后验边际分布. 这将涉及对 τ 的后验边际分布的变换, 然后计算一些描述性统计量.

这个变换可以使用函数 inla.tmarginal() 来完成, 它将接受变换的函数和边际分布. 我们强烈建议对 internal.marginals.hyperpar 而不是 marginals.hyperpar 进行变换. internal.marginals.hyperpar 报告的是内部尺度中超参数的边际分布, 就像本例中的 $\log(\tau)$:

```
# 计算方差的后验边际分布
post.var <- inla.tmarginal(function(x) exp(-x),
  m0$internal.marginals.hyperpar[[1]])
```

可以用函数 inla.zmarginal() 来计算描述性统计量:

```
# 计算描述性统计量
inla.zmarginal(post.var)
## Mean            3.27668
## Stdev           0.329579
## Quantile  0.025 2.69202
## Quantile  0.25  3.0438
## Quantile  0.5   3.25438
## Quantile  0.75  3.4848
## Quantile  0.975 3.98493
```

同样地, 95% 的高概率密度 (HPD) 区间可以计算为:

```
inla.hpdmarginal(0.95, post.var)
##              low   high
## level:0.95 2.655 3.936
```

1.6 高级功能

在这一节中,我们将介绍 INLA 包中用于模型拟合的一些高级功能,特别是使用具有多个似然的模型,如何定义在模型的不同部分之间共享效应的模型,如何在潜在效应上创建线性组合以及使用惩罚复杂性先验. 关于高级功能的更多细节可以在 R–INLA 的网站上找到.

1.6.1 多个似然

INLA 可以处理具有多于一个似然的模型. 这是一种建立联合模型的常见建模方法. 例如,在生存分析中,生存时间可能与一些感兴趣的结果有关,这可以用纵向模型来联合建模 (Ibrahim 等, 2001). 通过使用一个具有多个似然的模型,可以建立一个具有不同类型输出的联合模型,似然中的超参数将被分别拟合.

为了提供一个简单的例子,我们将考虑一个类似于 SPDEtoy 的小数据集,并加入噪声. 这将模拟这样一种情况,其中有两组测量数据,但有不同的噪声影响. 这个新的数据集可以通过向 SPDEtoy 数据集的原始观测值添加随机高斯噪声 (标准差等于 2) 来创建:

```
library(INLA)
data(SPDEtoy)
SPDEtoy$y2 <- SPDEtoy$y + rnorm(nrow(SPDEtoy), sd = 2)
```

因此,两组观测值都可以在相同的协变量上建模,但误差项的精度是不同的,这些都应该分别进行建模. 一个简单的方法是用两个高斯似然来拟合一个模型,这两个似然具有不同的精度,由每一组观测值来估计,被拟合的模型如下:

$$
\begin{aligned}
&y_i \sim N(\mu_i, \tau_1^{-1}), \ i = 1, \ldots, 200, \\
&y_i \sim N(\mu_i, \tau_2^{-1}), \ i = 201, \ldots, 400, \\
&\mu_i = \alpha + \beta_1 s_{1i} + \beta_2 s_{2i}, \ i = 1, \ldots, 400, \\
&\alpha \sim \text{Uniform}, \\
&\beta_j \sim N(0, 0.001^{-1}), \ j = 1, 2, \\
&\tau_j \sim Ga(1, 0.00005), \ j = 1, 2.
\end{aligned}
\tag{1.3}
$$

为了拟合一个具有多个似然的模型,响应变量必须是一个矩阵,其列数与似然的数量相同,行数是观测值的总数. 给定一列,与该似然无关的数据的行被填充为 NA 值. 在

1.6 高级功能

我们的例子中, 可以如下实现:

```
# 位置的个数
n <- nrow(SPDEtoy)

# 响应矩阵
Y <- matrix(NA, ncol = 2, nrow = n * 2)

# 在1至200行的第一列中添加 "y"
Y[1:n, 1] <- SPDEtoy$y
# 在201至400行的第二列中添加 "y2"
Y[n + 1:n, 2] <- SPDEtoy$y2
```

注意 y 的值是如何被添加到第 1 至 n 行的第一列中, 而 y2 的值是如何被添加到第 n+1 至 2*n 行的第二列中, 其中 n 是 SPDEtoy 数据集中的位置的数量.

使用多个似然可能会影响到模型定义中的其他元素, 例如, 如果模型在似然中包含了表 1.3 中描述的一些值.

协变量在两个似然中是相同的, 所以不需要任何修改. family 参数必须是一个向量, 包含所用似然的名称. 在这种例子中, 它是 family = c("gaussian", "gaussian"), 但可以使用不同的似然.

然后, 该模型可以如下拟合:

```
m0.2lik <- inla(Y ~ s1 + s2, family = c("gaussian", "gaussian"),
  data = data.frame(Y = Y,
    s1 = rep(SPDEtoy$s1, 2),
    s2 = rep(SPDEtoy$s2, 2))
)
```

现在, 这个拟合模型的汇总显示两个精度的估计:

```
summary(m0.2lik)
##
## Call:
##    c("inla(formula = Y ~ s1 + s2, family = c(\"gaussian\",
##    \"gaussian\"), ", " data = data.frame(Y = Y, s1 =
##    rep(SPDEtoy$s1, 2), s2 = rep(SPDEtoy$s2, " " 2)))")
## Time used:
##     Pre = 1.93, Running = 0.501, Post = 0.151, Total = 2.58
```

```
## Fixed effects:
##               mean   sd   0.025quant 0.5quant 0.975quant mode
## (Intercept) 10.22 0.199    9.827      10.22    10.608   10.22
## s1           0.64 0.352   -0.053       0.64     1.331    0.64
## s2          -1.57 0.352   -2.264      -1.57    -0.881   -1.57
##             kld
## (Intercept) 0
## s1          0
## s2          0
##
## The model has no random effects
##
## Model hyperparameters:
##                                              mean    sd
## Precision for the Gaussian observations     0.310 0.031
## Precision for the Gaussian observations[2]  0.147 0.015
##                                              0.025quant 0.5quant
## Precision for the Gaussian observations        0.253     0.308
## Precision for the Gaussian observations[2]     0.120     0.146
##                                              0.975quant  mode
## Precision for the Gaussian observations        0.374    0.306
## Precision for the Gaussian observations[2]     0.177    0.145
##
## Expected number of effective parameters(stdev): 3.00(0.00)
## Number of equivalent replicates : 133.32
##
## Marginal log-Likelihood:  -913.26
```

请注意第二个似然的精度的后验均值小于第一个似然的精度的后验均值. 这是因为第二组观测值的方差比较大, 因为它们是通过在原始数据中加入一些噪声而产生的. 另外, 固定效应的估计值与之前模型中的估计值非常相似.

1.6.2 复制模型

有时有必要共享一个从数据集的两个或多个部分估计出来的效应, 以便在拟合模型时, 所有的部分数据集都能提供有关该效应的信息. 这被称为复制效应 (copy effect), 因为新的效应将是原始效应的复制加上一些微小的噪声.

1.6 高级功能

为了说明复制效应在 INLA 中的使用, 我们将拟合一个模型, 其中 y 坐标的固定效应是被复制的. 具体来说, 下面是拟合的模型:

$$\begin{aligned}
y_i &\sim N(\mu_i, \tau^{-1}), \; i = 1, \ldots, 400, \\
\mu_i &= \alpha + \beta_1 s_{1i} + \beta_2 s_{2i}, \; i = 1, \ldots, 200, \\
\mu_i &= \alpha + \beta_1 s_{1i} + \beta \cdot \beta_2^* s_{2i}, \; i = 201, \ldots, 400, \\
\alpha &\sim \text{Uniform}, \\
\beta_j &\sim N(0, 0.001^{-1}), \; j = 1, 2, \\
\beta_2^* &\sim N(\beta_2, \tau_{\beta_2}^{-1} = 1/\exp(14)), \\
\tau_j &\sim Ga(1, 0.00005), \; j = 1, 2,
\end{aligned} \quad (1.4)$$

其中 β_2^* 是 (从 β_2) 复制的效应. 请注意, 复制的效应有一个缩放系数, β, 但默认情况下这个系数被固定为 1. 此外, β_2^* 的精度被设置为一个非常大的值, 以确保复制的效应非常接近 β_2. 这个精度可以在调用 f() 函数时使用参数 precision 来设置 (见下文).

在 INLA 中实现该模型之前, 将把原始 SPDEtoy 数据和模拟数据组成一个新的 data.frame. 这将涉及通过重复原始协变量创建两个新的协变量向量. 此外, 还将创建两个索引, 以确定某个数值属于哪一组观测值:

```
y.vec <- c(SPDEtoy$y, SPDEtoy$y2)
r <- rep(1:2, each = nrow(SPDEtoy))
s1.vec <- rep(SPDEtoy$s1, 2)
s2.vec <- rep(SPDEtoy$s2, 2)
i1 <- c(rep(1, n), rep(NA, n))
i2 <- c(rep(NA, n), rep(1, n))

d <- data.frame(y.vec, s1.vec, s2.vec, i1, i2)
```

复制的效应在一个组中是使用独立同分布的随机效应来定义的, 其他组再乘以协变量的值. 这是在 INLA 中通过允许效应被复制来定义线性效应的另一种方式. 这种模型在 INLA 中通过 iid 模型来实现. 详见 inla.doc("iid").

由于这个原因, 索引 i1 和 i2 要么有 1 (即线性预测因子包括随机效应), 要么有 NA (线性预测因子中没有随机效应). 这确保了线性预测因子在前 200 个观测值中包括原始随机效应 (使用索引 i1), 在后 200 个观测值中包括复制的效应 (使用索引 i2).

鉴于该模型现在使用单一的随机效应, 以协变量值作为权重来实现, 随机效应的精度需要固定为 0.001, 以便获得与以前模型类似的结果. 这可以通过使用随机效应精度

的初始值并将其固定在先验定义中来实现. (在下面对 f() 函数的调用中) 要传递给先验定义的值是

```
tau.prior = list(prec = list(initial = 0.001, fixed = TRUE))
```

然后, 定义拟合模型的公式, 首先使用一个 iid 模型, 其中索引 i1 对于前 n 个值为 1, 其余为 NA. 复制效应使用第二组观测值的索引, 以及协变量的值作为权重:

```
f.copy <- y.vec ~ s1.vec +
  f(i1, s2.vec, model = "iid", hyper = tau.prior) +
  f(i2, s2.vec, copy = "i1")
```

最后, 该模型被拟合并汇总如下:

```
m0.copy <- inla(f.copy, data = d)

summary(m0.copy)
##
## Call:
##    "inla(formula = f.copy, data = d)"
## Time used:
##    Pre = 2.59, Running = 0.356, Post = 0.136, Total = 3.09
## Fixed effects:
##              mean    sd 0.025quant 0.5quant 0.975quant   mode
## (Intercept) 10.197 0.208      9.788   10.198      10.61 10.198
## s1.vec       0.579 0.378     -0.164    0.578       1.32  0.578
##             kld
## (Intercept)  0
## s1.vec       0
##
## Random effects:
##   Name    Model
##     i1 IID model
##     i2 Copy
##
## Model hyperparameters:
##                                          mean    sd 0.025quant
## Precision for the Gaussian observations 0.198 0.014      0.171
##                                         0.5quant 0.975quant
```

1.6 高级功能

```
## Precision for the Gaussian observations    0.198      0.226
##                                            mode
## Precision for the Gaussian observations 0.197
##
## Expected number of effective parameters(stdev): 2.88(0.008)
## Number of equivalent replicates : 139.12
##
## Marginal log-Likelihood:  -912.05
```

请注意, 在这个特定的模型参数化下, s2 的系数实际上是一个随机效应, 它可以在随机效应的汇总中找到:

```
m0.copy$summary.random
## $i1
##   ID  mean    sd 0.025quant 0.5quant 0.975quant  mode      kld
## 1  1 -1.37 0.354      -2.06    -1.37     -0.675 -1.37 1.94e-07
##
## $i2
##   ID  mean    sd 0.025quant 0.5quant 0.975quant  mode      kld
## 1  1 -1.37 0.354      -2.06    -1.37     -0.675 -1.37 1.94e-07
```

另外, 复制效应也可以乘以一个比例系数 β, 这个系数是估计出来的. 这可以通过在复制效应的定义中加入 `fixed = FALSE` 来实现:

```
f.copy2 <- y.vec ~ s1.vec + f(i1, s2.vec, model = "iid") +
  f(i2, s2.vec, copy = "i1", fixed = FALSE)
```

在这种情况下, 这个系数的估计值应该接近于 1, 因为第二组观测值的复制效应是完全相同的:

```
m0.copy2 <- inla(f.copy2, data = d)
summary(m0.copy2)
##
## Call:
##    "inla(formula = f.copy2, data = d)"
## Time used:
##     Pre = 2.51, Running = 0.806, Post = 0.128, Total = 3.44
## Fixed effects:
```

```
##                mean    sd 0.025quant 0.5quant 0.975quant   mode
## (Intercept)   9.726 0.172      9.388    9.726     10.064  9.726
## s1.vec        0.623 0.385     -0.134    0.623      1.379  0.623
##              kld
## (Intercept)  0
## s1.vec       0
##
## Random effects:
##   Name    Model
##    i1 IID model
##    i2 Copy
##
## Model hyperparameters:
##                                          mean        sd
## Precision for the Gaussian observations     0.19 1.30e-02
## Precision for i1                        18856.30 1.85e+04
## Beta for i2                                 1.00 3.16e-01
##                                         0.025quant 0.5quant
## Precision for the Gaussian observations      0.165     0.19
## Precision for i1                          1235.944 13407.56
## Beta for i2                                  0.379     1.00
##                                         0.975quant    mode
## Precision for the Gaussian observations   2.18e-01    0.189
## Precision for i1                          6.78e+04 3334.776
## Beta for i2                               1.62e+00    0.999
##
## Expected number of effective parameters(stdev): 2.00(0.001)
## Number of equivalent replicates : 199.89
##
## Marginal log-Likelihood: -918.50
```

在前面的输出中, Beta for i2 是与复制效应相乘的缩放系数. 可以看出它的后验均值如预期的那样非常接近于 1.

1.6.3 复现模型

上一节中描述的复制效应对于创建一个非常接近于被复制者的效应非常有用. INLA 中的复现效应 (replicate effect) 与复制效应类似, 但在这种情况下, 不同的复现效应将共

1.6 高级功能

享超参数的值. 这意味着, (例如) 如果一个 `iid` 效应是复现的, 则复现的随机效应将是独立的, 且具有相同的精度.

为了展示 INLA 中复现功能的使用, 使用一个线性潜在模型. 这实质上是线性固定效应的另一种实现方式, 可以通过 `f()` 函数定义. 这个效应中唯一的超参数是线性效应的系数, 它被赋予一个 (默认的) 高斯先验, 均值为零, 精度为 0.001. 这些值可以在调用 `f()` 时分别通过设置参数 `mean.linear` 和 `prec.linear` 来改变. 如果这些参数没有设置, 则默认值取自 `control.fixed` 的设置. 关于这种潜在效应的全部细节, 请参见 `inla.doc("linear")`.

通过复现一个线性效应, 在所有复现的效应中使用相同的系数, 这与使用相同的系数本质上是相同的. 复现效应的索引是通过定义一个有两个值的向量来创建的, 具体如下:

```
d$r <- rep(1:2, each = nrow(SPDEtoy))
```

索引 `r` 定义了观测值如何分组以估计出复现效应. 在这种情况下, 前 200 个观测值属于第一组, 后 200 个属于第二组.

然后, 线性效应可以复制到定义模型的公式中, 即

```
f.rep <- y.vec ~ f(s1.vec, model = "linear", replicate = r) +
  f(s2.vec, model = "linear", replicate = r)
```

最后, 具有复现效应的模型可以很容易地如下被拟合出来:

```
m0.rep <- inla(f.rep, data = d)
```

```
summary(m0.rep)
##
## Call:
##    "inla(formula = f.rep, data = d)"
## Time used:
##    Pre = 1.57, Running = 0.318, Post = 0.11, Total = 2
## Fixed effects:
##                 mean    sd 0.025quant 0.5quant 0.975quant    mode
## (Intercept)   10.265 0.213      9.846   10.265     10.683  10.265
## s1.vec         0.572 0.378     -0.170    0.572      1.314   0.572
## s2.vec        -1.566 0.378     -2.308   -1.566     -0.824  -1.566
##               kld
```

```
## (Intercept)   0
## s1.vec        0
## s2.vec        0
##
## The model has no random effects
##
## Model hyperparameters:
##                                          mean    sd  0.025quant
## Precision for the Gaussian observations 0.198 0.014      0.172
##                                         0.5quant 0.975quant
## Precision for the Gaussian observations    0.198      0.226
##                                         mode
## Precision for the Gaussian observations 0.197
##
## Expected number of effective parameters(stdev): 3.00(0.00)
## Number of equivalent replicates : 133.32
##
## Marginal log-Likelihood:  -914.36
```

请注意, 这些效应和超参数的汇总结果与之前的例子中得到的非常相似.

1.6.4 潜在效应的线性组合

INLA 还可以处理模型公式中定义的线性预测因子乘以矩阵 A (在软件包文档中称为观测矩阵) 的模型. 也就是说, 模型公式定义的固定效应和随机效应 η 上的线性预测因子向量变为

$$\boldsymbol{\eta}^{*\top} = A\boldsymbol{\eta}^{\top},$$

这里, $\boldsymbol{\eta}^*$ 是拟合模型时使用的实际线性预测因子, 它是 $\boldsymbol{\eta}$ 中效应的线性组合. 注意, $\boldsymbol{\eta}$ 是由传递给 inla() 的模型公式定义的线性预测因子.

为了提供一个简单的例子, 我们将 A 定义为一个对角阵, 对角线上的数值为 10. 这类似于将线性预测因子中的所有效应乘以 10, 这将使截距和协变量系数的估计值缩小为原来的 1/10. 具体做法如下:

```
# 定义 A 矩阵
A = Diagonal(n + n, 10)
```

1.6 高级功能

```
# 拟合模型
m0.A <- inla(f.rep, data = d, control.predictor = list(A = A))
```

拟合模型的汇总见下面. 请注意, 固定效应的估计值被缩小为原来的 1/10, 但精度的估计值没有变化. 这是因为 A 矩阵只影响线性预测因子而不影响误差项.

```
summary(m0.A)
##
## Call:
##    "inla(formula = f.rep, data = d, control.predictor =
##    list(A = A))"
## Time used:
##    Pre = 1.63, Running = 0.374, Post = 0.111, Total = 2.12
## Fixed effects:
##               mean    sd 0.025quant 0.5quant 0.975quant   mode
## (Intercept)  1.026 0.021      0.985    1.026      1.068  1.026
## s1.vec       0.057 0.038     -0.017    0.057      0.131  0.057
## s2.vec      -0.157 0.038     -0.231   -0.157     -0.082 -0.157
##              kld
## (Intercept)  0
## s1.vec       0
## s2.vec       0
##
## The model has no random effects
##
## Model hyperparameters:
##                                           mean    sd 0.025quant
## Precision for the Gaussian observations  0.198 0.014      0.172
##                                         0.5quant 0.975quant
## Precision for the Gaussian observations    0.198      0.226
##                                          mode
## Precision for the Gaussian observations 0.197
##
## Expected number of effective parameters(stdev): 3.05(0.003)
## Number of equivalent replicates : 131.22
##
## Marginal log-Likelihood:  -921.27
```

虽然这是一个非常简单的例子,但是当 η 中的线性预测因子需要线性组合起来以定义更复杂的线性预测因子时,A 矩阵就会很有用,例如允许一个观测值的协变量的效应影响其他观测值.

A 矩阵的使用在本书描述的空间模型中起着重要作用. 特别是, A 矩阵允许我们在模型中添加一些随机效应的线性组合, 而这是定义一些空间模型所需要的. 考虑到从不同效应中手动构建 A 矩阵的复杂性, 我们使用 `inla.stack()` 等辅助函数来创建这个矩阵.

1.6.5 复杂度惩罚性先验

Simpson 等 (2017) 描述了一种构建先验分布的新方法,称为复杂度惩罚 (Penalized Complexity) 先验, 简称为 PC 先验. 在这个新的框架下, 潜在效应的标准差 σ 的 PC 先验是通过定义参数 (u, α) 来设定的, 满足

$$\text{Prob}(\sigma > u) = \alpha,\ u > 0,\ 0 < \alpha < 1.$$

因此, PC 先验提供了一种不同的方式来给模型的超参数提供先验.

第 1.3.1 节展示了一个例子, 即 `s1` 和 `s2` 上用两个一阶随机游走来拟合模型, 精度参数设置为默认的伽马先验. 为了设置随机游走的标准差的 PC 先验, 我们考虑了潜在效应的复杂性; 例如, 对于这种效应, 我们认为标准差大于 1 的概率相当小. 因此, 我们设定 $u = 1$, $\alpha = 0.01$.

那么, 随机游走潜在效应的标准差的 PC 先验定义为

```
pcprior <- list(prec = list(prior = "pc.prec",
  param = c(1, 0.01)))
```

在模型公式中定义潜在效应时, 将其传递给 `f()` 函数:

```
f.rw1.pc <- y ~
  f(s1, model = "rw1", scale.model = TRUE, hyper = pcprior) +
  f(s2, model = "rw1", scale.model = TRUE, hyper = pcprior)
```

接下来, 对模型进行拟合, 并显示所得到的估计值:

```
m1.pc <- inla(f.rw1.pc, data = SPDEtoy)
summary(m1.pc)
##
## Call:
```

1.6 高级功能

```
##       "inla(formula = f.rw1.pc, data = SPDEtoy)"
## Time used:
##    Pre = 2.22, Running = 0.785, Post = 0.131, Total = 3.13
## Fixed effects:
##             mean   sd 0.025quant 0.5quant 0.975quant  mode
## (Intercept) 9.858 0.12      9.623    9.858      10.09 9.858
##             kld
## (Intercept) 0
##
## Random effects:
##   Name    Model
##   s1 RW1 model
##   s2 RW1 model
##
## Model hyperparameters:
##                                        mean    sd 0.025quant
## Precision for the Gaussian observations 0.354 0.039     0.281
## Precision for s1                        3.771 4.817     0.599
## Precision for s2                        8.055 9.407     1.138
##                                        0.5quant 0.975quant
## Precision for the Gaussian observations    0.353      0.436
## Precision for s1                           2.332     15.689
## Precision for s2                           5.236     32.212
##                                        mode
## Precision for the Gaussian observations 0.351
## Precision for s1                        1.225
## Precision for s2                        2.658
##
## Expected number of effective parameters(stdev): 12.95(3.76)
## Number of equivalent replicates : 15.45
##
## Marginal log-Likelihood:  -1157.66
```

高斯似然的截距和精度的估计值与第 1.3.1 节中拟合的模型非常相似. 与 s1 和 s2 相对应的随机游走的精度的估计值似乎有所不同. 特别是, s2 上的随机游走的精度肯定比使用默认的伽马先验时要小.

为了检查 PC 先验的效果, 我们计算了两种随机游走的标准差的后验边际分布:

```
post.sigma.s1 <- inla.tmarginal(function (x) sqrt(1 / exp(x)),
  m1.pc$internal.marginals.hyperpar[[2]])
post.sigma.s2 <- inla.tmarginal(function (x) sqrt(1 / exp(x)),
  m1.pc$internal.marginals.hyperpar[[3]])
```

图 1.6 展示了标准差的后验边际分布. PC 先验使后验的大部分密度低于 1. 在这种特殊情况下, 使用默认的伽马先验和参数为 (1, 0.01) 的 PC 先验之间有一些区别.

关于本例中使用的 PC 先验的更多信息, 可以在 R 中输入 inla.doc("pc.prec") 进入指南页查看. 本书后面将介绍其他 PC 先验, 为其他类型的空间潜在效应设置先验.

第 2.8.2 节展示了 PC 先验在空间模型中的使用. 在这种情况下, 相关参数是空间过程的标准差和范围 (range), 范围衡量的是空间自相关较小时的距离. 在这种情况下, 两个参数的 PC 先验的定义与上面原理相同. 对于标准差 σ, 我们需要定义 (σ_0, α), 以满足

$$P(\sigma > \sigma_0) = \alpha,$$

而对于范围 r, 我们需要定义 (r_0, α), 以满足

$$P(r < r_0) = \alpha.$$

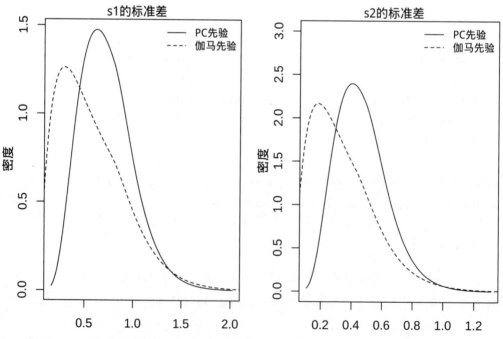

图 1.6 使用 PC 先验和默认伽马先验的两个随机游走的标准差的后验边际分布

第 2 章

空间建模简介

2.1 简介

这一节将简要概述连续空间过程, 并对 Lindgren 等 (2011) 所提出的随机偏微分方程 (SPDE) 方法进行浅显的介绍. 如果一个具有 Matérn 协方差的高斯空间过程是 Lindgren 等 (2011) 所提出的随机偏微分方程的一个解, 那么我们可以对该关系的主要结果进行直观演示. Matérn 协方差函数可能是地理统计学中最常用的协方差类型. 因此, Lindgren 等 (2011) 的方法是非常有用的, 原因在于可用有限元方法 (Finite Element Method, FEM) 来建立高斯 – 马尔可夫随机场 (GMRF, Rue 和 Held, 2005), 并通过 `INLA` 包来编程实现. 关于 INLA 空间模型的最新综述, 可参考 Bakka 等 (2018a).

2.1.1 空间变化

一个点参考数据集 (point-referenced dataset) 是由在已知位置处测量的任何数据组成的. 这些位置可以在任何参考坐标系中, 最常见的就是经度和纬度. 点参考数据常见于许多科学领域. 这种类型的数据通常出现在采矿、气候模型、生态学、农业和其他领域中. 如果需要考虑位置的影响, 那么必须构建一个纳入地理参照数据的模型.

如第 1 章所示, 一个回归模型可以用数据的坐标来建立: 以坐标作为协变量来描述目标变量的空间变化. 在许多情况下, 构建一个基于坐标的非线性函数以充分描述位置的影响是非常必要的. 例如, 坐标的基函数可以作为协变量来建立一个平滑的回归函数, 这样能清楚地对空间趋势的平均形态进行建模.

另外, 考虑到相邻地区的结果可能非常近似, 那么自然需要对不同位置的结果差异进行明确的建模. 根据地理学第一定律: "任何事物都是与其他事物相关的, 只不过相近的事物关联更紧密"(Tobler, 1970). 这意味着所用模型应该具有这样的属性, 即空间上距离较近的观测点比距离较远的观测点更具相关性.

在空间统计中, 常见方法是建立混合效应回归模型, 其中的线性预测因子是由空间趋势加上空间差异构成的, 详见 Haining (2003). 空间趋势通常由固定效应或协变量上的一些平滑项组成,而空间差异通常使用具有相关性的随机效应进行建模. 空间随机效应通常对小规模的变化 (残差) 进行建模,因此它们可以被看作误差具有相关性的模型.

解释空间依赖性的模型可以根据其位置是区域 (如城市或国家) 还是地点来分别定义. 关于不同类型的空间数据模型, 可参考 Haining (2003) 以及 Cressie 和 Wikle (2011) 的综述.

区域数据 (areal data, 亦称栅格数据, lattice data) 的分析通常使用广义线性混合效应模型来解决, 因为其中的变量是在多个离散的位置处测量的. 给定来自 n 个区域的观测值的向量 $\boldsymbol{y} = (y_1, \ldots, y_n)$, 该模型可表示为

$$y_i|\mu_i, \theta \sim f(\mu_i; \theta),$$
$$g(\mu_i) = X_i\beta + u_i;\ i = 1, \ldots, n,$$

其中 $f(\mu_i; \theta)$ 是一个均值为 μ_i、超参数为 θ 的分布. 函数 $g(\cdot)$ 将每个观测值的均值与一个由系数为 β 的协变量向量 X_i 所表达的线性预测因子连接起来. u_i 代表随机效应, 通常服从一个均值为 $\boldsymbol{0}$、精度矩阵为 $\tau \boldsymbol{Q}$ 的多元高斯分布.

这里, τ 是关于精度的超参数, 而精度矩阵的结构由 $\boldsymbol{Q}$ 定义, 旨在提取数据中的空间相关性. 对于栅格数据, $\boldsymbol{Q}$ 通常是基于表示数据采集区域的邻域结构的邻接矩阵. 图 2.1 展示了一个样例, 即美国北卡罗来纳州 100 个县的邻接结构. 该图可以用一个 100×100 的矩阵 $\boldsymbol{W}$ 来表示, 其中若第 i 个县和第 j 个县接壤, 则对应的矩阵项 (i, j) 的值为 1, 反之为 0.

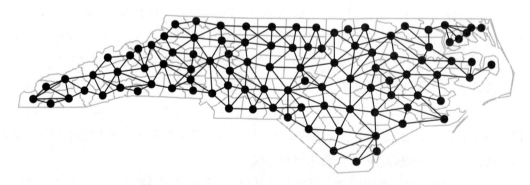

图 2.1　北卡罗来纳州各县及其近邻的结构图

使用邻接矩阵 $\boldsymbol{W}$ 定义空间相关随机效应的一个简单方法是取 $\boldsymbol{Q} = \boldsymbol{I} - \rho \boldsymbol{W}$, 其中 $\boldsymbol{I}$ 是单位矩阵, ρ 是空间自相关参数. 该方法被称为 CAR 规范 (CAR specification), 详见 Schabenberger 和 Gotway (2004). 然而, 还有其他方法可以利用 $\boldsymbol{W}$ 定义 $\boldsymbol{Q}$ 来对空间自相关进行建模, 示例详见 Haining (2003), Cressie 和 Wikle (2011) 以及 Banerjee

2.1 简介

等 (2014).

在特定地点观测到的空间数据通常被分为两种特殊情况, 即位置是固定 (地理统计学或点参考数据) 还是随机 (点过程). 注意在这两种情况下, 潜在空间过程的定义域是在研究区域的每一个点上, 而不是像栅格数据那样、定义在一些离散的位置上. 参考文献 Diggle 和 Ribeiro Jr. (2007) 概述了基于模型的地理统计学. 关于点模式分析则详见 Illian 等 (2008), Diggle (2013) 以及 Baddeley 等 (2015).

本书的主要目标, 是对于在特定地点处观测到的数据进行建模和分析, 而接下来的内容将对这两种情况进行更详细的考查. 下一步, 我们将介绍用于建立连续空间过程的高斯随机场模型.

2.1.2 高斯随机场

首先规定一些符号: 定义 s 为研究区域 D 中的任何位置, $U(s)$ 是该位置的随机空间效应. $U(s)$ 是一个随机过程, 其中 $s \in D, D \subset \mathbb{R}^d$. 我们不妨假定 D 是数据采集位置所在的国家, 即以 $d = 2$ 维向量的格式测量关于该国范围内不同地理位置上的数据.

我们用 $u(s_i), i = 1, \ldots, n$ 表示随机过程 $U(s)$ 在 n 个位置的观测值. 一般假定 $u(s)$ 服从多元高斯分布. 若设定 $U(s)$ 在空间上连续, 那么它是一个连续的高斯场 (Gaussian Field, GF). 这代表我们可以在研究区域内的任意有限个位置上收集这些数据. 为了确定 $u(s)$ 的分布, 我们需要定义它的均值与方差.

一个非常简单的方法是, 只根据位置之间的欧氏距离来定义一个相关函数. 这就假定距离为 h 分隔的任何两个点具有相同的相关程度. Abrahamsen (1997) 详述了高斯随机场和相关函数.

现在, 我们假设在地点 $s_i, i = 1, \ldots, n$ 处观测得到了数据 y_i. 如果这些数据由一个基本的高斯场 (GF) 生成, 那么它的参数可以考虑通过 $y(s_i) = u(s_i)$ 来拟合, 其中我们认为 $y(s_i)$ 是高斯场在位置 s_i 的观测值. 若进一步设定 $y(s_i) = \mu + u(s_i)$, 则需要再对另一个参数进行估计. 值得注意的是, 一般认为 $u(s)$ 在有限数量点上的分布是一个多元高斯分布. 在这种情况下, 它的似然函数将是协方差矩阵为 Σ 的多元高斯分布.

在很多情况下, 潜在高斯场是无法被直接观测到的. 因此, 可以认为观测到的数据存在测量误差 e_i, 亦即

$$y(s_i) = u(s_i) + e_i. \tag{2.1}$$

一般设定 e_i 与 e_j 互相独立 (对所有的 $i \neq j$)、并且 e_i 都遵循均值为 0、方差为 σ_e^2 的高斯分布. 在地理统计学中, 这个额外的参数 σ_e^2 被称为 "块金效应". 在有限个位置上 $y(s)$ 的边际分布的协方差为 $\Sigma_y = \Sigma + \sigma_e^2 I$. 这是对基本高斯场模型的简单扩展, 并给

出了一个需要估计的额外参数. 关于这个地理统计学模型的更多细节, 参见 Diggle 和 Ribeiro Jr. (2007).

空间过程 $u(s)$ 经常被假定为一个平稳的、各向同性的过程. 如果这个空间过程具有平移不变性 (在位置变换下统计性质保持恒定), 它就是平稳的; 也就是说, 它们在研究区域的任何一点上都是一样的. 各向同性意味着该过程在旋转下是不变的; 也就是说, 无论我们在研究区域的哪个方向移动, 它们的性质都不会改变. 具有平稳性和各向同性的空间过程在空间统计中发挥着重要作用, 因为它们具有理想的统计性质, 如恒定的均值以及任意两点间的协方差只取决于它们的间距而不是相对位置. 关于这些性质的示例, 详见 Cressie 和 Wikle (2011) 的第 2.2 节.

这里的似然函数, 也就是 (2.1) 式中多元高斯分布的密度函数, 它的常用评估方法是对协方差矩阵进行 Cholesky 分解, 示例详见 Rue 和 Held (2005). 由于这个协方差矩阵是稠密的, 是一个 $O(n^3)$ 的高阶运算, 所以这是一个 "大 n 问题". 一些用于地理统计分析的软件使用经验变异函数 (empirical variogram) 来拟合相关函数的参数. 然而, 该方法并没有对数据的似然函数做任何假设, 抑或使用多元高斯分布来表示空间结构的随机效应. 对于这些技巧, Cressie (1993) 提供了很好的阐述.

针对非高斯型数据的空间依赖性进行建模, 通常需要假设一个基于未观测随机效应 (作为一个高斯场) 数据的似然函数. 这种空间混合效应模型属于基于模型的地理统计学方法, 见 Diggle 和 Ribeiro Jr. (2007). 我们可以通过一个更大类的模型来解释 (2.1) 式, 即分层模型. 假定从不同位置 $s_i, i = 1, \ldots, n$ 得到观测值 y_i. 初始模型是

$$\begin{aligned} y_i|\beta, u_i, \boldsymbol{F}_i, \phi &\sim f(y_i|\mu_i, \phi), \\ \boldsymbol{u}|\theta &\sim GF(\boldsymbol{0}, \boldsymbol{\Sigma}), \end{aligned} \tag{2.2}$$

其中 $\mu_i = h(\boldsymbol{F}_i^\top \beta + u_i)$. 这里, $\boldsymbol{F}_i$ 是一个具有系数 β 的协变量矩阵, $\boldsymbol{u}$ 是一个随机效应的向量, $h(\cdot)$ 是一个将线性预测因子 $\boldsymbol{F}_i^\top \beta + u_i$ 映射到 $\mathrm{E}(y_i) = \mu_i$ 的函数. 此外, θ 是随机效应的参数, 而 ϕ 是数据分布 $f(\cdot)$ (一般设定为指数族分布) 的一个扩散参数.

为了写出这个高斯场 (以高斯噪声作为块金效应), 我们假定 y_i 服从方差为 σ_e^2 的高斯分布, 将 $\boldsymbol{F}_i^\top \beta$ 替换成 β_0, 并将 $\boldsymbol{u}$ 构造为一个高斯场. 此外, 还可以考虑将随机效应设定为遵循一个多元高斯分布, 但在模型的推断中直接使用协方差是不太现实的, (2.3) 式阐述了这些设定:

$$\begin{aligned} y_i|\mu_i, \sigma_e &\sim N(y_i|\mu_i, \sigma_e^2), \\ \mu_i &= \beta_0 + u_i, \\ \boldsymbol{u}|\theta &\sim GF(\boldsymbol{0}, \boldsymbol{\Sigma}). \end{aligned} \tag{2.3}$$

2.1 简介

正如第 2.1.1 节中所提到的, 在分析区域型数据时, 有一些模型是由条件分布指定的, 这些条件分布意味着一个具有稀疏精度矩阵的联合分布. 这些模型被称为高斯–马尔可夫随机场 (Gaussian Markov Random Field, GMRF), 参考 Rue 和 Held (2005). 当进行贝叶斯推断时, 使用 GMRF 比使用 GF 更容易计算, 因为在 GMRF 中处理稀疏精度矩阵的计算成本通常在 $\mathbb{R}^2$ 中是 $O(n^{3/2})$ 阶. 这使得它能更容易地处理 "大 n 问题".

这个基本的分层模型可以有很多扩展方向, 之后我们将考虑其中的一些扩展. 当我们了解高斯场的常规属性后, 即可研究所有包含或基于这种随机效应的实用模型.

2.1.3 Matérn 协方差

Matérn 相关函数在空间建模中十分流行, 包含了尺度参数 $\kappa > 0$ 和平滑参数 $\nu > 0$. 对于两个不同位置 $\boldsymbol{s}_i$ 和 $\boldsymbol{s}_j$, 一个平稳的、各向同性的 Matérn 相关函数可表示为

$$\mathrm{Cor}_M(U(\boldsymbol{s}_i), U(\boldsymbol{s}_j)) = \frac{2^{1-\nu}}{\Gamma(\nu)}(\kappa \parallel \boldsymbol{s}_i - \boldsymbol{s}_j \parallel)^\nu K_\nu(\kappa \parallel \boldsymbol{s}_i - \boldsymbol{s}_j \parallel),$$

其中 $\parallel \cdot \parallel$ 表示欧氏距离, K_ν 是修正的第二类贝塞尔函数. Matérn 协方差函数即为 $\sigma_u^2 \mathrm{Cor}_M(U(\boldsymbol{s}_i), U(\boldsymbol{s}_j))$, 其中 σ_u^2 是该过程的边际方差.

若 $u(\boldsymbol{s})$ 是随机空间效应 $U(\boldsymbol{s})$ 在 n 个位置 $\boldsymbol{s}_1, \ldots, \boldsymbol{s}_n$ 处的观测值, 那么其联合协方差矩阵就可很容易地定义为整个联合协方差矩阵 $\boldsymbol{\Sigma}$ 的元素, 即 $\Sigma_{i,j} = \sigma_u^2 \mathrm{Cor}_M(u(\boldsymbol{s}_i), u(\boldsymbol{s}_j))$. 通常我们设定 $U(\cdot)$ 的均值为 0. 这样, 我们就完全定义了 $u(\boldsymbol{s})$ 所服从的多元分布.

为了更好地理解 Matérn 相关性, 我们采取从高斯场抽样的方法. 通过 $\boldsymbol{u} = \boldsymbol{R}^\top \boldsymbol{z}$ 得到一个样本 $\boldsymbol{u}$, 其中 $\boldsymbol{R}$ 是协方差在 n 个位置的 Cholesky 分解; 即协方差矩阵等于 $\boldsymbol{R}^\top \boldsymbol{R}$ ($\boldsymbol{R}$ 为上三角阵), $\boldsymbol{z}$ 是一个基于 n 个标准正态分布样本的向量. 易知 $\mathrm{E}(\boldsymbol{u}) = \mathrm{E}(\boldsymbol{R}^\top \boldsymbol{z}) = \boldsymbol{R}^\top \mathrm{E}(\boldsymbol{z}) = \boldsymbol{0}$, $\mathrm{Var}(\boldsymbol{u}) = \boldsymbol{R}^\top \mathrm{Var}(\boldsymbol{z}) \boldsymbol{R} = \boldsymbol{R}^\top \boldsymbol{R}$.

以下是两个很实用的 R 语言编程函数, 用于从高斯场抽样:

```
# Matern相关性
cMatern <- function(h, nu, kappa) {
  ifelse(h > 0, besselK(h * kappa, nu) * (h * kappa)^nu /
    (gamma(nu) * 2^(nu - 1)), 1)
}
# 从均值为零的多元正态分布中抽样的函数
rmvnorm0 <- function(n, cov, R = NULL) {
  if (is.null(R))
    R <- chol(cov)
```

```
  return(crossprod(R, matrix(rnorm(n * ncol(R)), ncol(R))))
}
```

函数 cMatern() 计算了相距 h 的两点的 Matérn 协方差, 同时需要设定另外两个参数 nu 和 kappa. 函数 rmvnorm0() 计算出 n 个从多元高斯分布中、基于 Cholesky 分解抽取的样本, 其中需要代入协方差矩阵 cov 或者上三角阵 R 用于 Cholesky 分解.

因此, 只要使用 n 个位置的数据, 函数 cMatern() 即可用于计算 Matérn 协方差, 同时函数 rmvnorm0() 可用于抽样. 这些步骤在函数 book.rMatern 中都有收录, 详见文档 spde-book-functions.R. 该文档可通过扫描封底二维码下载.

为了简明地可视化具有 Matérn 协方差的连续空间过程的性质, 我们考虑从 0 到 25 的一维空间上的 $n = 249$ 个位置.

```
# 定义位置与距离矩阵
loc <- 0:249 / 25
mdist <- as.matrix(dist(loc))
```

对于平滑参数 ν, 我们将代入 4 个数值. 相应参数 κ 的值将由范围表达式 $\sqrt{8\nu}/\kappa$ 来确定, 该距离使得 Matérn 相关性在 0.14 左右. 我们代入两个范围值, 再结合 ν 的 4 个数值, 这样总共设定了 8 组参数.

参数 ν、范围和 κ 的值设定如下:

```
# 定义参数
nu <- c(0.5, 1.5, 2.5, 5.5)
range <- c(1, 4)
```

下一步, 不同组参数将被输入一个矩阵:

```
# 协方差参数的方案
params <- cbind(nu = rep(nu, length(range)),
  range = rep(range, each = length(nu)))
```

样本数值由协方差矩阵和白噪声所决定. 在下例中, 我们从标准正态分布中抽取了 5 个 n 维向量. 这 5 个标准正态观测值 (即代码中的 z) 将保持不变, 这样便于比较 8 组不同参数设置对于模型的影响.

```
# 样本误差
set.seed(123)
```

2.1 简介

```
z <- matrix(rnorm(nrow(mdist) * 5), ncol = 5)
```

至此, 我们得到了 40 个不同的结果, 即每一组参数有 5 个结果:

```
# 计算相关的样本
# 方案 (即不同的参数组)
yy <- lapply(1:nrow(params), function(j) {
  param <- c(params[j, 1], sqrt(8 * params[j, 1]) /
       params[j, 2], params[j, 2])
  v <- cMatern(mdist, param[1], param[2])
  # 固定对角元以避免出现数值问题
  diag(v) <- 1 + 1e-9
  # 参数方案及计算的样本
  return(list(params = param, y = crossprod(chol(v), z)))
})
```

图 2.2 分别绘制了不同组别的样本图. 其中一个重要的关注点是样本的主要空间趋势, 因为它似乎并不依赖于平滑参数 ν. 为了认识它的主要趋势, 我们考虑其中一个组别的样本 (即其中一种颜色的曲线), 然后比较不同平滑参数值下的对应曲线形态. 然而, 若噪声加在最平滑的曲线上, 并相较于采用其他平滑参数值的曲线, 我们很难分清哪个是因为噪声引起、哪个是因为平滑导致. 因此, 在实际应用中, 平滑参数一般都预设为固定值, 再加上噪声项.

2.1.4 数值模拟: 玩具数据集

现在, 我们将抽取一个基于 (2.1) 式模型的样本数据集, 并用于之后的第 2.3 节. 考虑 $n = 100$ 个单位区域内的点. 这个样本将在左下角具备比右上角更高的点密度. 以下是实现的 R 代码:

```
n <- 200
set.seed(123)
pts <- cbind(s1 = sample(1:n / n - 0.5 / n)^2,
  s2 = sample(1:n / n - 0.5 / n)^2)
```

为构建距离矩阵 (下三角阵), 可以按如下代码应用 dist() 函数:

```
dmat <- as.matrix(dist(pts))
```

选取计算 Matérn 相关性的参数为 $\sigma_u^2 = 5$, $\kappa = 7$ 和 $\nu = 1$. 均值设为 $\beta_0 = 10$, 块

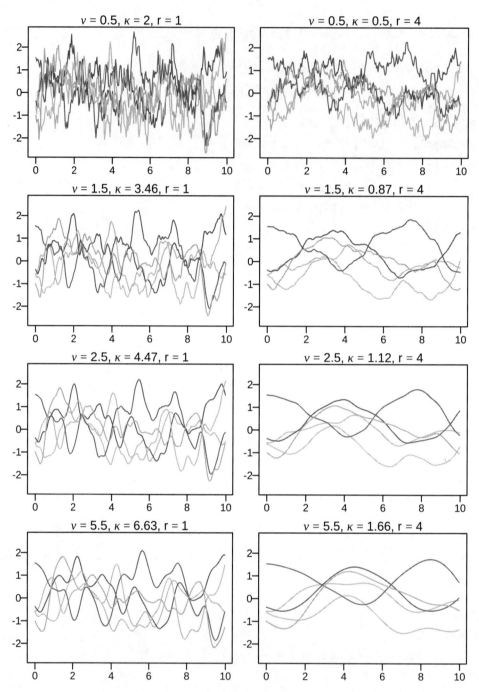

图 2.2 取自一维 Matérn 相关函数的 5 组样本图, 两个不同的范围值对应左右两列的图像, 4 个平滑参数值对应每一行的图像 (彩图见书末)

金效应参数为 $\sigma_e^2 = 0.3$. 用以下代码来声明这些参数:

2.1 简介

```
beta0 <- 10
sigma2e <- 0.3
sigma2u <- 5
kappa <- 7
nu <- 1
```

现在我们抽取到一个均值恒等于 β_0、协方差为 $\sigma_e^2 \boldsymbol{I} + \boldsymbol{\Sigma}$ (即观测值的边际协方差) 的样本数据集. 其中 $\boldsymbol{\Sigma}$ 是该空间过程的 Matérn 协方差, 即如下代码中的 `mcor`:

```
mcor <- cMatern(dmat, nu, kappa)
mcov <- sigma2e * diag(nrow(mcor)) + sigma2u * mcor
```

接下来, 我们再通过 Cholesky 分解的矩阵乘以单位方差噪声并加上均值的方法得到如下样本:

```
R <- chol(mcov)
set.seed(234)
y1 <- beta0 + drop(crossprod(R, rnorm(n)))
```

图 2.3 展示了这些模拟数据的位置分布, 其中每个点的大小与其数值成正比.

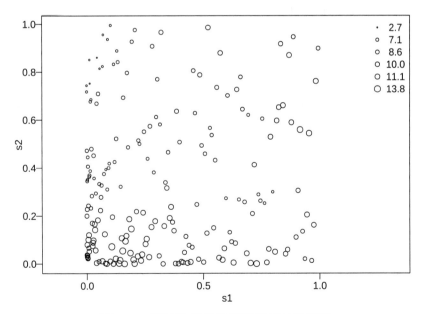

图 2.3 通过数值模拟得到的玩具数据集

在此教程中, 这些数据将被作为玩具数据集使用. 在 `R-INLA` 包里, 通过输入如下代码可以载入该数据集:

```
data(SPDEtoy)
```

2.2 随机偏微分方程法

Rue 和 Tjelmeland (2002) 提出用高斯–马尔可夫随机场 (GMRFs) 来近似连续高斯场, 并印证了该方法对一系列常用协方差函数具有良好的拟合效果. 尽管这些 "概念论证" 的结果很有意思, 但这些方法却不太实用, 因为所有的拟合都必须在常规网格上进行预运算. 真正的突破来自 Lindgren 等 (2011), 他应用了一个随机偏微分方程模型 (SPDE), 其解是一个具有 Matérn 相关性的高斯场 (GF). Lindgren 等 (2011) 提出了一种新方法来描述这个具有 Matérn 相关性的高斯场 (作为高斯–马尔可夫随机场), 即通过有限元方法表示随机偏微分方程的解. 这种情况只能在一些 ν 值 (平滑值) 上产生, 即满足使得连续随机场具有马尔可夫性 (Rozanov, 1977). 这样做的好处是, 可显式计算的高斯随机场 (GF) 的高斯–马尔可夫随机场 (GMRF) 表示可通过一个稀疏的精度矩阵来表示稀疏的空间效应. 这使得 GMRFs 具有很好的计算特性. 我们可以通过 `INLA` 包来实现这些运算.

注意: 在这一节中, 我们汇总了 Lindgren 等 (2011) 中的主要结果. 如果您的目的并不包括深入了解基本的方法论, 可以选择跳过本章节. 如果继续阅读本章节并发现它很难以理解, 请不要气馁. 即使对于 `INLA` 深层次的内容掌握有限, 您仍然能够学会将其应用于实际.

在本节中, 我们试图通过一个直观的方法来解释随机偏微分方程 (SPDE). 然而, 如果您对完整的证明细节感兴趣, 请参见 Lindgren 等 (2011) 的附录部分. 简言之, 它使用了有限元方法 (FEM, Brenner 和 Scott, 2007; Ciarlet, 1978; Quarteroni 和 Valli, 2008) 提供一个 SPDE 的解决方案. 他们通过谨慎选择的基函数以保证一组网格节点上随机场的精度矩阵具有稀疏结构, 这种方法能够清晰地将一个连续随机场与 GMRF 的表达形式相联系, 因此确保了计算效率.

2.2.1 第一个结果

Lindgren 等 (2011) 提供的第一个主要结果是: 一个具有广义协方差函数的高斯场 (GF), 当 $\nu > 0$ (即 Matérn 相关函数中的平滑参数) 时, 得到的即是随机偏微分方程 (SPDE) 的一个解. 这个结果是对于 Besag (1981) 的一个扩展. 用更具统计意味的视角来看, 这个结果就是考虑了一个常规的二维栅格 (其位点数趋于无穷大). 图 2.4 展示了一个栅格里的位点.

2.2 随机偏微分方程法

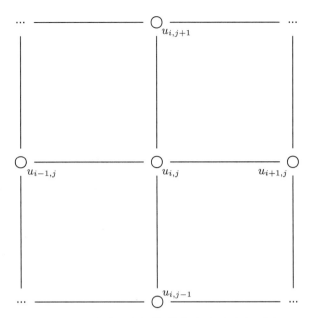

图 2.4 通过二维栅格的位点表示空间过程

在此例中, 位点 i,j 的全条件分布具有如下期望

$$\mathrm{E}(u_{i,j}|u_{-i,j}) = \frac{1}{a}(u_{i-1,j} + u_{i+1,j} + u_{i,j-1} + u_{i,j+1}),$$

并且方差为 $\mathrm{Var}(u_{i,j}|u_{-i,j}) = 1/a$ (其中 $|a| > 4$). 若写出它的精度矩阵, 那么对于单个位点, 仅展示第一象限 (矩阵右上项值为 0), a 作为中间元素, 使得该矩阵表达如下:

$$\begin{vmatrix} & -1 \\ a & -1 \end{vmatrix} \tag{2.4}$$

具有 Matérn 协方差的高斯场 $U(\boldsymbol{s})$ 是下列线性分式随机偏微分方程的一个解:

$$(\kappa^2 - \Delta)^{\alpha/2} u(\boldsymbol{s}) = \boldsymbol{W}(\boldsymbol{s}), \quad \boldsymbol{s} \in \mathbb{R}^d, \quad \alpha = \nu + d/2, \quad \kappa > 0, \quad \nu > 0,$$

其中 Δ 是拉普拉斯算子, $\boldsymbol{W}(\boldsymbol{s})$ 代表空间白噪声 (即单位方差的高斯随机过程).

Lindgren 等 (2011) 指出, 当平滑参数为 $\nu = 1$ 和 $\nu = 2$ 时, GMRF 将是一个具有 (2.4) 式精度矩阵的随机过程的卷积. 依此得到的第一象限精度矩阵及其中间元素值即可用 (2.4) 式的卷积来表示. 因此, 当 $\nu = 1$ 时, 通过以上方法, 可以得到

$$\begin{vmatrix} & & 1 \\ & -2a & 2 \\ 4+a^2 & -2a & 1 \end{vmatrix} \tag{2.5}$$

当 $\nu = 2$ 时,

$$\begin{vmatrix} -1 & & & \\ 3a & -3 & & \\ -3(a^2+3) & 6a & -3 & \\ a(a^2+12) & -3(a^2+3) & 3a & -1 \end{vmatrix} \quad (2.6)$$

对这一结果的直观解释是, 随着平滑参数 ν 增大, GMRF 中的精度矩阵变得不那么稀疏. 矩阵的密度增大是因为条件分布将由更大的邻域所决定. 值得注意的是, 这并不意味着条件均值是更大邻域内点的均值.

从概念上讲, 这就像从一阶随机游走进阶到二阶随机游走. 为了理解这一点, 我们来对比一下一阶随机游走的精度矩阵、它的平方以及二阶随机游走的精度矩阵.

```
q1 <- INLA:::inla.rw1(n = 5)
q1
## 5 x 5 sparse Matrix of class "dgTMatrix"
##
## [1,]  1 -1  .  .  .
## [2,] -1  2 -1  .  .
## [3,]  . -1  2 -1  .
## [4,]  .  . -1  2 -1
## [5,]  .  .  . -1  1
# 对于RW2同样的内部形式
crossprod(q1)
## 5 x 5 sparse Matrix of class "dsCMatrix"
##
## [1,]  2 -3  1  .  .
## [2,] -3  6 -4  1  .
## [3,]  1 -4  6 -4  1
## [4,]  .  1 -4  6 -3
## [5,]  .  .  1 -3  2
INLA:::inla.rw2(n = 5)
## 5 x 5 sparse Matrix of class "dgTMatrix"
##
## [1,]  1 -2  1  .  .
## [2,] -2  5 -4  1  .
## [3,]  1 -4  6 -4  1
```

```
## [4,]   .    1 -4  5 -2
## [5,]   .    .  1 -2  1
```

从前面的矩阵结果中可以看出, 二阶随机游走的精度矩阵与一阶随机游走的精度矩阵平方之间的差异, 出现在左上角和右下角. 而 $\alpha = 2, \boldsymbol{Q}_2 = \boldsymbol{Q}_1 \boldsymbol{C}^{-1} \boldsymbol{Q}_1$ 的精度矩阵, 是 $\alpha = 1, \boldsymbol{Q}_1$ 的精度矩阵的标准化平方. 矩阵 $\boldsymbol{Q}_1, \boldsymbol{C}$ 和 $\boldsymbol{Q}_2$ 将在下面的第 2.2.2 节中具体说明.

2.2.2 第二个结果

点数据很少位于一个规整的网格上, 它的分布一般不规则. Lindgren 等 (2011) 提供了第二组结果, 为不规则网格的情况提供了一个解决方案. 这将运用到有限元方法 (FEM), 这种方法广泛应用于工程和应用数学中求解微分方程的问题.

我们可以将域剖分为一组非交叉三角形——它们可能是不规则的——其中任意两个三角形最多只能在一个共同的边或角上相交. 三角形的三个角被称为顶点或节点. 随机偏微分方程 (SPDE) 的解和它的属性将取决于所选用的基函数. Lindgren 等 (2011) 通过谨慎选择的基函数以保证精度矩阵具有稀疏结构.

近似形式是

$$u(\boldsymbol{s}) = \sum_{k=1}^{m} \psi_k(\boldsymbol{s}) w_k, \tag{2.7}$$

其中 ψ_k 是基函数, w_k 是服从高斯分布的相应权重, $k = 1, \ldots, m$, m 即三角形的顶点数. 这里使用了一个随机的弱解来凸显权重的联合分布能决定连续域的完整分布.

关于这个随机弱解的细节以及如何在此例中使用有限元方法, 详见 Bakka (2018b).

现在我们将说明如何将随机过程 $u(\boldsymbol{s})$ 近似到域内 (即被三角形剖分的域) 任意点. 首先, 我们考虑图 2.5 中的一维情况. 如该图顶部所示, 我们有一组 7 分段的线性基函数, 每个基函数的基节点的值为 1, 在下一段基函数的中心之前, 线性下降至 0, 而在其余处的值均为 0. 因此, 对于相邻基节点之间的任何一点, 只有两个基函数的值是非零的. 在图 2.5 的底部, 我们看到了一个使用这些基函数来近似的正弦函数. 请注意, 我们在这里使用了不规则间隔的基节点, 因此, 节点之间的间隔不需要保持等距 (好比网格中的三角形不需要相等). 例如, 最好将更多的节点 (或空间中的三角形) 放在函数值变化较快的地方, 正如图 2.5 所示, 我们考虑在 1.5 处放一个节点 (因为位于正弦函数的波峰, 即函数值变化较快的地方). 从这个图中也可以看出, 最好在 4.5 附近也放置一个节点 (位于正弦函数的波谷), 效果会更好.

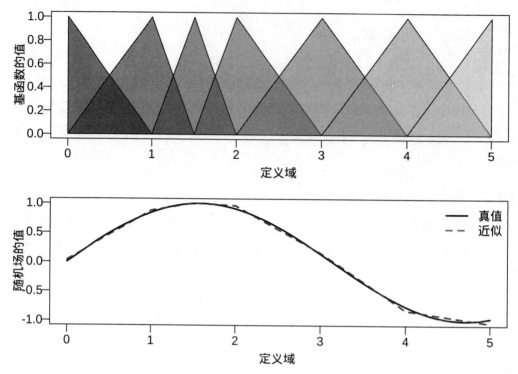

图 2.5 一维近似示例图: 上图为一维分段基函数, 下图为正弦函数及其近似结果

现在我们来说明一下用分段线性基函数对二维空间进行近似. 这些都基于一维域的三角剖分思想. 考虑图 2.6 左上角所示的大三角形, 研究的位点即为这个大三角形内标注的红点, 该位点与大三角形各顶点组成了三个小三角形. 三个顶点的数字等于相对于该顶点的小三角形的面积 (即, 对应的小三角形不由该顶点生成) 在大三角形面积中的占比. 因此, 这三个数字相加为 1. 这三个数字就是以此大三角形 (用于近似红点的值) 的各顶点为中心的基函数的值. 我们用这三个值来作近似, 它们即相当于乘以三个基函数 (大三角形的顶点) 的系数.

以矩阵形式写出, 我们即得到投影矩阵 A, 其中若点位于三角形内, 则在 A 对应行上有三个非零值. 若点位于某条边上, 则有两个非零值, 而当点与某个顶点重合时, 只有一个非零值 (等于 1). 这就展示了如何通过三角形顶点来构建质心坐标, 在此特例下, 它也被称为区域坐标.

现在我们来研究一下观测值的精度矩阵 $Q_{\alpha,\kappa}$. 它也能遵循三角剖分和基函数的思路. 在一个规整的网格中, 该精度矩阵与第一个结果相匹配. 构造如下定义的 $m \times m$ 矩阵 C, G 和 K_κ:

$$C_{i,j} = \langle \psi_i, \psi_j \rangle, \quad G_{i,j} = \langle \nabla \psi_i, \nabla \psi_j \rangle, \quad (K_\kappa)_{i,j} = \kappa^2 C_{i,j} + G_{i,j},$$

2.2 随机偏微分方程法

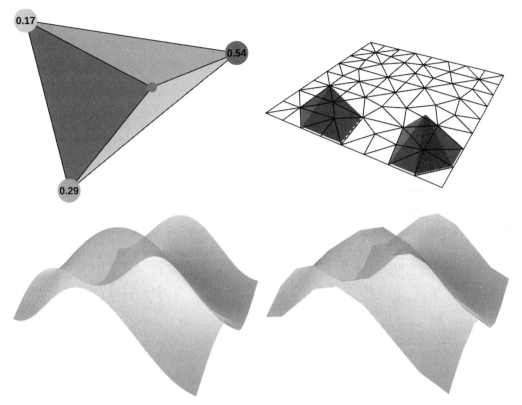

图 2.6 二维近似示例图: 左上图为目标红点的大三角形和区域坐标, 右上图为两个位点所有的三角形及其基函数; 左下图为真实域, 右下图为近似域 (彩图见书末)

此处的 $\langle \cdot, \cdot \rangle$ 表示内积, ∇ 表示梯度.

这样, 精度矩阵 $Q_{\alpha,\kappa}$ 可以写为一个关于 κ^2 和 α 的函数形式:

$$\begin{aligned} Q_{1,\kappa} &= K_\kappa = \kappa^2 C + G, \\ Q_{2,\kappa} &= K_\kappa C^{-1} K_\kappa = \kappa^4 C + 2\kappa^2 G + G C^{-1} G, \\ Q_{\alpha,\kappa} &= K_\kappa C^{-1} Q_{\alpha-2,\kappa} C^{-1} K_\kappa, \quad \alpha = 3, 4, \ldots. \end{aligned} \tag{2.8}$$

由于矩阵 C 是稠密的, 我们用一个对角阵 $\widetilde{C}$ 来代替

$$\widetilde{C}_{i,i} = \langle \psi_i, 1 \rangle. \tag{2.9}$$

这个技巧在有限元方法中很常见. 因为这样设定的话, 由于 $\widetilde{C}$ 是对角阵, K_κ 即和 G 一样稀疏.

举个例子: 我们考虑一组 7 个点, 围绕其中 4 个点建立一个网格结构, 并适当选择参数, 以便对有限元方法进行说明. 同时我们还建立了对偶网格. 最后, 以下列代码导出矩阵 C, G 和 A:

```
# 这个 's' 因子仅会改变 C, 而不会改变 G
s <- 3
pts <- cbind(c(0.1, 0.9, 1.5, 2, 2.3, 2, 1),
  c(1, 1, 0, 0, 1.2, 1.9, 2)) * s
n <- nrow(pts)
mesh <- inla.mesh.2d(pts[-c(3, 5, 7), ], max.edge = s * 1.7,
  offset = s / 4, cutoff = s / 2, n = 6)
m <- mesh$n
dmesh <- book.mesh.dual(mesh)
fem <- inla.mesh.fem(mesh, order = 1)
A <- inla.spde.make.A(mesh, pts)
```

其中函数 book.mesh.dual() 用于构造对偶网格的多边形 (详见图 2.7). 函数 inla.mesh.fem() 用于创建矩阵 C 和 G, 而函数 inla.spde.make.A() 用于创建投影矩阵 A.

我们通过考察每个矩阵的结构来获得对这一结果的直观认识, 这部分详见 Lindgren 等 (2011) 的附录 A.2. 图 2.7 可能有助于我们理解. 在该图中, 8 个节点的网格用较粗的边界线表示. 相应的对偶网格在每个节点周围形成了一系列的多边形.

对偶网格是一组多边形, 其中每个节点都有一个多边形. 每个多边形是由连接到该节点的每条边的中点和该节点所在的小三角形的中心点构成的. 注意, 对于位于网格边界的节点, 这个节点也是对偶多边形的一个点. 每个对偶多边形的面积等于 $\widetilde{C}_{ii}$.

等价地, $\widetilde{C}_{ii}$ 等于节点 i 所属的每个三角形面积的三分之一之和. 注意每个网格节点周围的多边形都是由它所属三角形的三分之一所组成. $\widetilde{C}$ 是对角阵.

矩阵 G 反映了网格节点的连接性. 其中没有边连接的节点所对应的矩阵项为 0. 矩阵的数值与三角形面积无关, 因为它们已根据三角形的面积缩放过了. 详见 Lindgren 等 (2011) 的附录 2.

如上所述, ν 的精度矩阵是 $\nu-1$ 精度矩阵和缩放后的 $\boldsymbol{K}_\kappa$ 的卷积. 它仍意味着在使用 $\kappa \boldsymbol{C} + \boldsymbol{G}$ 计算的时候会得到一个更稠密的精度矩阵.

若利用泰勒级数近似, 那么精度矩阵 Q 也可以推广到分数形式的 α (或者 ν), 参见 Lindgren 等 (2011) 中作者对于讨论部分的回复内容. 这种方法产生一个 $p = \lceil \alpha \rceil$ 阶多项式来近似精度矩阵

$$Q = \sum_{i=0}^{p} b_i C(C^{-1}G)^i. \tag{2.10}$$

对于 $\alpha = 1$ 和 $\alpha = 2$, 其精度矩阵与 (2.8) 式相同. 对于 $\alpha = 1$, 泰勒近似的系数为

2.2 随机偏微分方程法

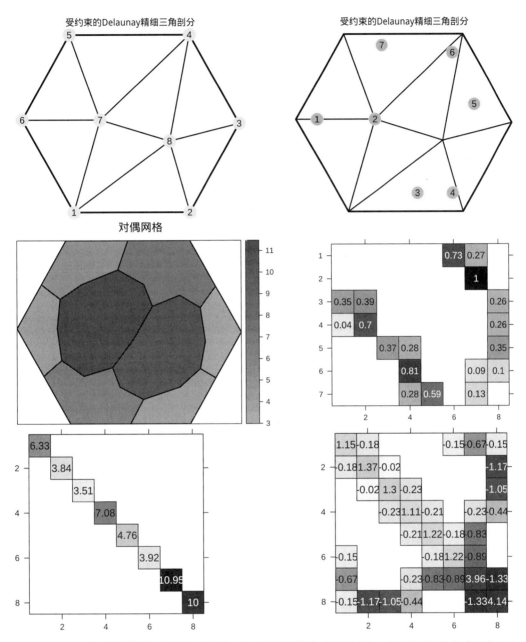

图 2.7 左上图描绘了网格及节点, 右上图的网格中包含了一些已标记的位点; 左中图为对偶多边形, 右中图为投影矩阵 $\boldsymbol{A}$; 左下图和右下图分别为构造精度矩阵的关联矩阵 $\boldsymbol{C}$ 和 $\boldsymbol{G}$

$b_0 = \kappa^2$ 和 $b_1 = 1$. 对于 $\alpha = 2$, 系数则为 $b_0 = \kappa^4$, $b_1 = \alpha\kappa^4$ 及 $b_2 = 1$.

若 $\alpha = 1/2$, 那么 $b_0 = 3\kappa/4$, $b_1 = 3\kappa^{-1}/8$. 再者, 若 $\alpha = 3/2$ (且在指数情况下 $\nu = 0.5$), 那么其系数值将是 $b_0 = 15\kappa^3/16$, $b_1 = 15\kappa/8$ 及 $b_2 = 15\kappa^{-1}/128$. 使用这些结

果, 再结合一个递归结构, 那么在 $\alpha > 2$ 的情况下, 我们可以得到所有正整数和半整数的高斯–马尔可夫随机场 (GMRF) 的近似.

2.3 案例: 玩具数据集

在本案例中, 我们将使用一个简单的地理统计学模型拟合第 2.1.4 节里的玩具数据集. 该数据集包含在 INLA 包中, 通过以下代码载入:

```
data(SPDEtoy)
```

这个数据集是一个三列数据框 data.frame. 前两列是位置坐标, 第三列是响应变量.

```
str(SPDEtoy)
## 'data.frame':    200 obs. of  3 variables:
##  $ s1: num  0.0827 0.6123 0.162 0.7526 0.851 ...
##  $ s2: num  0.0564 0.9168 0.357 0.2576 0.1541 ...
##  $ y : num  11.52 5.28 6.9 13.18 14.6 ...
```

2.3.1 随机偏微分方程 (SPDE) 模型定义

现有 n 个在 s_i 位置的观测值 $y_i, i = 1, \ldots, n$, 定义如下模型:

$$y|\beta_0, u, \sigma_e^2 \sim N(\mathbf{1}\beta_0 + \mathbf{A}u, \sigma_e^2 \mathbf{I}),$$
$$u \sim GF(\mathbf{0}, \mathbf{\Sigma}),$$

其中 β_0 为截距, $\mathbf{A}$ 为投影矩阵, u 为高斯随机场. 注意, 投影矩阵 $\mathbf{A}$ 将空间高斯随机场 (用网格节点定义) 和观测点的位置相连.

这个网格必须要覆盖整个研究区域. 更多关于构建网状结构的细节将在第 2.6 节中给出. 这里, 将直接采用第 2.6.3 节中建立的第五个网格. 在下列 R 代码的实现中, 我们首先定义一个域来创建网格:

```
pl.dom <- cbind(c(0, 1, 1, 0.7, 0), c(0, 0, 0.7, 1, 1))
mesh5 <- inla.mesh.2d(loc.domain = pl.dom, max.e = c(0.092, 0.2))
```

原始参数化的随机偏微分方程 (SPDE) 模型可以通过函数 inla.spde2.matern() 来建立. 这个函数的主要变量是网格对象 (mesh) 以及与过程的平滑度相关的 α 参数 (alpha). 参数化形式灵活, 可以由用户自定义, 默认选择是控制 κ 和 τ 的对数值, 它们共同决定了方差和相关性的范围.

相较于默认的参数设置, 更直观的方法是通过边际标准差和范围值 $\sqrt{8\nu}/\kappa$ 来控制参数. 关于这个调参细节, 详见 Lindgren (2012). 此外, 在定义随机偏微分方程 (SPDE) 模型时, 还需要设定两个参数的先验. 函数 `inla.spde2.pcmatern()` 即通过这个调参来设置复杂度惩罚先验 (PC-先验), 参见 Fuglstad 等 (2018). 关于复杂度惩罚先验的细节, 可参考本书第 1.6.5 节所述的技术框架.

我们利用复杂度惩罚先验来导出实际的范围值 (即使得 Matérn 相关性保持在 0.139 左右的距离) 和边际标准差 σ. 设置这些关于 σ 先验的方式是: 我们必须选择满足条件 $P(\sigma > \sigma_0) = p$ 的 σ_0 和 p. 在本例中, 我们设定 $\sigma_0 = 10$, $p = 0.01$, 而这些值将代入到 `inla.spde2.matern()` 函数中, 作为下一段代码的一个向量. 对于实际范围值的设定, 我们必须选择满足 $P(r < r_0) = p$ 的 r_0 和 p. 值得注意的是, 本例的定义域是 $[0,1] \times [0,1]$. 我们可以通过设置 $p = 0.5$ 来确定复杂度惩罚先验的中位数. 在接下来的代码中, 我们考虑先验中位数等于 0.3.

我们固定平滑参数 ν 为 $\alpha = \nu + d/2 \in [1,2]$. 接下来, 我们建立 $\alpha = 2$ 的随机偏微分方程 (SPDE) 模型, 因为玩具数据集是以 $\alpha = 2$ 模拟出的, 而这实际上也是 `inla.spde2.pcmatern()` 函数中的默认值:

```
spde5 <- inla.spde2.pcmatern(
  # 网格与平滑参数
  mesh = mesh5, alpha = 2,
  # P(practic.range < 0.3) = 0.5
  prior.range = c(0.3, 0.5),
  # P(sigma > 1) = 0.01
  prior.sigma = c(10, 0.01))
```

2.3.2 投影矩阵

建立随机偏微分方程 (SPDE) 模型的第二步便是建立一个投影矩阵. 投影矩阵包含每个基函数值, 每一列对应一个基函数. 投影矩阵将用于对在网格节点处所建的随机场模型进行插值, 详见第 2.2.2 节. 投影矩阵可用 `inla.spde.make.A()` 函数建立. 已知每个网格节点的基函数, 我们就可以计算出一个点 (位于一个三角形内) 的基函数值, 如图 2.6 所示. 因此, 随机场的值是平面 (由这三个网格点的随机场形成) 到该点位置的投影. 这就是为什么我们将其称作投影矩阵, 因为该矩阵的每一行中存储了不同的基函数在一个位置处的值. 这个矩阵是稀疏的, 因为每行至多有三个非零元素. 此外, 每一行的总和均等于 1.

运用玩具数据集和示例网格 mesh5,可以如下计算投影矩阵:

```
coords <- as.matrix(SPDEtoy[, 1:2])
A5 <- inla.spde.make.A(mesh5, loc = coords)
```

这个矩阵的维数等于数据中的位点数乘以网格节点数:

```
dim(A5)
## [1] 200 489
```

由于每个位点都在一个三角形内,矩阵的每一行都有三个非零元素:

```
table(rowSums(A5 > 0))
##
##   3
## 200
```

此外,每行的三个元素总和为 1:

```
table(rowSums(A5))
##
##   1
## 200
```

每行总和为 1 是因为矩阵中的每个元素均是一个位点处基函数的值,每个位点处基函数的和为 1. 该矩阵乘以一个包含各个位置处的连续函数的向量,就可以得到这个函数在各位点上的插值.

投影矩阵中,有一些列的所有项均为 0:

```
table(colSums(A5) > 0)
##
## FALSE  TRUE
##   237   252
```

这些列所对应的三角形不包含任何位点. 我们可以删除这些列. 用函数 inla.stack()(见第 2.3.3 节) 可以自动完成.

当一个网格内所有的位点都在它的网格节点上,那么对应投影矩阵中的每一行都仅有一个非零值. 这就是在第 2.6.3 节中所述的网格 mesh1:

2.3 案例: 玩具数据集

```
A1 <- inla.spde.make.A(mesh1, loc = coords)
```

在此例中, 投影矩阵的所有非零元素均等于 1:

```
table(as.numeric(A1))
##
##      0      1
## 580400    200
```

因为位点与网格的节点重合, 所有元素都等于 1. 因此, 网格节点的基函数的权重也等于 1.

2.3.3 数据堆栈

inla.stack() 函数对于整理数据、协变量、索引和投影矩阵 (这些均是构建 SPDE 模型的关键内容) 非常有效. inla.stack() 函数有助于把控空间效应在线性预测因子中的投影. 关于一维再生随机场和时空模型的应用示例, 请详见 Lindgren (2012) 以及 Lindgren 和 Rue (2015), 其中还详细介绍了堆栈法的数学原理.

在玩具数据集的案例中, 线性预测因子可以表示为

$$\boldsymbol{\eta}^* = \mathbf{1}\beta_0 + \boldsymbol{A}\boldsymbol{u},$$

等号右边的第一项为截距, 第二项为空间效应. 每一项可以用一个投影矩阵和随机效应的乘积所表示.

我们用有限元方法 (即实现 SPDE 模型时所用的 FEM 方法) 得到的解将模型建立在网格节点上. 通常情况下, 网格节点的数量并不等于有观测值的位点的数量. inla.stack() 函数可用来处理包含不同维度项的预测因子. 函数 inla.stack() 中的三个主要自变量是: 一个数据 (data) 的向量列表, 一个投影矩阵的列表 (每个对应一个区组效应, A) 和效应列表 (effects). 另外, 还可以给数据堆栈指定标签 (启用自变量 tag).

我们需要计算两个投影矩阵: 隐随机场的投影矩阵和表示协变量及其响应变量一一映射关系的矩阵. 其中后者可以简单设置为一个常数, 而不是对角阵.

下面的 R 代码将采用玩具数据集, 并使用函数 inla.stack() 将所有这三个元素 (即数据、投影矩阵和效应) 堆栈在一起.

```
stk5 <- inla.stack(
  data = list(resp = SPDEtoy$y),
```

```
  A = list(A5, 1),
  effects = list(i = 1:spde5$n.spde,
    beta0 = rep(1, nrow(SPDEtoy))),
  tag = 'est')
```

函数 inla.stack() 自动消除投影矩阵中总和为 0 的列, 并产生一个新的简化矩阵. 函数 inla.stack.A() 用于提取一个简化的矩阵用作观测预测因子矩阵, 而函数 inla.stack.data() 提取出相应的数据.

堆栈后的简化投影矩阵包括了之前所有的简化投影矩阵, 其中每一列对应一个效应区组. 因此, 它的维数为

```
dim(inla.stack.A(stk5))
## [1] 200 253
```

在玩具数据集的案例里, 在投影矩阵中多出一列非零元素构成的列, 多出的这一列是截距, 其所有值均为 1.

2.3.4 模型拟合和一些结果

为了拟合模型, 我们在公式中必须去除截距项, 并在效应列表中加入协变量项, 这样, 公式中的所有协变量都包含在一个投影矩阵中. 然后, 预测因子矩阵就可通过 control.predictor 选项如下传递给函数 inla():

```
res5 <- inla(resp ~ 0 + beta0 + f(i, model = spde5),
  data = inla.stack.data(stk5),
  control.predictor = list(A = inla.stack.A(stk5)))
```

函数 inla() 返回的对象, 是由多个结果组成的集合. 它包括汇总统计量、模型中每个参数的后验边际密度、回归参数、每个表示隐随机场的元素以及所有超参数.

我们可以通过以下代码得到截距项 β_0 的汇总统计量:

```
res5$summary.fixed
##            mean      sd 0.025quant 0.5quant 0.975quant   mode
## beta0     9.473  0.6793      8.053    9.488      10.81  9.511
##            kld
## beta0  4.473e-10
```

类似地, 关于高斯似然函数的精度 (即 $1/\sigma_e^2$), 可以通过如下代码查看其汇总统计量:

2.3 案例：玩具数据集

```
res5$summary.hyperpar[1, ]
##                                        mean       sd
## Precision for the Gaussian observations 2.948  0.4723
##                                      0.025quant 0.5quant
## Precision for the Gaussian observations 2.118    2.914
##                                      0.975quant   mode
## Precision for the Gaussian observations 3.973    2.852
```

函数 inla() 输出的一个边际分布包括两个向量：一是参数空间范围内的一组数值(拥有大于零的后验边际密度)；二是它们的后验边际密度. 我们可以通过函数转换任何后验边际分布. 例如，如果需要得到 σ_e 的后验边际分布 (即 σ_e^2 的平方根)，我们可以通过以下代码算出：

```
post.se <- inla.tmarginal(function(x) sqrt(1 / exp(x)),
    res5$internal.marginals.hyperpar[[1]])
```

现在，我们就可以从该边际分布中获取汇总统计量：

```
inla.emarginal(function(x) x, post.se)
## [1] 0.588
inla.qmarginal(c(0.025, 0.5, 0.975), post.se)
## [1] 0.5023 0.5857 0.6860
inla.hpdmarginal(0.95, post.se)
##                  low    high
## level:0.95    0.4985  0.6814
inla.pmarginal(c(0.5, 0.7), post.se)
## [1] 0.02168 0.98655
```

在上述代码中，函数 inla.emarginal() 用于计算后验期望，函数 inla.qmarginal() 用于计算后验边际分布的分位数，函数 inla.hpdmarginal() 用于计算最大后验密度 (HPD) 区间，而函数 inla.pmarginal() 则用于得出后验概率. 图 2.8 展示了精度和标准差的后验边际分布，可以通过以下代码实现：

```
par(mfrow = c(1, 2), mar = c(3, 3, 1, 1), mgp = c(2, 1, 0))
plot(res5$marginals.hyperpar[[1]], type = "l", xlab = "精度",
    ylab = "密度", main = "精度")
plot(post.se, type = "l", xlab = "标准差",
    ylab = "密度", main = "标准差")
```

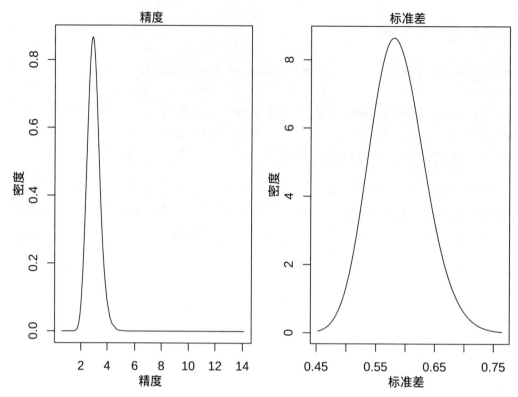

图 2.8　左图为精度的后验边际分布, 右图为标准差的后验边际分布

在参数难以辨析的场景下, 经过转换的后验边际密度会导致准确率的下降. 为减少这种损失, 我们可以跳过第一次转换, 直接在边际密度上进行操作:

```
post.orig <- res5$marginals.hyperpar[[1]]
fun <- function(x) rev(sqrt(1 / x)) # Use rev() to preserve order
ifun <- function(x) rev(1 / x^2)
inla.emarginal(fun, post.orig)
## [1] 0.5279
fun(inla.qmarginal(c(0.025, 0.5, 0.975), post.orig))
## [1] 0.5022 0.5859 0.6868
fun(inla.hpdmarginal(0.95, post.orig))
## [1] 0.5072 0.6963
inla.pmarginal(ifun(c(0.5, 0.7)), post.orig)
## [1] 0.01413 0.97806
```

请注意, 当变量变化时, 最大后验密度 (HPD) 区间无法保持恒定. 另外, 如果需要对参数进行特定的解释, 那么我们还是要根据参数需求将密度进行转换.

2.4 随机场的投影

图 2.9 绘制了隐随机场参数的后验边际分布:

```
par(mfrow = c(2, 1), mar = c(3, 3, 1, 1), mgp = c(2, 1, 0))
plot(res5$marginals.hyperpar[[2]], type = "l",
    xlab = expression(sigma), ylab = "后验密度")
plot(res5$marginals.hyperpar[[3]], type = "l",
    xlab = "实际范围", ylab = "后验密度")
```

此外, 也可以计算得出汇总统计量和最大后验密度区间, 同样可以绘制它们的后验边际分布.

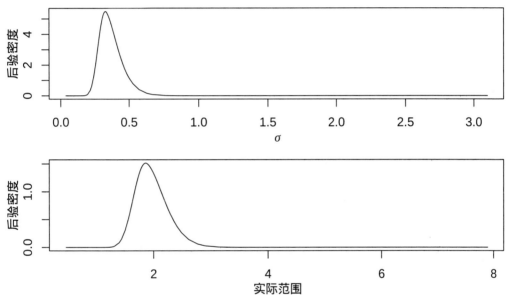

图 2.9 上图为 σ 的后验边际分布, 下图为实际范围的后验边际分布

2.4 随机场的投影

在处理某些位点的空间数据时, 一个常规的目标是在空间模型的精细网格上进行预测, 以获得高分辨率地图. 在本节, 我们仅展示如何对随机场进行预测. 在第 2.5 节中, 我们将描述对于最终结果的预测. 在此例中, 我们将预测三个目标位点的随机场, 其坐标为 (0.1, 0.1), (0.5, 0.55), (0.7, 0.9). 下面的代码定义了这些位点:

```
pts3 <- rbind(c(0.1, 0.1), c(0.5, 0.55), c(0.7, 0.9))
```

目标位点的预测因子矩阵是:

```
A5pts3 <- inla.spde.make.A(mesh5, loc = pts3)
dim(A5pts3)
## [1]   3 489
```

为了只显示该矩阵中非零元素的列, 可运行如下代码:

```
jj3 <- which(colSums(A5pts3) > 0)
A5pts3[, jj3]
## 3 x 9 sparse Matrix of class "dgCMatrix"
##
## [1,] .    .    0.054 .    .    .    0.5  0.44 .
## [2,] 0.22 .    .     0.32 .    0.46 .    .    .
## [3,] .    0.12 .     .    0.27 .    .    .    0.61
```

这个投影矩阵便可用来插入一个关于随机场的函数, 比如后验均值. 这个插入运算是非常简单的, 因为它是一个稀疏矩阵 (每行至多有三个非零元素) 向量的乘积.

```
drop(A5pts3 %*% res5$summary.random$i$mean)
## [1]  0.3114  3.1006 -2.7230
```

2.4.1 投影到网格上

默认情况下, 函数 inla.mesh.projector() 会自动计算出一个覆盖网格区域的正方形上点的投影矩阵. 它可以用来得到精细网格上的随机场的地图. 要获得一个定义在 $[0,1] \times [0,1]$ 上的网格区域的投影矩阵, 我们可以通过函数 inla.mesh.projector() 并代入这个定义域的范围.

```
pgrid0 <- inla.mesh.projector(mesh5, xlim = 0:1, ylim = 0:1,
  dims = c(101, 101))
```

这样我们就可通过以下代码来得到后验均值和后验标准差的投影:

```
prd0.m <- inla.mesh.project(pgrid0,  res5$summary.random$i$mean)
prd0.s <- inla.mesh.project(pgrid0,  res5$summary.random$i$sd)
```

投影在网格上的数值结果, 详见图 2.10.

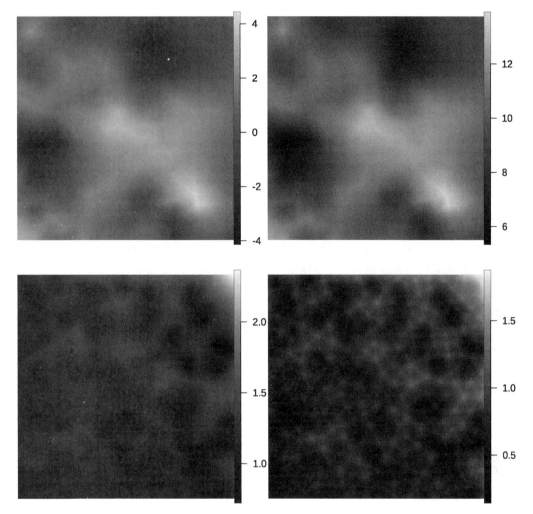

图 2.10 左上和左下图分别是随机场的均值与标准差, 右上和右下图分别是拟合结果的均值与标准差 (彩图见书末)

2.5 预测

在对空间连续过程进行建模时, 另一个值得研究的内容是对目标位点 (未观测到的位置) 期望值的预测. 与上一节类似, 我们可以计算出目标位点期望值的边际分布, 或者对其一些函数进行投影. 具体来说, 我们考虑

$$y \sim N(\mu = \mathbf{1}\beta_0 + \boldsymbol{A}\boldsymbol{u}, \sigma_e^2 \boldsymbol{I}).$$

我们将计算参数 μ 的后验分布, 这个问题就是我们常说的预测.

2.5.1 联合估计和预测

在本例中, 我们仅展示如何进行预测, 并将其纳入模型拟合的数据堆栈里. 这类似于之前我们为预测随机场而创建的数据堆栈, 但在这里, 数据堆栈中的预测因子和效应必须将所有的固定效应考虑进去. 在这种情况下, 我们有如下截距:

```
stk5.pmu <- inla.stack(
  data = list(resp = NA),
  A = list(A5pts3, 1),
  effects = list(i = 1:spde5$n.spde, beta0 = rep(1, 3)),
  tag = 'prd5.mu')
```

这个堆栈将被纳入之前整体的数据堆栈, 以重新拟合模型. 但是, 我们可以代入之前拟合完成的模型参数来提升效率 (通过使用参数 `control.mode`):

```
stk5.full <- inla.stack(stk5, stk5.pmu)
r5pmu <- inla(resp ~ 0 + beta0 + f(i, model = spde5),
  data = inla.stack.data(stk5.full),
  control.mode = list(theta = res5$mode$theta, restart = FALSE),
  control.predictor = list(A = inla.stack.A(
    stk5.full), compute = TRUE))
```

`inla` 对象的拟合值都汇总在一个 `data.frame` 数据框中. 为了找到缺失观测数据的预测值, 必须先找到它们在 `data.frame` 数据框中的行数. 我们可以从完整的数据堆栈中获得行数的索引, 即指明相应堆栈中的标签, 如下所示:

```
indd3r <- inla.stack.index(stk5.full, 'prd5.mu')$data
indd3r
## [1] 201 202 203
```

为了获取目标位点 μ 的后验分布, 必须将相应行数的索引值代入有统计汇总的 `data.frame` 数据框.

```
r5pmu$summary.fitted.values[indd3r, c(1:3, 5)]
##                          mean     sd 0.025quant 0.975quant
## fitted.APredictor.201   9.785 0.3409      9.118     10.456
## fitted.APredictor.202  12.574 0.6362     11.327     13.827
## fitted.APredictor.203   6.750 1.0125      4.769      8.752
```

这样, 我们也可得到预测值的后验边际分布:

2.5 预测

```
marg3r <- r5pmu$marginals.fitted.values[indd3r]
```

最后,用函数 inla.hpdmarginal() 计算出第二个目标位点处 μ 的 95% 的最大后验密度区间:

```
inla.hpdmarginal(0.95, marg3r[[2]])
##                low   high
## level:0.95   11.32  13.82
```

依此可看到,在位点 (0.5, 0.5) 附近的响应值显著大于 β_0,详见图 2.10.

2.5.2 合并线性预测因子

一种计算成本较低的方法是 (朴素地) 将线性回归项的预测后验均值相加. 对于协变量来说, 这可以通过以下方式完成: 用协变量系数的后验均值乘以协变量, 如同 Cameletti 等 (2013) 中所示. 在这个玩具数据集的案例中, 我们只需考虑截距和随机场的后验均值即可.

```
res5$summary.fix[1, "mean"] +
  drop(A5pts3 %*% res5$summary.random$i$mean)
## [1]   9.785  12.574   6.751
```

对于标准误差, 也可以采用类似的方法. 不过, 它还需要考虑截距的方差以及求和式中两个项的协方差.

2.5.3 预测网格

计算网格中所有点的后验边际分布是十分费劲的. 然而, 尽管默认需要算出来, 但实际上很少使用完整的边际分布. 相反, 在大多数情况下, 后验均值和标准差一般就够用了. 由于我们不需要计算出网格中每一点的整个后验边际分布, 我们在调用中设置了一个选项来跳过它们. 这个功能对于节省内存是很有帮助的, 特别是当我们需要储存对象以便之后再调用.

在下列代码中, 模型将再次被拟合, 该操作沿用了之前拟合模型中所有超参数的样式, 但没有储存随机效应的后验边际分布和后验预测值 (即参数 control.results). 通过设定 quantiles 等于 FALSE, 也同时禁用了对于分位数的计算功能. 储存的结果只有均值和标准差. 此外, 这里的投影矩阵就是上例中用于将后验均值投射到网格上的矩阵. 因此, 我们将得到在网格中每一点上 μ 的后验边际分布的均值和标准差.

```
stkgrid <- inla.stack(
  data = list(resp = NA),
  A = list(pgrid0$proj$A, 1),
  effects = list(i = 1:spde5$n.spde, beta0 = rep(1, 101 * 101)),
  tag = 'prd.gr')

stk.all <- inla.stack(stk5, stkgrid)

res5g <- inla(resp ~ 0 + beta0 + f(i, model = spde5),
  data = inla.stack.data(stk.all),
  control.predictor = list(A = inla.stack.A(stk.all),
    compute = TRUE),
  control.mode=list(theta=res5$mode$theta, restart = FALSE),
  quantiles = NULL,
  control.results = list(return.marginals.random = FALSE,
    return.marginals.predictor = FALSE))
```

同样, 我们仍需要获得预测值的索引.

```
igr <- inla.stack.index(stk.all, 'prd.gr')$data
```

这个索引可用于汇总或可视化这些预测值. 这些预测值已与在第 2.4.1 节得到的关于随机场的预测值一起被绘制在图 2.10 中.

由图 2.10 所示, 空间效应在 -4 到 4 之间有一个变化. 考虑到标准差的范围约为 0.8 到 2.4, 空间依赖性是相当可观的. 此外, 随机场和 μ 的标准差在角 (0, 0) 附近都比较小, 而在角 (1, 1) 附近则比较大. 这个情况正好与位点的密度成正比.

这两个标准差的场是不同的, 因为一个只是随机场, 而另一个则是拟合结果的期望值, 其中也考虑到了均值的标准差.

2.5.4 不同网格的结果

在这一节中, 我们将对基于玩具数据集案例所构造的六种不同网格 (见第 2.6 节) 得出的结果进行比较. 我们将通过绘制模型参数的后验边际分布图来进行比较. 在玩具数据集的数值模拟中使用的真值已被添加到图中, 以评估网格结构对于结果的影响. 另外, 我们也套用 geoR 包 (参见 Ribeiro Jr. 和 Diggle, 2001) 来进行极大似然估计.

每个网格将拟合出一个模型, 这样总共得到六个模型, 我们用以下代码将所有结果汇总进一个列表中:

2.5 预测

```
lrf <- list()
lres <- list()
l.dat <- list()
l.spde <- list()
l.a <- list()

for (k in 1:6) {
  # 产生 A矩阵
  l.a[[k]] <- inla.spde.make.A(get(paste0('mesh', k)),
    loc = coords)
  # 产生SPDE空间效应
  l.spde[[k]] <- inla.spde2.pcmatern(get(paste0('mesh', k)),
    alpha = 2, prior.range = c(0.1, 0.01),
    prior.sigma = c(10, 0.01))

  # 产生数据列表
  l.dat[[k]] <- list(y = SPDEtoy[,3], i = 1:ncol(l.a[[k]]),
    m = rep(1, ncol(l.a[[k]])))
  # 拟合模型
  lres[[k]] <- inla(y ~ 0 + m + f(i, model = l.spde[[k]]),
    data = l.dat[[k]], control.predictor = list(A = l.a[[k]]))
}
```

网格面积大小会影响拟合模型所消耗的计算时间. 节点更多的网格需要更多时间来计算. 表 2.1 列出了这六个网格通过 INLA 建模所消耗的时间:

表 **2.1** 网格建模的运算时间 (秒)

网格编号	大小	时间
1	2903	16.236
2	489	2.114
3	371	1.387
4	2925	16.729
5	489	2.638
6	374	1.853

此外, 我们还计算了每个拟合模型中 σ_e^2 的后验边际分布:

```
s2.marg <- lapply(lres, function(m) {
  inla.tmarginal(function(x) exp(-x),
    m$internal.marginals.hyperpar[[1]])
})
```

模型参数的真值为: $\beta_0 = 10$, $\sigma_e^2 = 0.3$, $\sigma_x^2 = 5$, 范围值为 $\sqrt{8}/7$, $\nu = 1$. 由于在随机偏微分方程 (SPDE) 模型的定义中设置了 $\alpha = 2$, 因此我们将固定参数 ν 为其真值.

```
beta0 <- 10
sigma2e <- 0.3
sigma2u <- 5
range <- sqrt(8) / 7
nu <- 1
```

通过运用 geoR 包 (参见 Ribeiro Jr. 和 Diggle, 2001) 来计算极大似然估计值:

```
lk.est <- c(beta = 9.54, s2e = 0.374, s2u = 3.32,
  range = 0.336 * sqrt(8))
```

图 2.11 展示了参数 β_0, σ_e^2, σ_x^2 以及范围值的后验边际分布. 在这里我们可以看到, 在六个网格的结果中, 截距的后验众数对比似然估计值有何差异.

其中主要的差异在于噪声的方差 σ_e^2 (即"块金效应"). 基于网格的后验结果比实际值和极大似然估计值要小. 一般来说, 随着网格中三角形数量的增加, 后验分布的结果也随之愈发接近于参数的实际值. 相比于其他网格, 从边界开始构造的网格所得到的后验结果更为接近于极大似然估计值.

对于隐随机场的边际方差 σ_x^2, 所有网格产生的后验结果都小于实际值, 并且更接近于极大似然估计值. 对于范围参数, 所有网格算出的后验结果都比极大似然估计值小, 并且非常接近于实际值.

尽管这些结果只是基于玩具数据集, 也并不具备结论性, 但一个普遍的建议是, 最好将网格根据位点进行调整, 以此来捕捉噪声方差. 不过同样重要的是, 我们也需要保证一定的灵活性以避免在三角形的形状和大小上出现太大的变化, 来获得对于隐随机场参数的良好估计. 因此, 这是一个在"根据位点不断调整"和"避免大幅改变网格三角形结构"之间的权衡.

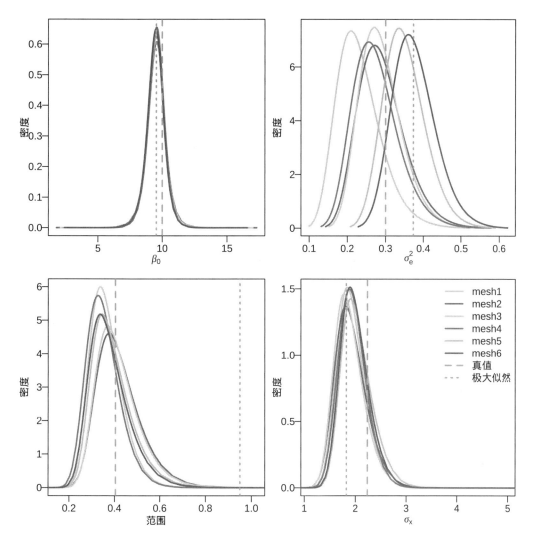

图 2.11 各参数的后验边际分布图: 左上图对应 β_0, 右上图对应 σ_e^2, 左下图对应范围参数, 右下图对应 $\sqrt{\sigma_x^2}$ (彩图见书末)

2.6 关于三角剖分的细节与示例

如本章前文所述, 拟合随机偏微分方程 (SPDE) 模型的第一步便是构建表示空间过程的网格. 这一步必须非常谨慎, 因为选择节点就好比选择数值积分算法中的积分点一样. 这些点是否应该采取固定的间隔? 需要多少个点? 此外, 边界周围的附加点, 乃至是否要扩展到边界之外, 都需要谨慎选择. 因为边界效应可能导致边界上的方差比定义域内的方差大一倍, 我们必须要避免 (详见 Lindgren, 2012 以及 Lindgren 和 Rue, 2015).

最后, 为了说明网格构建的过程, 我们可以运用 `INLA` 包中的一个 Shiny 应用程序

(可用 meshbuilder() 加载). 这能帮助我们学习和理解不同的参数对于构建网格的影响. 我们将会在第 2.7 节中进一步阐述.

2.6.1 如何开始

对于二维情况, 推荐使用函数 inla.mesh.2d() 来构建一个网格. 这个函数会在定义域上创建一个受约束的 Delaunay 精细三角剖分 (CRDT), 即我们所简称的网格. 这个函数包含了几个变量:

```
str(args(inla.mesh.2d))
## function (loc = NULL, loc.domain = NULL, offset = NULL,
##     n = NULL, boundary = NULL, interior = NULL,
##     max.edge = NULL, min.angle = NULL, cutoff = 1e-12,
##     max.n.strict = NULL, max.n = NULL, plot.delay = NULL,
##     crs = NULL)
```

首先, 我们需要一些关于研究区域的信息来创建网格, 这可以是位点或者定义域. 位点可以通过函数中的 loc 变量来输入, 它们将作为三角形剖分的初始节点. 变量 loc.domain 通过构建一个单一多边形来确立定义域. 在代入位点或边界后, 该算法会寻找到一个凸面体网格. 当我们通过 boundary 变量代入一个多边形列表时, 就可以生成一个非凸网格, 其中列表中的每个元素都属于函数 inla.mesh.segment() 所返回的类别. 因此, 我们必须要确定这三个变量 (loc, domain 或 boundary) 中的一个, 才能创建网格.

另一个强制输入的变量是 max.edge. 这个变量确定了在内域和外延中所允许的三角形边长的极值. 因此它可以是一个单一的数值, 或长度为 2 的向量, 且必须有与坐标等同的比例单位.

其他变量则用于指定网格的额外约束条件. 参数 offset 是一个用来设定网格自动扩展距离的数值 (或一个长度为 2 的向量). 若为正, 它就是相同比例单位的扩展距离. 若为负, 它就是一个关于数据扩展率的因子; 即, 如果它的值为 -0.10 (默认值), 那么数据范围的覆盖直径将增加 10% 作为网格外延的扩展.

变量 n 即为扩展边界的初始点数. 变量 interior 是一个用于指定内部约束的分段列表, 其中每一段都属于 inla.mesh.segment 类. 一个好的网格需要有大小和形状尽可能规整的三角形. 我们可以通过变量 max.edge 控制三角形的边长, 以及用变量 min.angle (可以是标量, 也可以是长度为 2 的向量) 指定三角形在内域和外延中的最小内角. 我们设定最大值为 21, 以保证算法的收敛性 (de Berg 等, 2008; Guibas 等, 1992).

2.6 关于三角剖分的细节与示例

为了进一步控制三角形的形状, 可以使用 cutoff 变量来设置节点之间的最小距离. 也就是说, 比这个值更近的两点会被替换成一个单独的顶点. 因此, 它可以避免生成特别小的三角形. 该值必须是一个正数, 它的设定对于存在极度邻近点 (无论是对于位点还是定义域的边界) 的场景是很关键的.

为了了解函数 inla.mesh.2d() 的工作原理, 我们用不同的变量组合值计算了几个网格 (基于玩具数据集的前五个位点). 首先, 加载玩具数据集并获取其前五个位点:

```
data(SPDEtoy)
coords <- as.matrix(SPDEtoy[, 1:2])
p5 <- coords[1:5, ]
```

由于网格将使用域 (而不是点) 来建立, 我们首先要定义这个域:

```
pl.dom <- cbind(c(0, 1, 1, 0.7, 0, 0), c(0, 0, 0.7, 1, 1, 0))
```

在图 2.12 中, 我们绘制了一个基于一些网格的绿色多边形来代表这个域.

最后, 我们用前五个位点或上面定义的域来创建网格:

```
m1 <- inla.mesh.2d(p5, max.edge = c(0.5, 0.5))
m2 <- inla.mesh.2d(p5, max.edge = c(0.5, 0.5), cutoff = 0.1)
m3 <- inla.mesh.2d(p5, max.edge = c(0.1, 0.5), cutoff = 0.1)
m4 <- inla.mesh.2d(p5, max.edge = c(0.1, 0.5),
  offset = c(0, -0.65))
m5 <- inla.mesh.2d(loc.domain = pl.dom, max.edge = c(0.3, 0.5),
  offset = c(0.03, 0.5))
m6 <- inla.mesh.2d(loc.domain = pl.dom, max.edge = c(0.3, 0.5),
  offset = c(0.03, 0.5), cutoff = 0.1)
m7 <- inla.mesh.2d(loc.domain = pl.dom, max.edge = c(0.3, 0.5),
  n = 5, offset = c(0.05, 0.1))
m8 <- inla.mesh.2d(loc.domain = pl.dom, max.edge = c(0.3, 0.5),
  n = 7, offset = c(0.01, 0.3))
m9 <- inla.mesh.2d(loc.domain = pl.dom, max.edge = c(0.3, 0.5),
  n = 4, offset = c(0.05, 0.3))
```

图 2.12 呈现了这九个不同的网格. 在接下来的段落中, 我们将根据不同网格的结构, 对其质量进行相对严格的评估.

网格 m1 有两个主要问题. 第一, 它包含一些内角很小的三角形. 第二, 内域中出现一些比较大的三角形. 网格 m2 则放宽了对位点的限制, 因为距离小于截断界限的点会

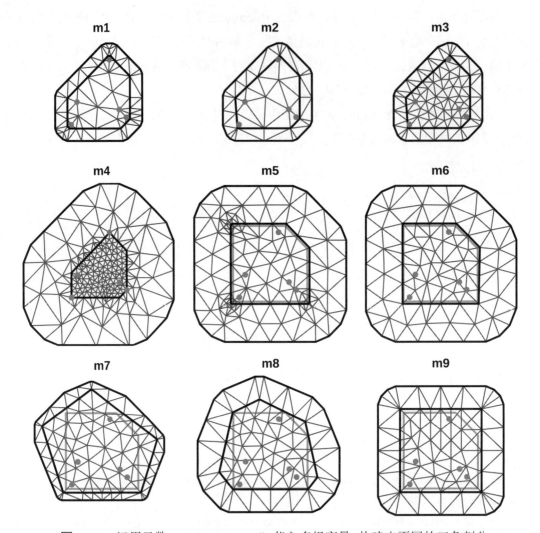

图 2.12 运用函数 inla.mesh.2d() 代入多组变量,构建出不同的三角剖分

被认为是一个单独的顶点,这就避免了网格 m1 中的一些内角很小的三角形 (如右下角). 因此, 使用截断界限是一个很好的办法. 网格 m3 内的每个三角形边长都小于 0.1, 这个网格看上去比之前的两个更好.

网格 m4 并没有考虑先在位点周围扩展一个凸面体范围. 它只在外层添加了覆盖范围非常广的第二层边界. 在这种情况下, 内部三角形的边长并不理想 (即 max.edge 变量里的第一个值), 在外延区域中也出现了边长高达 0.5 的三角形. 三角形的形状总体上看起来还不错.

网格 m5 是用根据定义域形状所扩展的多边形构建的, 这个外延多边形的形状与域本身非常相似. 在这个网格中, 定义域的角周边有一些微小的三角形, 这是因为构建时

2.6 关于三角剖分的细节与示例

没有指定一个截断界限. 此外, 还有一个相对小的第一层扩展和相对大的第二层扩展. 在网格 m6 中, 我们增加了一个截断界限, 因此得到了一个比之前更好的网格.

在最后三个网格中, 扩展点的初始数量有所变化. 在某些情况下, 改变这个值可使构建网格的算法收敛. 例如, 图 2.12 展示的是网格 m7 中以 n = 5 得到的形状. 由该数值生成的网格似乎并不适合这个域, 因为在边界后面产生了一个不均匀的延伸. 网格 m8 和网格 m9 均呈现了非常糟糕的三角形形状.

由函数 inla.mesh.2d() 返回的对象属于 inla.mesh, 它是一个多元素的列表:

```
class(m1)
## [1] "inla.mesh"
names(m1)
## [1] "meta"     "manifold" "n"        "loc"      "graph"
## [6] "segm"     "idx"      "crs"
```

每个网格的顶点数量就对应这个列表的 n 元素, 这样就方便我们对比所有创建网格的顶点数.

```
c(m1$n, m2$n, m3$n, m4$n, m5$n, m6$n, m7$n, m8$n, m9$n)
## [1]  61  36  78 196 121  88  87  68  72
```

graph 元素即为得到的受约束的 Delaunay 精细三角剖分 (CRDT). 此外, 该元素也包含了表示邻域结构图的矩阵. 例如, 对于网格 m1, 这个矩阵的维数如下:

```
dim(m1$graph$vv)
## [1] 61 61
```

元素 idx 可识别出对应于位点的顶点:

```
m1$idx$loc
## [1] 24 25 26 27 28
```

2.6.2 非凸面体网格

图 2.12 中所有的网格都具有凸面体的边界. 在这里, 凸面体是一个由三角形组成的、包裹在定义域范围以外的多边形, 扩展出这一部分是为了避免边界效应. 构建一个没有额外边的三角形剖分可以通过代入 boundary 变量 (而不是通过 location 或 loc.domain) 实现. 创建非凸面体的一种方法是: 为位点构造一个边界范围并代入 boundary 变量中.

边界也可以用函数 inla.nonconvex.hull() 创建, 它的参数为:

```
str(args(inla.nonconvex.hull))
## function (points, convex = -0.15, concave = convex,
##     resolution = 40, eps = NULL, crs = NULL)
```

使用这个函数时, 需要将位点和一组约束条件一并代入. 我们可以指定边界的形状, 包括其凸性、凹性和分辨率. 在下一个例子中, 我们先创建一些边界, 然后用每一个边界建立一个网格, 以便更好地理解这个过程的工作机理.

```
# 边界
bound1 <- inla.nonconvex.hull(p5)
bound2 <- inla.nonconvex.hull(p5, convex = 0.5, concave = -0.15)
bound3 <- inla.nonconvex.hull(p5, concave = 0.5)
bound4 <- inla.nonconvex.hull(p5, concave = 0.5,
  resolution = c(20, 20))

# 网格
m10 <- inla.mesh.2d(boundary = bound1, cutoff = 0.05,
  max.edge = c(0.1, 0.2))
m11 <- inla.mesh.2d(boundary = bound2, cutoff = 0.05,
  max.edge = c(0.1, 0.2))
m12 <- inla.mesh.2d(boundary = bound3, cutoff = 0.05,
  max.edge = c(0.1, 0.2))
m13 <- inla.mesh.2d(boundary = bound4, cutoff = 0.05,
  max.edge = c(0.1, 0.2))
```

这些网格呈现在图 2.13 中. 以下是关于所生成的网格质量的一些讨论.

构建网格 m10 时, 我们使用了函数 inla.nonconvex.hull() 默认的变量值来代入一个边界. 其中, 默认的凸面参数 convex 和凹面参数 concave 都等于位点定义域半径的 0.15%, 计算过程如下:

```
0.15 * max(diff(range(p5[, 1])), diff(range(p5[, 2])))
## [1] 0.1291
```

如果我们给 convex 参数定义一个较大的值——例如用来生成网格 m11 那样的值——就会得到一个更大的边界. 这种情况是因为所有以各点为中心且半径小于凸值的圆都位于边界之内. 当我们取一个更大的 concave 参数值时——正如网格 m12 和

2.6 关于三角剖分的细节与示例

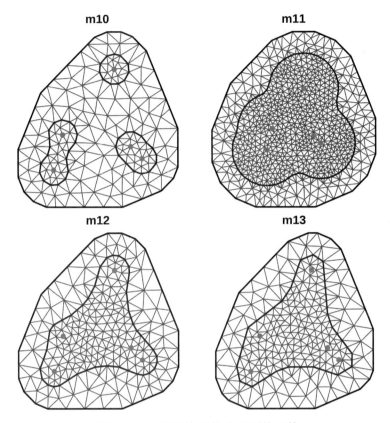

图 2.13 不同边界的非凸面体网格

m13 的边界那样——就不会有半径小于凹值的圆在边界之外了. 如果选择较小的分辨率, 就会得到一个小分辨率 (相对于点的数量而言) 的边界. 作为例证, 我们可以比较网格 m12 和网格 m13.

2.6.3 玩具数据集的网格

为了分析玩具数据集, 在第 2.5.4 节中, 我们使用了六组三角形剖分来进行对比研究. 第一和第二个网格强制要求位点作为网格的顶点, 但在第二个网格中, 将设定更大的三角形边的极值.

```
mesh1 <- inla.mesh.2d(coords, max.edge = c(0.035, 0.1))
mesh2 <- inla.mesh.2d(coords, max.edge = c(0.15, 0.2))
```

第三个网格是基于位点的, 但采取了一个大于零的截断界限以避免在观测值较多的区域出现小三角形:

```
mesh3 <- inla.mesh.2d(coords, max.edge = c(0.15, 0.2),
  cutoff = 0.02)
```

另外三个网格则是根据域而创建的. 这些网格的顶点数量与之前几个的大致相同.

```
mesh4 <- inla.mesh.2d(loc.domain = pl.dom,
  max.edge = c(0.0355, 0.1))
mesh5 <- inla.mesh.2d(loc.domain = pl.dom,
  max.edge = c(0.092, 0.2))
mesh6 <- inla.mesh.2d(loc.domain = pl.dom,
  max.edge = c(0.11, 0.2))
```

图 2.14 呈现了这六个网格. 这些网格的节点数量分别是:

```
c(mesh1$n, mesh2$n, mesh3$n, mesh4$n, mesh5$n, mesh6$n)
## [1] 2903  489  371 2925  489  374
```

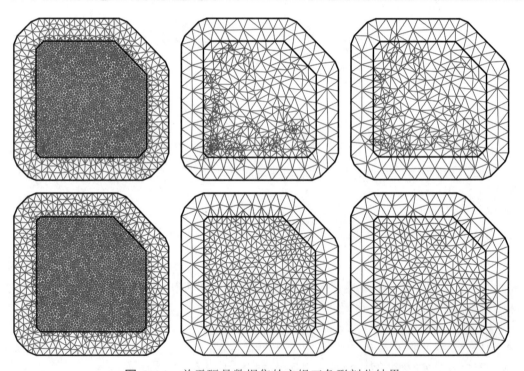

图 **2.14** 关于玩具数据集的六组三角形剖分结果

2.6 关于三角剖分的细节与示例

2.6.4 Paraná 州数据案例的网格

在本书中，有一些案例分析是基于一个在巴西 Paraná 州收集的数据集. 为建立一个代表该地区的网格，我们需要考虑两点：这个域的形状及其坐标参照系.

首先，我们载入每日降雨量的数据 (因为这其中包含了有关 Paraná 州边界的信息，可用于后续的案例分析):

```
data(PRprec)
```

该数据集统计了 2011 年 616 个收集站点的日降雨量. 坐标前两列为经度和纬度. 站点的海拔高度放在第三列. 因此, 该数据的维数是:

```
dim(PRprec)
## [1] 616 368
```

下面概览了前两个站的坐标和当年前 5 天的数据，这可以让我们大致了解一下数据集的样式:

```
PRprec[1:2, 1:8]
##    Longitude Latitude Altitude d0101 d0102 d0103 d0104 d0105
## 1     -50.87   -22.85      365     0     0     0     0     0
## 3     -50.77   -22.96      344     0     1     0     0     0
```

此外，我们可以载入 Paraná 州的多边形边界:

```
data(PRborder)
dim(PRborder)
## [1] 2055    2
```

这组数据共有 2055 个点，由其经度和纬度构成二维向量.

由于边界是不规则的，在这种情况下，最好使用一个非凸面体网格. 第一步是使用降雨数据采集的位置点建立一个非凸域, 如下所示:

```
prdomain <- inla.nonconvex.hull(as.matrix(PRprec[, 1:2]),
  convex = -0.03, concave = -0.05,
  resolution = c(100, 100))
```

利用定义的这个非凸域, 我们将在其内域中以不同的分辨率 (即设置不同的最大边长) 构建两个网格.

```
prmesh1 <- inla.mesh.2d(boundary = prdomain,
  max.edge = c(0.7, 0.7), cutoff = 0.35,
    offset = c(-0.05, -0.05))
prmesh2 <- inla.mesh.2d(boundary = prdomain,
  max.edge = c(0.45, 1), cutoff = 0.2)
```

网格中的点数分别为 187 和 381. 这两个网格都被绘制在图 2.15 中.

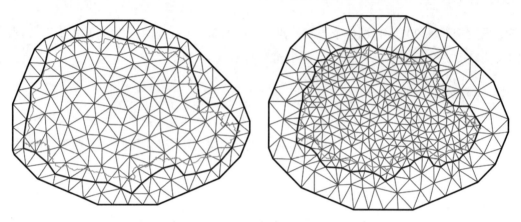

图 2.15 巴西 Paraná 州数据集所构建的网格

2.6.5 利用 SpatialPolygonsDataFrame 进行三角剖分

有时, 我们所研究的区域或许已存在可用的 GIS 格式地图. 在 R 中, 一个广泛使用的空间对象表示法就是通过调用 sp 包中的对象类 (详见 Bivand 等, 2013). 对于本案例, 我们将应用北卡罗来纳州的地图——在 spdep 包中已存在对于此区域的大量分析, 详见 Bivand 和 Piras (2015). 通过 spData 包我们可以获取北卡罗来纳州的地图文件, 参见 Bivand 等 (2018).

首先, 我们用 rgdal 包中的函数 readOGR() 来加载地图 (参见 Bivand 等, 2017):

```
library(rgdal)
# 获取要加载的文件名
nc.fl <- system.file("shapes/sids.shp", package = "spData")[1]
# 加载shapefile
nc.sids <- readOGR(strsplit(nc.fl, 'sids')[[1]][1], 'sids')
```

这张地图包含了北卡罗来纳州不同县的边界. 为了简化, 本地图通过将所有的县域结合在一起以获得北卡罗来纳州的外部边界. 要做到这一点, 则需要使用 rgeos 包中的函数 gUnaryUnion():

2.6 关于三角剖分的细节与示例 77

```
library(rgeos)
nc.border <- gUnaryUnion(nc.sids, rep(1, nrow(nc.sids)))
```

现在我们用函数 inla.sp2segment() 来获取包含地图边界的空间多边形 SpatialPolygons 对象.

```
nc.bdry <- inla.sp2segment(nc.border)
```

这样就完成了网格的构建, 如图 2.16 所示:

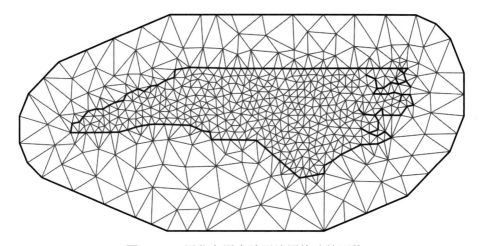

图 2.16　用北卡罗来纳州地图构建的网格

```
nc.mesh <- inla.mesh.2d(boundary = nc.bdry, cutoff = 0.15,
   max.edge = c(0.3, 1))
```

2.6.6　带缺口与物理边界的网格

到目前为止, 我们在分析中所考虑的域都是简单连通的, 因为它们不包含任何缺口. 但有时我们会发现所研究的空间过程会生成一个含有缺口的域. 缺口也会产生物理边界, 我们需要在分析中充分考虑到这些因素.

举个例子, 对鱼的活动范围进行建模时, 陆地水岸线即被视为一个物理屏障. 此外, 研究区域中的岛屿也需要被考虑在内. 同样地, 当我们研究森林中的物种分布时, 也需要考虑到, 湖泊和河流可能会是天然的屏障. 这些模型将在第 5 章中进一步描述.

图 2.17 中的多边形即描绘了这种情况, 因为它们囊括了左侧的一个缺口. 这些多边形是通过如下命令创建的:

```
pl1 <- Polygon(cbind(c(0, 15, 15, 0, 0), c(5, 0, 20, 20, 5)),
  hole = FALSE)
h1 <- Polygon(cbind(c(5, 7, 7, 5, 5), c(7, 7, 15, 15, 7)),
  hole = TRUE)
pl2 <- Polygon(cbind(c(15, 20, 20, 30, 30, 15, 15),
  c(10, 10, 0, 0, 20, 20, 10)), hole = FALSE)
sp <- SpatialPolygons(
  list(Polygons(list(pl1, h1), '0'), Polygons(list(pl2), '1')))
```

这里, pl1 对应左侧的多边形, 它的缺口命名为多边形 h1; pl2 则是右侧的多边形. 这三个多边形组合成一个名为 sp 的空间多边形 SpatialPolygons 对象.

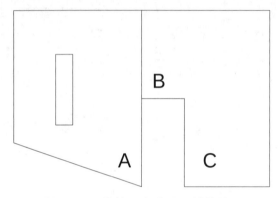

图 2.17 带缺口和非凸区域的地区

因此, 整个图中有两个相邻的区域, 一个带缺口, 另一个是非凸形状. 我们可以类比地用这两个多边形代表一个湖中的两个区域, 其外部边界代表内陆的水岸线, 左侧的缺口即为一个岛. 我们假定, 必须要消除被陆地隔开的区域之间的相关性; 例如, 根据该假定, A 和 C 之间的相关性应该要小于 A 和 B 之间或 B 和 C 之间的相关性.

在这个例子中, 我们不需要考虑附加点来构建外部边界. 出于这个原因, 必须给 max.edge 代入一个长度为 1 的值. 通过下面的代码搭建边界并建立网格:

```
bound <- inla.sp2segment(sp)
mesh <- inla.mesh.2d(boundary = bound, max.edge = 2)
```

网格显示在图 2.18 中. 请注意, 当我们构建随机偏微分方程 (SPDE) 模型时, 会考虑到网格的邻域结构. 在这种情况下, 从图中的 A 到达 B 比从 C 到达 B 更为容易. 因此, SPDE 模型将会认为 B 和 A 之间比 B 和 C 之间更为相关.

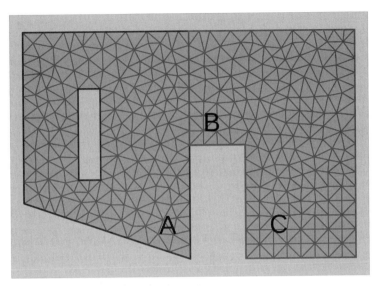

图 2.18 带缺口和非凸区域的三角剖分

2.7 评估网格的工具

为一个空间模型建立正确的网格, 可能需要耗费一些时间来调参. 出于这个原因, `INLA` 附带了一个 Shiny (参见 Chang 等, 2018) 应用程序, 可以用来交互式地设置参数, 并在几秒内显示由参数产生的网格. 图 2.19 展示了这个 Shiny 应用程序, 我们可以通过以下方式运行:

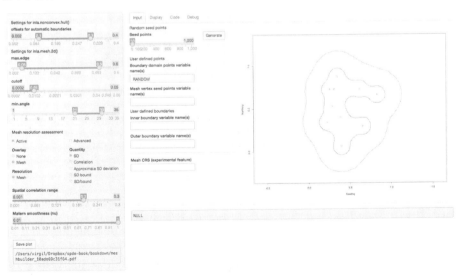

图 2.19 通过 `meshbuilder()` 命令, 我们可以运用 Shiny 应用程序来交互式地构建一个网格

`meshbuilder()`

网格生成器界面的左侧有许多选项可以调整网格。这些选项包括传递给函数 `inla.nonconvex.hull()` 和 `inla.mesh.2d()` 的参数，并在界面右侧显示出相应参数所构建出的网格。在这些选项下面，还有很多选项可以评估网格的分辨率。这些选项包括一些我们想要通过绘图来分析的量，比如标准差 (SD)。

程序界面的右侧部分有四个选项卡，可以通过点击它们来显示不同的输出。默认情况下，该程序打开的是 `Input` 选项卡，其中包括设置点 (或边界) 以创建网格。

`Display` 选项卡不仅显示创建的网格，还在底部列出一些相关信息。如果点击了在 `Mesh resolution assessment` 分类下的选项 `Active`，那么该图也将显示出在 `Quantity` 下标记的变量。通过选择不同的量，就可以评估我们创建的网格如何从模型中产生估计。图 2.20 显示了生成的网状结构以及模型标准差的点值。

注意到在外延区域——也就是在研究区域以外、靠近网格边缘的部分——会取得较高的值。通过囊括这个外延区域，研究区域空间过程的估计将不会受到任何边界效应的影响。

下一个选项卡是 `Code`。这将展示生成网格的 R 代码。最后，`Debug` 选项卡提供了一些内部调试的信息。

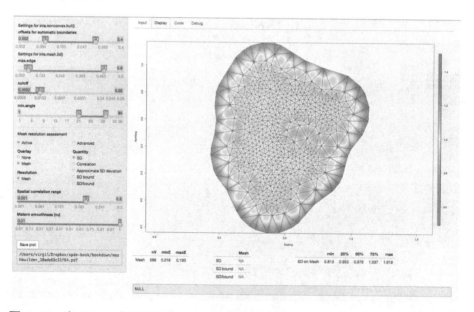

图 **2.20** 在 Shiny 应用程序中，`Display` 选项卡展示了空间过程的估计标准差 (彩图见书末)

2.8 非高斯响应: Paraná 州降雨量数据案例

现在, 我们将考虑基于随机偏微分方程 (SPDE) 方法的、更为复杂的空间模型, 特别是对非高斯分布的观测值的分析. 我们将用 Paraná 州 (巴西) 降雨量数据集来演示案例.

气候数据是一种非常常见的空间数据类型. 我们在这里使用的案例数据由巴西国家水务局 (葡萄牙语 *Agencia Nacional de Águas*, 简称 ANA) 所收集. ANA 收集了巴西境内很多地点的数据, 所有这些数据都可以从 ANA 的网站上免费获得.

2.8.1 数据集

正如在第 2.6.4 节中所提到, 这个数据集是由 2011 年 616 个地点的日降雨量信息所组成, 其中包括 Paraná 州境内及其边界附近的站点. 该数据集可在 INLA 包中找到, 请按如下步骤载入:

```
data(PRprec)
```

数据的前两列是采集数据的位置坐标, 第三列是海拔高度; 后面的 365 列对应一年中的每一天, 并存储了每天的累计降雨量.

在下面的代码中, 显示了 PRprec 数据集的四个站点的前八列数据. 这四个站点 (用索引集 ii 囊括) 分别是纬度最低 (在所有缺少海拔数据的站点中)、经度最低、经度最高以及海拔最高的站点.

```
ii <- c(537, 304, 610, 388)
PRprec[ii, 1:8]
##       Longitude Latitude Altitude d0101 d0102 d0103 d0104 d0105
## 1239    -48.94   -26.18       NA   20.5   7.9   8.0   0.8   0.1
## 658     -48.22   -25.08        9   18.1   8.1   2.3  11.3  23.6
## 1325    -54.48   -25.60      231   43.8   0.2   4.6   0.4   0.0
## 885     -51.52   -25.73     1446    0.0  14.7   0.0   0.0  28.1
```

这四个站点在图 2.21 的右侧用红叉标示出来.

这个数据集存在一些问题. 首先, 它缺少了七个站点的海拔高度和日降雨量数据 (已在图 2.21 左侧用红色标记出来). 如果在建立模型时考虑到海拔高度, 那么就需要在该州的所有地方都测量得到该变量, 这一点非常重要. 为解决缺失值问题, 可用一些数字海拔模型找出这些地点的海拔高度. 另外, 也可以考虑为这个变量建立随机模型.

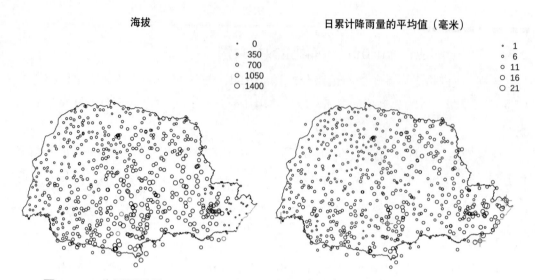

图 2.21 此图展示了 Paraná 州测量站点的位置及其海拔和 2011 年 1 月的日平均累计降雨量. 红色标记的圆点代表有缺失观测值的站点, 红叉即代表前文中所述的四个站点 (彩图见书末)

在以下分析中, 我们将考虑 2011 年 1 月的日降雨量的均值. 然而, 其中有 269 个观测值丢失. 作为一种简单的数据填充方法, 我们将插入 2011 年 1 月中没有缺失的观测值的均值, 如下所示.

```
PRprec$precMean <- rowMeans(PRprec[, 3 + 1:31], na.rm = TRUE)
summary(PRprec$precMean)
##    Min. 1st Qu.  Median    Mean 3rd Qu.    Max.    NA's
##    0.50    4.97    6.54    6.96    8.63   21.66       6
```

我们仍缺失一些站点在 2011 年 1 月的月均值. 可以通过如下命令检查 2011 年 1 月各站点缺失的观测值数量:

```
table(rowSums(is.na(PRprec[, 3 + 1:31])))
##
##    0   2   4   8  17  26  31
##  604   1   1   1   1   2   6
```

因此, 我们发现有些站点在 2011 年 1 月的观测数据全部丢失, 这就是为什么它们也缺失了 2011 年 1 月的月均值.

除了降雨量数据外, 我们也将考虑 Paraná 州的边界以定义研究区域.

2.8 非高斯响应: Paraná 州降雨量数据案例

```
data(PRborder)
```

图 2.21 显示了采集数据的位点. 左图中位点的大小与其海拔高度成正比. 东边的青色线便是海岸线 (沿着大西洋). 靠近海洋的地方海拔较低, 而距海岸 50 千米至 100 千米的地方以及从该州中心向南的地区海拔都比较高. 海拔高度向 Paraná 州的北部和西部递减. 右图中各点的大小与 2011 年 1 月的日平均降雨量成正比. 在本例中, 海岸附近的位点有较高的降雨量值.

2.8.2 模型与协变量的选择

在本节中, 我们将分析 2011 年 1 月的 31 天中每日累积降雨量的均值. 鉴于降雨量必须为正值, 所以我们将采用基于伽马分布的似然函数. 在伽马似然中, 均值为 $\mathrm{E}(y_i) = a_i/b_i = \mu_i$, 方差为 $\mathrm{Var}(y_i) = a_i/b_i^2 = \mu_i^2/\phi$, 其中 ϕ 是一个精度参数. 然后我们必须要为线性预测因子 $\eta_i = \log(\mu_i)$ 定义一个模型, 这将取决于协变量 $\boldsymbol{F}$ 和空间随机场 $\boldsymbol{x}$, 具体如下:

$$y_i|\boldsymbol{F}_i, \alpha, x_i, \theta \sim Gamma(a_i, b_i),$$
$$\log(\mu_i) = \alpha + f(\boldsymbol{F}_i) + x_i,$$
$$\boldsymbol{x} \sim GF(\boldsymbol{0}, \boldsymbol{\Sigma}),$$

这里 $\boldsymbol{F}_i$ 是一个协变量的向量 (第 i 个站点位置的坐标和海拔), 我们假定它遵循一个函数 (后面会有详述), 而 $\boldsymbol{x}$ 是空间的隐高斯随机场 (GF). 对于这个随机场, 我们将运用一个含参数 ν, κ 和 σ_x^2 的 Matérn 协方差函数.

平滑协方差效应

我们通过散点图对降雨和其他协变量之间的关系进行了初步探索, 详见图 2.22. 经过初步测试, 我们发现, 构建一个新的协变量似乎比较合理: 即每个站点离大西洋的距离. 在图 2.21 中, 用一条青色的线勾勒出大西洋沿岸的 Paraná 州边界. 计算出每个站点到这条青色曲线的最小距离, 即可得到该站点与大西洋的间距.

我们使用 sp 包中的函数 spDists() (设定变量 longlat =TRUE) 来计算出这个距离 (以千米为单位):

```
coords <- as.matrix(PRprec[, 1:2])
mat.dists <- spDists(coords, PRborder[1034:1078, ],
    longlat = TRUE)
```

然而, 这个函数计算的是第一组每个点与第二组每个点的间距. 因此, 所得的距离矩阵中,取每行的最小值,即得到每个站点到海洋的最小距离.

```
PRprec$oceanDist <- apply(mat.dists, 1, min)
```

图 2.22 即呈现了散点图的结果. 平均降雨量似乎与经度之间存在一个明确的非线性关系. 此外,关于站点同海洋的距离,似乎存在一个类似的但反比的关系. 因此,我们将建立两个模型. 第一个模型将以经度作为协变量,第二个模型将考虑站点到海洋的距离. 我们通过计算模型拟合效果的一些度量来对两者进行模型选择.

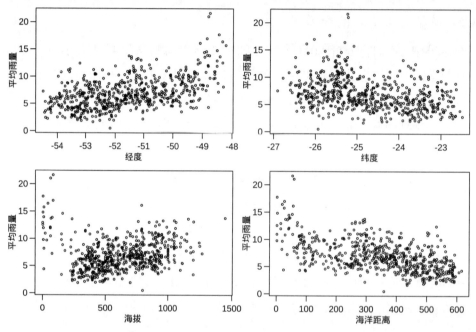

图 2.22 关于平均日累计降雨量的散点图: 左上图为降雨量与经度的关系图, 右上图为降雨量与纬度的关系图, 左下图为降雨量与海拔的关系图, 右下图为降雨量与站点到海洋的距离的关系图

为了考察协变量的非线性关系,我们可对其效应设定一个随机游走的先验. 为实现这一点,可以将协变量离散化成一组间隔的基节点并设置随机游走先验. 在这种情况下,运用 `inla.group()` 函数将线性预测因子中关于海洋距离 (或者经度) 的自变量离散化为 m 类. 该模型可以选择 INLA 中任意一个可用的一维模型,例如 `rw1`, `rw2`, `ar1` 或其他. 我们也可以用一维 Matérn 模型来建模.

当考虑使用内在模型作为先验分布时,应该要顾及缩放问题,参见 Sørbye 和 Rue (2014). 缩放之后,可以将精度参数解释为随机效应边际方差的倒数. 因此,缩放使我们更容易去定义一个先验. 这里的建议是考虑在第 1.6.5 节中提到的复杂度惩罚先验 (PC 先验,详见 Simpson 等, 2017). 我们可以定义一个参考标准差 σ_0 以及一个右尾概率 u

2.8 非高斯响应: Paraná 州降雨量数据案例

使得 $P(\sigma > \sigma_0) = u$. 在这个例子中, 这些值将被设定为 $\sigma_0 = 1$ 及 $u = 0.01$. 这些值可以被存储在一个列表中, 然后再代入 `inla()` 计算, 如下所示.

```
pcprec <- list(prior = 'pcprec', param = c(1, 0.01))
```

定义空间模型并准备数据

为了定义空间模型, 必须定义一个网格. 首先, 用非凸面体定义一个围绕点的边界, 并用它来创建网格:

```
pts.bound <- inla.nonconvex.hull(coords, 0.3, 0.3)
mesh <- inla.mesh.2d(coords, boundary = pts.bound,
  max.edge = c(0.3, 1), offset = c(1e-5, 1.5), cutoff = 0.1)
```

一旦网格被定义, 就可以计算出投影矩阵:

```
A <- inla.spde.make.A(mesh, loc = coords)
```

运用带复杂度惩罚先验 (PC 先验) 的随机偏微分方程 (SPDE) 模型 (参见 Fuglstad 等, 2018) 得到模型参数, 其中实际范围值 $\sqrt{8\nu}/\kappa$ 以及边际标准差可以定义如下:

```
spde <- inla.spde2.pcmatern(mesh = mesh,
  prior.range = c(0.05, 0.01), # P(practic.range < 0.05) = 0.01
  prior.sigma = c(1, 0.01)) # P(sigma > 1) = 0.01
```

数据堆栈应包括以下四个效应: 高斯场、截距、经度以及与海洋的距离. R 代码实现如下所示:

```
stk.dat <- inla.stack(
  data = list(y = PRprec$precMean),
  A = list(A,1),
  effects = list(list(s = 1:spde$n.spde),
    data.frame(Intercept = 1,
      gWest = inla.group(coords[, 1]),
      gOceanDist = inla.group(PRprec$oceanDist),
      oceanDist = PRprec$oceanDist)),
  tag = 'dat')
```

模型拟合

两个模型将使用相同的数据堆栈进行拟合, 因为它们只有公式上的区别. 对于包含经度的模型, 模型拟合的 R 代码为:

```
f.west <- y ~ 0 + Intercept + # f是公式的简称
  f(gWest, model = 'rw1', # 一阶随机游走先验
    scale.model = TRUE, # 调整随机效应
    hyper = list(theta = pcprec)) + # 使用PC先验
  f(s, model = spde)

r.west <- inla(f.west, family = 'Gamma', # r为结果的简称
  control.compute = list(cpo = TRUE),
  data = inla.stack.data(stk.dat),
  control.predictor = list(A = inla.stack.A(stk.dat), link = 1))
```

在函数 control.predictor 中的选项 link = 1 用于设置在计算拟合值时所考虑的连接函数 (即为伽马似然生成的可用连接函数):

```
inla.models()$likelihood$gamma$link
## [1] "default"  "log"      "quantile"
```

我们建议, 如果没有多个似然, 就保持 link = 1, 这样将会使用默认的连接函数 (即自然对数). 但也可以通过改变 link 的值来使用其他连接函数.

对于海洋距离的模型, 必要的代码是:

```
f.oceanD <- y ~ 0 + Intercept +
  f(gOceanDist, model = 'rw1', scale.model = TRUE,
    hyper = list(theta = pcprec)) +
  f(s, model = spde)

r.oceanD <- inla(f.oceanD, family = 'Gamma',
  control.compute = list(cpo = TRUE),
  data = inla.stack.data(stk.dat),
  control.predictor = list(A = inla.stack.A(stk.dat), link = 1))
```

在图 2.23 中可以看到, 海洋距离所产生的影响几乎是线性的. 因此, 我们也拟合出考虑到这个线性效应的另一个模型:

2.8 非高斯响应: Paraná 州降雨量数据案例

```
f.oceanD.l <- y ~ 0 + Intercept + oceanDist +
  f(s, model = spde)
r.oceanD.l <- inla(f.oceanD.l, family = 'Gamma',
  control.compute = list(cpo = TRUE),
  data = inla.stack.data(stk.dat),
  control.predictor = list(A = inla.stack.A(stk.dat), link = 1))
```

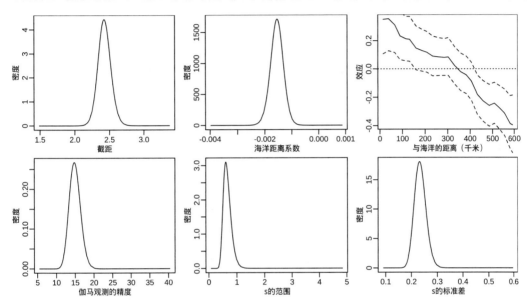

图 2.23 左上图为 β_0 的后验边际分布, 中上图为海洋距离系数, 左下图为伽马似然的精度, 中下图与右下图分别是空间场的实际范围值和标准差. 右上图表示了海洋距离效应的后验均值 (实线) 以及 95% 可信区间 (虚线)

模型比较与结果

通过下列函数, 可以对每个模型计算负的对数 CPO 的总和 (见 Pettit, 1990, 第 1.4 节):

```
slcpo <- function(m, na.rm = TRUE) {
  - sum(log(m$cpo$cpo), na.rm = na.rm)
}
```

然后, 可以用它作为一个比较标准, 计算其他三个模型负的对数 CPO 的总和:

```
c(long = slcpo(r.west), oceanD = slcpo(r.oceanD),
  oceanD.l = slcpo(r.oceanD.l))
##     long   oceanD oceanD.l
```

```
##           1279       1278       1274
```

这些结果表明, 以海洋距离为线性效应的模型比其他两个模型拟合得更好. 这只是鉴于数据拟合程度来比较模型的一种方法. 在本例中, 三个模型的对数 CPO 之和非常相近.

对于拟合最佳的模型, 其截距和协变量系数的后验分布的汇总统计量可以通过如下代码获得:

```
round(r.oceanD.1$summary.fixed, 2)
##              mean   sd 0.025quant 0.5quant 0.975quant mode kld
## Intercept    2.43 0.09       2.25     2.43       2.62 2.42   0
## oceanDist    0.00 0.00       0.00     0.00       0.00 0.00   0
```

类似地, 我们可以得到关于伽马似然分散度参数的汇总统计量:

```
round(r.oceanD.1$summary.hyperpar[1, ], 3)
##                                              mean    sd
## Precision parameter for the Gamma observations 14.88 1.45
##                                              0.025quant
## Precision parameter for the Gamma observations      12.19
##                                              0.5quant
## Precision parameter for the Gamma observations     14.83
##                                              0.975quant
## Precision parameter for the Gamma observations      17.88
##                                              mode
## Precision parameter for the Gamma observations 14.76
```

以下是关于空间过程的标准差和实际范围值的汇总:

```
round(r.oceanD.1$summary.hyperpar[-1, ], 3)
##               mean    sd 0.025quant 0.5quant 0.975quant  mode
## Range for s  0.669 0.143      0.440    0.650      1.001 0.613
## Stdev for s  0.234 0.022      0.193    0.233      0.280 0.231
```

图 2.23 显示了之前的模型中一些参数的估计和后验边际分布. 对于以海洋距离为线性效应的模型, 图 2.23 则呈现了相应参数的后验边际分布, 其中包括截距 β_0、海洋距离因子系数、伽马似然精度以及空间效应的范围 (以度为单位) 和标准差. 为了比较与海洋距离有关的平滑项, 图 2.23 右上图显示了使用一阶随机游走对这一效应的估计. 可以

2.8 非高斯响应: Paraná 州降雨量数据案例

看出, 这个效应似乎是一个线性效应. 这就是为什么我们认为以海洋距离为线性效应的模型给出了更好的拟合结果.

若需评估模型中的空间随机效应部分的显著性, 可以用一个不含这个项的模型进行拟合, 然后再比较这两个模型的对数 CPO 之和. 一个没有空间随机效应项的模型可按以下方式进行拟合:

```
r0.oceanD.l <- inla(y ~ 0 + Intercept + oceanDist,
  family = 'Gamma', control.compute = list(cpo = TRUE),
  data = inla.stack.data(stk.dat),
  control.predictor = list(A = inla.stack.A(stk.dat), link = 1))
```

为了比较负对数 CPO 之和, 可以采用下列 R 代码:

```
c(oceanD.l = slcpo(r.oceanD.l), oceanD.l0 = slcpo(r0.oceanD.l))
##   oceanD.l  oceanD.l0
##       1274       1371
```

鉴于这些结果, 我们可以得出结论: 最优的模型是考虑了空间随机效应项、并且以海洋距离为线性效应的模型.

2.8.3 随机场的预测

空间效应可以通过投影在网格上以实现可视化. 我们将考虑一个规则的网格, 其中每个像素是一个正方形, 边长约为 4 千米. 我们将使用 4/111 的步长, 因为每一度大约有 111 千米, 这样像素的大小可以用度数来表示. 将步长定义为:

```
stepsize <- 4 * 1 / 111
```

从图 2.21 中可以看出, Paraná 州的形状是沿 x 轴比沿 y 轴更宽, 我们需要在定义网格时考虑到这一实际情况. 首先, 计算出沿每个轴的覆盖范围, 然后根据像素的大小来确定每个方向上的像素数. 我们将沿每个轴的范围除以步长, 然后四舍五入 (以获得每个方向上像素数的整数值).

```
x.range <- diff(range(PRborder[, 1]))
y.range <- diff(range(PRborder[, 2]))
nxy <- round(c(x.range, y.range) / stepsize)
```

因此, 每个方向上的像素数即为:

```
nxy
## [1] 183 117
```

函数 inla.mesh.projector() 将创建一个投影矩阵. 如果不提供任何一组坐标, 它将自动创建一个网格. 在接下来的例子中, 我们按照需求, 将网格的范围和维数与 Paraná 州的边界设定一致:

```
projgrid <- inla.mesh.projector(mesh, xlim = range(PRborder[, 1]),
    ylim = range(PRborder[, 2]), dims = nxy)
```

然后, 将其代入 inla.mesh.project() 函数来投影出后验均值和后验标准差:

```
xmean <- inla.mesh.project(projgrid,
    r.oceanD$summary.random$s$mean)
xsd <- inla.mesh.project(projgrid, r.oceanD$summary.random$s$sd)
```

为了改善视觉效果, 位于 Paraná 州以外的像素将被分配空值 NA. 州边界以外的点可以通过 splancs 包 (参考 Rowlingson 和 Diggle, 2017, 1993) 中的函数 inout() 找到, 如下所示:

```
library(splancs)
xy.in <- inout(projgrid$lattice$loc, PRborder)
```

值为 TRUE 的点即为位于 Paraná 州边界之内的点. 网格内和网格外的点的数量可以用以下方法计算得到:

```
table(xy.in)
## xy.in
## FALSE  TRUE
##  7865 13546
```

最后, 设定落在边界之外的点为后验均值和标准差的缺失值.

```
xmean[!xy.in] <- NA
xsd[!xy.in] <- NA
```

每个像素的空间效应的后验均值和后验标准差可参见图 2.24. 从左上图中可以看出, 后验均值的范围是从 −0.6 到 0.5. 这是考虑了海洋距离效应后的变化区间. 相较于标准差图 (标准差的最大值约为 0.2), 这些值似乎是相当大的. 标准差的变化主要是由于该地区站点分布的密度不同. 在图 2.24 的右上图中, 从右到左数第一个高值区位于州首府 Curitiba 附近, 那里的站点数量比该州其他地区都要多.

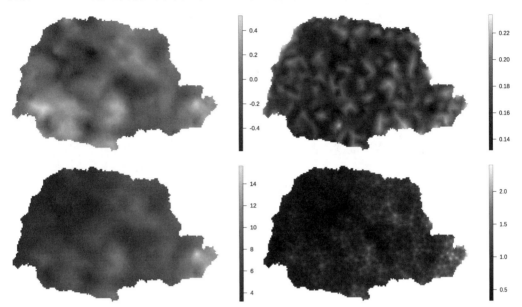

图 2.24 左上图和右上图分别是随机场的后验均值与标准差, 左下图和右下图分别是响应变量的后验均值与标准差 (彩图见书末)

2.8.4 预测网格上的响应变量

当研究目标是预测响应变量时, 一个简单的方法是: 将所有其他项都添加到上一节中投影的空间场中, 并应用连接函数的逆映射. 对于该问题, 一个完整的贝叶斯分析将涉及计算响应变量的联合预测和模型的估计, 如下面第一个例子所述. 然而, 当网格中的像素数量较多时, 计算成本可能会很高. 鉴于这个原因, 我们考虑了不同的选项来比较省力地实现, 比如下面的第二个例子.

通过计算后验分布

考虑到上一节中 Paraná 州的网格, 我们可以跳过计算那些不在州边界之内的像素的后验边际分布. 也就是说, 我们只用考虑投影矩阵中对应于州内点的行:

```
Aprd <- projgrid$proj$A[which(xy.in), ]
```

现在需要考虑网格中每个像素的协变量. 为了获取它们, 可以将坐标从投影对象中提取出来:

```
prdcoo <- projgrid$lattice$loc[which(xy.in), ]
```

我们很容易计算出每个选定的像素与海洋之间的距离:

```
oceanDist0 <- apply(spDists(PRborder[1034:1078, ],
  prdcoo, longlat = TRUE), 2, min)
```

假设要拟合的模型具有海洋距离的平滑效应. 每个计算出的距离都需要离散化处理, 使得其与各站点的估计数据相同. 首先, 我们需要获得离散化区间的基节点并进行排序:

```
OcDist.k <- sort(unique(stk.dat$effects$data$gOceanDist))
```

选用的基节点实际上是间隔的中间值, 可按如下方法处理:

```
oceanDist.b <- (OcDist.k[-1] + OcDist.k[length(OcDist.k)]) / 2
```

接下来计算出每个像素与海洋间的距离, 都需要与一个基节点相对应, 并将这个节点分配给该像素:

```
i0 <- findInterval(oceanDist0, oceanDist.b) + 1
gOceanDist0 <- OcDist.k[i0]
```

将预测数据与用于估计的数据连接起来完成数据堆栈的建立, 具体操作如下:

```
stk.prd <- inla.stack(
  data = list(y = NA),
  A = list(Aprd, 1),
  effects = list(s = 1:spde$n.spde,
    data.frame(Intercept = 1, oceanDist = oceanDist0)),
  tag = 'prd')
stk.all <- inla.stack(stk.dat, stk.prd)
```

拟合预测模型时, 之前模型中得到的超参数 (即 theta) 可以作为已知值传递给新的 inla() 调用. 这也可以避免计算不需要的量 (比如分位数点), 并避免返回不需要的对象 (比如随机效应和线性预测因子的后验边际分布). 在这种情况下, 由于我们的主要问题是隐变量的数量, 那么采用自适应的近似算法可减少计算时间. 它可通过以下方式设置: control.inla = list(strategy = 'adaptive'). 其中, 只有随机效应会得到一个自适应的近似值; 固定效应仍然用简化的拉普拉斯方法进行近似.

2.8 非高斯响应：Paraná 州降雨量数据案例

因此，用之前所述的设置来拟合模型的代码如下：

```
r2.oceanD.l <- inla(f.oceanD.l, family = 'Gamma',
  data = inla.stack.data(stk.all),
  control.predictor = list(A = inla.stack.A(stk.all),
    compute = TRUE, link = 1),
  quantiles = NULL,
  control.inla = list(strategy = 'adaptive'),
  control.results = list(return.marginals.random = FALSE,
    return.marginals.predictor = FALSE),
  control.mode = list(theta = r.oceanD.l$mode$theta,
    restart = FALSE))
```

和其他例子一样，我们需要找到预测值在网格中的索引。它可以通过函数 `inla.stack.index()` 完成。这些值必须被正确分配到一个维数与网格相同的矩阵的相应位置上。这对于计算后验预测均值及其标准差都是很有必要的：

```
id.prd <- inla.stack.index(stk.all, 'prd')$data
sd.prd <- m.prd <- matrix(NA, nxy[1], nxy[2])
m.prd[xy.in] <- r2.oceanD.l$summary.fitted.values$mean[id.prd]
sd.prd[xy.in] <- r2.oceanD.l$summary.fitted.values$sd[id.prd]
```

结果显示在图 2.24 的底端。

2011 年 1 月期望降雨量的后验均值，在 Paraná 州海岸线附近 (东部) 较高，在其西北部则较低。因为这一模式由海洋距离的线性效应所驱动，那么在这种情况下，空间效应将考虑来自该模式的偏差。也就是说，靠近海洋地区的空间效应会更高，并将叠加到海洋距离的效应上，因此，靠近海岸的地方会有更高的后验均值。西部地区的空间效应也较高，导致了最终得到的预测值也高于仅由线性效应所预测的值。

在网格节点上抽样和插值

当所有的协变量在空间上保持平滑时，在网格节点上进行预测才是有意义的，因为空间效应是先被估计出来、再投影到网格上的。然而，如果一个协变量并不平滑，这种方法就不再行得通了。这种方法的优点是，它比前例中对完整后验边际的计算更为省力和高效。

在本例中，我们的想法是计算网格节点上的海洋距离效应，然后再计算网格节点上的线性预测因子。这样，就可以预测出网格节点的响应变量值，再进行插值。

第一步是计算网格节点上的环境协变量：

```
oceanDist.mesh <- apply(
  spDists(PRborder[1034:1078, ], mesh$loc[, 1:2], longlat = TRUE),
  2, min)
```

现在介绍的方法是基于从网格节点的线性预测因子的后验分布中抽取样本. 然后, 将这些值插入到网格中, 并通过应用连接函数的逆映射计算出响应尺度的期望值. 由于这个算法是针对每个样本 (从后验分布中抽取) 进行的, 它可以用来计算任何感兴趣的量, 比如均值和标准误差.

首先在网格节点上建立用于预测的数据堆栈:

```
stk.mesh <- inla.stack(
  data = list(y = NA),
  A = list(1, 1),
  effects = list(s = 1:spde$n.spde,
    data.frame(Intercept = 1, oceanDist = oceanDist.mesh)),
  tag = 'mesh')

stk.b <- inla.stack(stk.dat, stk.mesh)
```

接下来, 再次对模型进行拟合, 并设置同前例类似的选项来减少计算消耗. 在这种情况下, 我们设置一个额外的选项使得输出中包含了每个超参数组合的精度矩阵, 以便从联合后验中抽样. 这个选项是: control.compute = list(config = TRUE).

因此, 现在拟合模型的代码是:

```
rm.oceanD.1 <- inla(f.oceanD.1, family = 'Gamma',
  data = inla.stack.data(stk.b),
  control.predictor = list(A = inla.stack.A(stk.b),
    compute = TRUE, link = 1),
  quantiles = NULL,
  control.results = list(return.marginals.random = FALSE,
    return.marginals.predictor = FALSE),
  control.compute = list(config = TRUE)) # 用于抽样
```

利用函数 inla.posterior.sample() 可用拟合模型从后验分布中抽样. 在下例中, 我们将从后验分布中获得 1000 个样本:

2.8 非高斯响应: Paraná 州降雨量数据案例

```
sampl <- inla.posterior.sample(n = 1000, result = rm.oceanD.l)
```

我们也需要找到线性预测因子的索引, 该索引与预测场景的堆栈数据相对应. 我们使用它来提取每个样本的隐随机场的相应元素.

```
id.prd.mesh <- inla.stack.index(stk.b, 'mesh')$data
pred.nodes <- exp(sapply(sampl, function(x)
  x$latent[id.prd.mesh]))
```

请注意, 这是一个具有以下维数的矩阵:

```
dim(pred.nodes)
## [1]  967 1000
```

计算样本均值和标准差:

```
sd.prd.s <- matrix(NA, nxy[1], nxy[2])
m.prd.s <- matrix(NA, nxy[1], nxy[2])

m.prd.s[xy.in] <- drop(Aprd %*% rowMeans(pred.nodes))
sd.prd.s[xy.in] <- drop(Aprd %*% apply(pred.nodes, 1, sd))
```

最后, 我们可以检查一下用这种方法得到的数值结果是否与前面的示例 (即基于计算后验边际分布的示例) 相似.

```
cor(as.vector(m.prd.s), as.vector(m.prd), use = 'p')
## [1] 0.9998
cor(log(as.vector(sd.prd.s)), log(as.vector(sd.prd)), use = 'p')
## [1] 0.961
```

第 3 章

多个似然

第 1 章和第 2 章重点描述了积分嵌套拉普拉斯近似 (INLA) 和随机偏微分方程 (SPDE) 模型的方法论. 在本章中, 我们将介绍一些更复杂的模型, 这些模型需要使用多个似然函数. 这些案例将研究具有多个响应变量的模型, 重点关注如何处理测量误差, 以及如何将一个变量的线性预测因子的一部分作为另一个变量的线性预测因子的一部分.

3.1 协同区域模型

3.1.1 建模动机

在本节中, 我们将介绍一种拟合贝叶斯协同区域模型的方法, 它与 Schmidt 和 Gelfand (2003) 以及 Gelfand 等 (2002) 所提出的模型类似. 相关代码和案例可以在 Blangiardo 和 Cameletti (2015) 的第 8 章中找到. 这些模型通常在测量站记录多个变量时使用, 例如, 一个测量污染的站点可能会记录二氧化碳、一氧化碳和二氧化氮的值. 本节介绍的模型, 是针对联合关系结构的处理方法, 而不是将模型划分为几个单变量数据集. 我们通过预测因子的共享部分来构建不同结果之间的依赖关系.

通常情况下, 在协同区域模型中, 我们假定不同的响应变量都是在相同地点被观测到的. 但使用 INLA-SPDE 的方法时, 我们并不要求不同的响应变量在同一地点被测量. 因此, 在下面的代码示例中, 我们演示了如何对在不同地点观测到的响应变量进行建模. 在本节中我们构建了一个空间模型, 并将在第 8.1 节中把它推广到时空场景中.

3.1.2 模型和参数设定

通过下式定义三种结果:

$$y_1(\boldsymbol{s}) = \alpha_1 + z_1(\boldsymbol{s}) + e_1(\boldsymbol{s}),$$
$$y_2(\boldsymbol{s}) = \alpha_2 + \lambda_1 z_1(\boldsymbol{s}) + z_2(\boldsymbol{s}) + e_2(\boldsymbol{s}),$$
$$y_3(\boldsymbol{s}) = \alpha_3 + \lambda_2 z_1(\boldsymbol{s}) + \lambda_3 z_2(\boldsymbol{s}) + z_3(\boldsymbol{s}) + e_3(\boldsymbol{s}),$$

其中 α_k 是截距, $z_k(s)$ 是空间效应, λ_k 是一些空间效应的权重, $e_k(s)$ ($k=1,2,3$) 是不相关的误差项.

这个模型的拟合可以用 INLA 的 copy 功能来实现, 我们在第 1.6.2 节和第 3.3 节中进行了详解. 在 INLA 中, 只有一个单独的线性预测因子 (一个单独的 formula). 因此为了实现上述三个方程, 我们必须将线性预测因子堆栈成一个长向量. 正因如此, 我们必须复制空间效应 $z_1(s)$ 和 $z_2(s)$ 以便指代其对 formula 不同部分的贡献.

3.1.3 数据模拟

用以下参数来模拟上述模型的数据:

```
# 重参数模型的截距
alpha <- c(-5, 3, 10)
# 随机场的边际方差
m.var <- c(0.5, 0.4, 0.3)
# GRF范围参数:
range <- c(4, 3, 2)
# 复制参数: 核心区域模型参数重参数化
beta <- c(0.7, 0.5, -0.5)
# 误差项的标准差
e.sd <- c(0.3, 0.2, 0.15)
```

同样地, 每个响应变量的观测数量被定义为:

```
n1 <- 99
n2 <- 100
n3 <- 101
```

在这个例子中, 我们对每个响应变量使用了不同数量、不同地点的观测值. 然而, 在协同区域的典型应用中, 所有的响应变量都将在相同的地点被测量. 这些地点的位置是在 $(0,10) \times (0,5)$ 矩形域上随机抽样得到的.

```
loc1 <- cbind(runif(n1) * 10, runif(n1) * 5)
loc2 <- cbind(runif(n2) * 10, runif(n2) * 5)
loc3 <- cbind(runif(n3) * 10, runif(n3) * 5)
```

在第 2.1.3 节中描述的 book.rMatern() 函数将被用于模拟每个独立随机场的观测值. 如下操作, 模拟出三个随机场. 要注意的是, 我们也需要代入位置 loc2 来计算第一个随机场, 而这个随机场也用于第二个变量.

3.1 协同区域模型

```
set.seed(05101980)
z1 <- book.rMatern(1, rbind(loc1, loc2, loc3), range = range[1],
  sigma = sqrt(m.var[1]))
z2 <- book.rMatern(1, rbind(loc2, loc3), range = range[2],
  sigma = sqrt(m.var[2]))
z3 <- book.rMatern(1, loc3, range = range[3],
  sigma = sqrt(m.var[3]))
```

最后，我们从观测值中获得样本:

```
set.seed(08011952)

y1 <- alpha[1] + z1[1:n1] + rnorm(n1, 0, e.sd[1])
y2 <- alpha[2] + beta[1] * z1[n1 + 1:n2] + z2[1:n2] +
  rnorm(n2, 0, e.sd[2])
y3 <- alpha[3] + beta[2] * z1[n1 + n2 + 1:n3] +
  beta[3] * z2[n2 + 1:n3] + z3 + rnorm(n3, 0, e.sd[3])
```

3.1.4 模型拟合

这个模型只需要一个网格来对所有的三个空间随机场进行拟合. 这使得它更容易将不同空间位置的不同效应结合起来. 我们选择在创建网格时使用所有的位置, 如下所示:

```
mesh <- inla.mesh.2d(rbind(loc1, loc2, loc3),
  max.edge = c(0.5, 1.25), offset = c(0.1, 1.5), cutoff = 0.1)
```

下一步便是定义带复杂度惩罚先验 (PC 先验) 的随机偏微分方程 (SPDE) 模型, 我们在第 1.6.5 节和第 2.3 节中曾详解过这个由 Fuglstad 等 (2018) 提出的复杂度惩罚先验:

```
spde <- inla.spde2.pcmatern(
  mesh = mesh,
  prior.range = c(0.5, 0.01), # P(range < 0.5) = 0.01
  prior.sigma = c(1, 0.01)) # P(sigma > 1) = 0.01
```

对于复制效应的每个参数 (即系数), 先验是均值为零、精度为 10 的高斯分布, 使用如下代码来定义:

```
hyper <- list(theta = list(prior = 'normal', param = c(0, 10)))
```

公式 (包括模型中所有项) 定义如下:

```
form <- y ~ 0 + intercept1 + intercept2 + intercept3 +
  f(s1, model = spde) + f(s2, model = spde) +
  f(s3, model = spde) +
  f(s12, copy = "s1", fixed = FALSE, hyper = hyper) +
  f(s13, copy = "s1", fixed = FALSE, hyper = hyper) +
  f(s23, copy = "s2", fixed = FALSE, hyper = hyper)
```

同样地, 可以获得每组位点的投影矩阵:

```
A1 <- inla.spde.make.A(mesh, loc1)
A2 <- inla.spde.make.A(mesh, loc2)
A3 <- inla.spde.make.A(mesh, loc3)
```

我们定义三个数据堆栈, 然后把它们合并起来:

```
stack1 <- inla.stack(
  data = list(y = cbind(as.vector(y1), NA, NA)),
  A = list(A1),
  effects = list(list(intercept1 = 1, s1 = 1:spde$n.spde)))

stack2 <- inla.stack(
  data = list(y = cbind(NA, as.vector(y2), NA)),
  A = list(A2),
  effects = list(list(intercept2 = 1, s2 = 1:spde$n.spde,
    s12 = 1:spde$n.spde)))

stack3 <- inla.stack(
  data = list(y = cbind(NA, NA, as.vector(y3))),
  A = list(A3),
  effects = list(list(intercept3 = 1, s3 = 1:spde$n.spde,
    s13 = 1:spde$n.spde, s23 = 1:spde$n.spde)))

stack <- inla.stack(stack1, stack2, stack3)
```

我们对误差精度采用复杂度惩罚先验 (PC 先验), 参见第 1.6.5 节.

3.1 协同区域模型

```
hyper.eps <- list(hyper = list(theta = list(prior = 'pc.prec',
  param = c(1, 0.01))))
```

在这个模型中,总共有 12 个超参数:三个空间效应各有两个超参数,每个似然函数都有一个超参数,还有三个复制参数. 为了使优化过程快速完成,在模拟中使用的参数值 (加上一些随机噪声) 将作为初始值代入:

```
theta.ini <- c(log(1 / e.sd^2),
  c(log(range),
    log(sqrt(m.var)))[c(1, 4, 2, 5, 3, 6)], beta)
# 我们给初始值增加抖动以避免出现与真值相同的情况
theta.ini = theta.ini + rnorm(length(theta.ini), 0, 0.1)
```

鉴于这个模型很复杂,而且可能需要很长的时间来运行,因此我们将采用经验贝叶斯方法 (而不是在超参数空间上运算积分),通过设置 `int.strategy = 'eb'` 达成. 该模型可用如下 R 代码进行拟合:

```
result <- inla(form, rep('gaussian', 3),
  data = inla.stack.data(stack),
  control.family = list(hyper.eps, hyper.eps, hyper.eps),
  control.predictor = list(A = inla.stack.A(stack)),
  control.mode = list(theta = theta.ini, restart = TRUE),
  control.inla = list(int.strategy = 'eb'))
```

我们在下面重点比较了计算时间 (以秒计).

```
##      Pre Running    Post   Total
##   6.1468 46.4021  0.3639 52.9128
```

表 3.1 展示了模型超参数的后验众数 (使用 `Mode = result$mode$theta` 计算生成). 我们列出这个表是因为它显示了 INLA 对模型参数的内部表示.

表 **3.1** 一些模型参数的后验众数

参数	众数
$\log(1/\sigma_1^2)$	2.3269
$\log(1/\sigma_2^2)$	3.8249
$\log(1/\sigma_3^2)$	3.2441
s_1 的对数范围	1.0511
s_1 的对数标准差	−0.5939

参数	众数
续表	
s_2 的对数范围	0.9129
s_2 的对数标准差	-0.5561
s_3 的对数范围	0.6893
s_3 的对数标准差	-0.8321
β_1	0.4695
β_2	0.6118
β_3	-0.3380

我们可以将似然中精度的后验边际分布转换成标准差, 使用如下命令:

```
p.sd <- lapply(result$internal.marginals.hyperpar[1:3],
  function(m) {
    inla.tmarginal(function(x) 1 / sqrt(exp(x)), m)
  })
```

表 3.2 汇总了模型超参数的后验边际密度. 通过以下代码将估计结果进行合并:

```
# 截距
tabcrp1 <- cbind(true = alpha, result$summary.fixed[, c(1:3, 5)])
# 误差的精度
tabcrp2 <- cbind(
  true = c(e = e.sd),
  t(sapply(p.sd, function(m)
    unlist(inla.zmarginal(m, silent = TRUE))[c(1:3, 7)])))
colnames(tabcrp2) <- colnames(tabcrp1)
# 复制参数
tabcrp3 <- cbind(
  true = beta, result$summary.hyperpar[10:12, c(1:3, 5)])
# 完整的表格
tabcrp <- rbind(tabcrp1, tabcrp2, tabcrp3)
```

表 3.2 一些模型参数的后验分布汇总

参数	真值	均值	标准差	2.5% 分位数	97.5% 分位数
α_1	-5.00	-4.3880	0.2173	-4.8146	-3.9618
α_2	3.00	2.8384	0.2219	2.4027	3.2738

3.1 协同区域模型

续表

参数	真值	均值	标准差	2.5% 分位数	97.5% 分位数
α_3	10.00	10.3557	0.1904	9.9818	10.7292
σ_1	0.30	0.3145	0.0388	0.2449	0.3971
σ_2	0.20	0.1482	0.0298	0.0970	0.2137
σ_3	0.15	0.1907	0.0434	0.1145	0.2835
λ_1	0.70	0.4724	0.1926	0.0961	0.8528
λ_2	0.50	0.6254	0.1712	0.2949	0.9685
λ_3	−0.50	−0.3439	0.1663	−0.6742	−0.0193

表 3.3 汇总了每个随机场的范围值和标准差的后验边际分布.

表 3.3 一些空间随机场参数的后验分布汇总

参数	真值	均值	标准差	2.5% 分位数	97.5% 分位数
s_1 的范围	4.0000	3.0124	0.8999	1.6356	5.1435
s_2 的范围	3.0000	2.5831	0.5525	1.6824	3.8430
s_3 的范围	2.0000	1.9873	0.6165	1.0062	3.4006
s_1 的标准差	0.7071	0.5616	0.0943	0.4002	0.7697
s_2 的标准差	0.6325	0.5873	0.0938	0.4275	0.7953
s_3 的标准差	0.5477	0.4403	0.0853	0.2948	0.6295

每个随机场的后验均值可以投影到数据的位点上. 图 3.1 比较了拟合值和模拟值, 可以看出该模型对实际值完成了良好的估计. 这个图是用以下代码制作的:

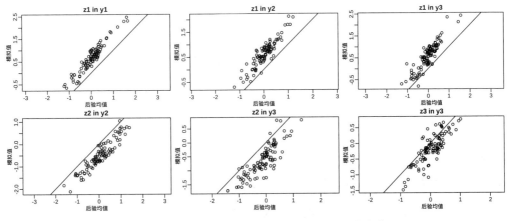

图 3.1 空间场的模拟值对比拟合的后验均值

```
par(mfrow = c(2, 3), mar = c(2.5, 2.5, 1.5, 0.5),
    mgp = c(1.5, 0.5, 0))
plot(drop(A1 %*% result$summary.random$s1$mean), z1[1:n1],
    xlab = '后验均值', ylab = '模拟值', asp = 1,
    main = 'z1 in y1')
abline(0:1)

plot(drop(A2 %*% result$summary.random$s1$mean), z1[n1 + 1:n2],
    xlab = '后验均值', ylab = '模拟值',
    asp = 1, main = 'z1 in y2')
abline(0:1)

plot(drop(A3 %*% result$summary.random$s1$mean),
    z1[n1 + n2 + 1:n3],
    xlab = '后验均值', ylab = '模拟值',
    asp = 1, main = 'z1 in y3')
abline(0:1)

plot(drop(A2 %*% result$summary.random$s2$mean), z2[1:n2],
    xlab = '后验均值', ylab = '模拟值',
    asp = 1, main = 'z2 in y2')
abline(0:1)

plot(drop(A3 %*% result$summary.random$s2$mean), z2[n2 + 1:n3],
    xlab = '后验均值', ylab = '模拟值',
    asp = 1, main = 'z2 in y3')
abline(0:1)

plot(drop(A3 %*% result$summary.random$s3$mean), z3[1:n3],
    xlab = '后验均值', ylab = '模拟值',
    asp = 1, main = 'z3 in y3')
abline(0:1)
```

3.2 联合建模: 测量误差模型

在这一节中, 我们对协变量的测量准确性假设提出质疑. 具体来说, 我们使用测量误差模型来解释协变量测量的不确定性. 引入协变量测量的不确定性, 并不是一个常用

3.2 联合建模: 测量误差模型

思路. 这并非因为我们认为协变量都经过了完美的测量, 而是由于为测量误差建立模型往往是很困难的. 在这些模型中, 我们有一个随空间变化的结果, 即 $y(s)$, 它取决于一个同样随空间变化的协变量 $x(s)$. 我们假定 $x(s)$ 的测量是有误差的. 此外, 我们也允许响应变量 y 和协变量值 x 之间存在空间错位. 可以参考 Blangiardo 和 Cameletti (2015) 中第 8 章的相关示例.

我们考虑在一组 n_y 位置观测到的响应变量, 在图 3.2 中用灰色圆点表示. 协变量 x 是在一组 n_x 位置观测到的, 在图 3.2 中用三角表示. 在某些情况下, y_i 和 x_i 可能是同一个位置. 图 3.2 所示的位置点可如下模拟得到:

```
n.x <- 70
n.y <- 50
set.seed(1)
loc.y <- cbind(runif(n.y) * 10, runif(n.y) * 5)
loc.x <- cbind(runif(n.x) * 10, runif(n.x) * 5)

n.x <- nrow(loc.x)
n.y <- nrow(loc.y)
```

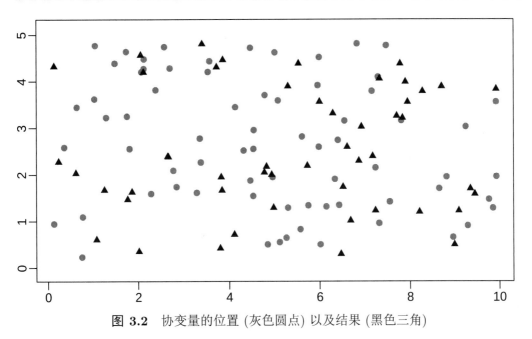

图 3.2 协变量的位置 (灰色圆点) 以及结果 (黑色三角)

在本节中, 我们运用经典测量误差 (MEC, Muff 等, 2014), 观测到一个关于 x 的代理变量 w. 具体来说就是 $w = x + \epsilon$, 其中误差项 ϵ 独立于 x. 或者, 我们也可以假设误

差项 ϵ 独立于 w; 这就是所谓的 Berkson 测量误差, 详见 Muff 等 (2014).

通过下式对结果 y 的线性预测因子进行建模:

$$\begin{aligned} \eta_y &= \alpha_y + \beta A_y x(s) + A_y v(s), \\ w &= A_x x(s) + \epsilon, \\ x(s) &= \alpha_x + m(s), \end{aligned} \tag{3.1}$$

其中 α_y 和 α_x 分别是 y 和 x 的截距参数. β 是 x 对于 y 的回归系数, ϵ 是方差为 σ_ϵ^2 的高斯噪声, 即满足 $\epsilon \sim N(0, \sigma_\epsilon^2 I)$. $v(s)$ 和 $m(s)$ 均被视为空间结构化得到的, 这意味着 x 同样是通过 $m(s)$ 空间结构化得到的. 这使得我们能够在不同位置收集到 y 和 x. 因此, 我们分别用投影矩阵 A_x 和 A_y 来将任意空间过程投影到 x 和 y 的位置上.

这种设置与 y 的似然函数选择无关. 在本例中, 我们采用的是泊松似然, 即

$$y \sim \text{Poisson}\left(e^{\eta_y}\right). \tag{3.2}$$

3.2.1 模型模拟

为了从我们的模型中进行模拟, 我们首先用函数 `book.rMatern` (在第 2.1.3 节中有详细定义) 模拟了 v 和 m. 我们在这两组位置上都模拟了随机场 m, 以便之后能对 y 进行模拟.

```
range.v <- 3
sigma.v <- 0.5
range.m <- 3
sigma.m <- 1
set.seed(2)
v <- book.rMatern(n = 1, coords = loc.y, range = range.v,
  sigma = sigma.v, nu = 1)
m <- book.rMatern(n = 1, coords = rbind(loc.x, loc.y),
  range = range.m, sigma = sigma.m, nu = 1)
```

然后, 其余的参数设定如下:

```
alpha.y <- 2
alpha.x <- 5
beta.x <- 0.3
sigma.e <- 0.2
```

现在模拟在 x 和 y 位置上的 x 和 w. 我们通过图 3.3 比较了 x 和 w.

3.2 联合建模: 测量误差模型

```
x.x <- alpha.x + m[1:n.x]
w.x <- x.x + rnorm(n.x, 0, sigma.e)
x.y <- alpha.x + m[n.x + 1:n.y]
w.y <- x.y + rnorm(n.y, 0, sigma.e)
```

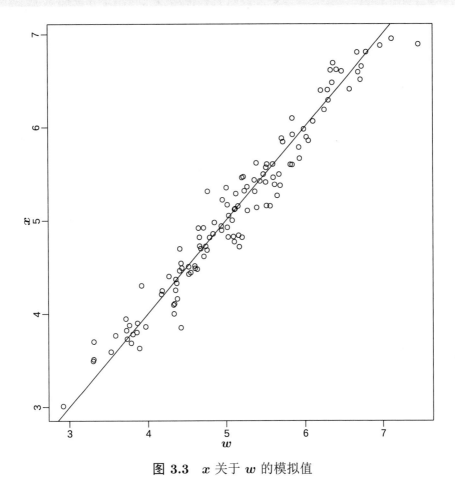

图 3.3　x 关于 w 的模拟值

模拟得到结果 y:

```
eta.y <- alpha.y + beta.x * x.y + v
set.seed(3)
yy <- rpois(n.y, exp(eta.y))
```

3.2.2　模型拟合

我们在建立网格时考虑了空间过程的范围值, 并分别用 `range.v` 和 `range.m` 代入.

```
mesh <- inla.mesh.2d(rbind(loc.x, loc.y),
  max.edge = min(range.m, range.v) * c(1 / 3, 1),
  offset = min(range.m, range.v) * c(0.5, 1.5))
```

这个网格由 479 个点组成. 同样的网格将被用于对 v 和 m 构建随机偏微分方程 (SPDE) 模型.

协变量和响应变量位置的投影矩阵定义如下:

```
Ax <- inla.spde.make.A(mesh, loc = loc.x)
Ay <- inla.spde.make.A(mesh, loc = loc.y)
```

对于 SPDE 模型的参数——即实际范围值和边际标准差——我们采用了由 Fuglstad 等 (2018) 提出的复杂度惩罚先验 (PC 先验), 定义为:

```
spde <- inla.spde2.pcmatern(mesh = mesh,
  prior.range = c(0.5, 0.01), # P(practic.range < 0.5) = 0.01
  prior.sigma = c(1, 0.01)) # P(sigma > 1) = 0.01
```

在实际情况下, 可用的数据是 w_j, $j = 1,...,n_x$ 和 y_i, $i = n_x + 1,...,n_x + n_y$. 因此, 我们需要对 x 构建一个模型, 用于计算 (或预测) 它在结果位置 y_i 上的值. 从 (3.1) 式我们可以得到

$$0 = \alpha_x + m - x. \tag{3.3}$$

因为 m 是一个高斯场, 它可以在整个地区上定义并用于在任意一点上 (特别是在 y 位置上) 预测 x. 这个负的 x 项随后通过 copy 命令被复制到 y 的线性预测因子中, 以估计参数 β. 为了构建这个模型的数据堆栈, 我们为每个似然函数建立一个堆栈, 然后再将它们合并起来. 所用的数据是一个三列矩阵, 其中每一列都与 inla() 调用中的每个似然相匹配. 第一列包含 n_y 个 "伪造的零", 而另外两列则包含空值 NA. 其效应需要包含截距 α_x, m 的索引集和一个从 1 到 n_y 的索引来计算在 y 位置处的 $-x$ 项. 由于 α_x 和 $-x$ 与 "伪造的零" 的每个元素相关, 我们将它们归入数据堆栈的同一个列表元素中. m 的索引集是效应列表中的另一个元素. 这些效应分别与单位投影矩阵 (或只是一个数字 1) 和先前为 y 位置建立的投影矩阵对应. 由于我们将建立多个数据堆栈, 我们用 tag 命令来标记它. 以上这些都可以用如下代码表示:

```
stk.0 <- inla.stack(
  data = list(Y = cbind(rep(0, n.y), NA, NA)),
```

3.2 联合建模: 测量误差模型

```
A = list(1, Ay),
effects = list(data.frame(alpha.x = 1, x0 = 1:n.y, x0w = -1),
  m = 1:spde$n.spde),
tag = 'dat.0')
```

现在考虑 w 数据的第二列. 我们已知

$$w \sim N(x = \alpha_x + m, \sigma_\epsilon^2 I), \tag{3.4}$$

则

```
stk.x <- inla.stack(
  data = list(Y = cbind(NA, w.x, NA)),
  A = list(1, Ax),
  effects = list(alpha.x = rep(1, n.x), m = 1:mesh$n),
  tag = 'dat.x')
```

为了构建 y 的数据堆栈, 我们需要涵盖截距项 α_y、x 的索引集 (它将从"伪造的零"观测模型中复制出来) 以及 v 的索引:

```
stk.y <- inla.stack(
  data = list(Y = cbind(NA, NA, yy)),
  A = list(1, Ay),
  effects = list(data.frame(alpha.y = 1, x = 1:n.y),
    v = 1:mesh$n),
  tag = 'dat.y')
```

我们只能给 inla() 提供一个公式, 其中须包含所有的模型项. 公式右侧的项如果没有在数据堆栈中出现, 那么它们将在相应数据观测的线性预测因子中被忽略. 回归系数 β 是用 copy 功能来拟合的 (使用了精度为 1 的零均值高斯先验). 对于"伪造的零"观测值, 我们为 α_x 设定默认的先验, 即 $N(0, 1000)$. 我们已经定义了 m 的 SPDE 模型, 并且 x 得到了一个独立同分布的、具有固定低精度的高斯随机效应. 通过设定一个具有固定高精度的高斯似然以及"伪造的零"数据, 我们强制让 x 等于 $\alpha_x - m$.

```
form <- Y ~ 0 + alpha.x + alpha.y +
  f(m, model = spde) + f(v, model = spde) +
  f(x0, x0w, model = 'iid',
    hyper = list(theta = list(initial = -20, fixed = TRUE))) +
  f(x, copy = 'x0', fixed = FALSE,
```

```
    hyper = list(theta = list(prior='normal', param = c(0, 1))))
hfix <- list(hyper = list(prec = list(initial = 20,
    fixed = TRUE)))
```

先为 σ_ϵ 设定一个复杂度惩罚先验 (PC 先验), 即假定 $P(\sigma_\epsilon < 0.2) = 0.5$:

```
pprec <- list(hyper = list(prec = list(prior = 'pc.prec',
    param=c(0.2, 0.5))))
```

然后对模型进行拟合, 将之前定义的所有数据进行堆栈:

```
stk <- inla.stack(stk.0, stk.x, stk.y)
res <- inla(form, data = inla.stack.data(stk),
    family = c('gaussian', 'gaussian', 'poisson'),
    control.predictor = list(compute = TRUE,
        A = inla.stack.A(stk)),
    control.family = list(hfix, pprec, list()))
```

3.2.3 结果

表 3.4 显示了在模拟中使用的模型参数的真值以及它们的后验分布的汇总. 图 3.4 展示了回归参数的后验分布. 可以观察到, 在大多数情况下, 参数的真值都落在相应后验分布的高概率区间内. 图 3.5 展示了每个随机场参数的后验分布, 其真值也落在相应后验分布的高概率区间内.

表 3.4 模型参数的后验分布

参数	真值	均值	标准差	2.5% 分位数	97.5% 分位数
α_x	5.0	5.1465	0.3781	4.3721	5.8908
α_y	2.0	2.3034	0.5320	1.2254	3.3278
σ_ϵ	0.2	0.1879	0.0571	0.0947	0.3167
m 的范围	3.0	2.8993	0.7056	1.8315	4.5765
m 的标准差	1.0	1.0042	0.1589	0.7432	1.3655
v 的范围	3.0	4.1037	1.6281	2.0129	8.2359
v 的标准差	0.5	0.4765	0.1008	0.3168	0.7114
x 的 β	0.3	0.2573	0.0978	0.0692	0.4544

另一个有趣的结果是对响应变量位置的协变量的预测. 鉴于已经对 m 进行了模拟,

3.2 联合建模: 测量误差模型

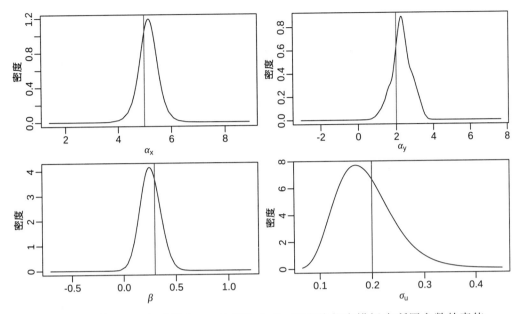

图 3.4 截距、回归系数和 σ_ϵ 的后验分布. 竖直线代表模拟中所用参数的真值

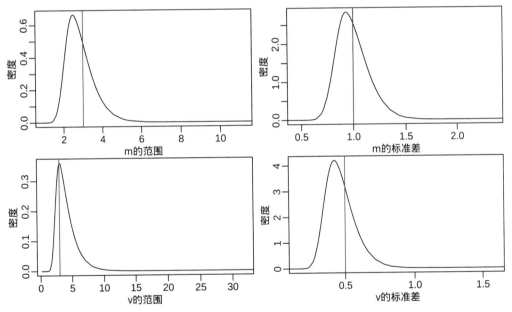

图 3.5 两个随机场的超参数的后验边际分布. 竖直线代表模拟中所用参数的真值

我们可以对在 x 和 y 位置得出的 m 的预测作出效果评估. 我们可以在 n_x 和 n_y 的所有位置上投影 m 的后验均值及标准差:

```
mesh2locs <- rbind(Ax, Ay)
m.mu <- drop(mesh2locs %*% res$summary.ran$m$mean)
m.sd <- drop(mesh2locs %*% res$summary.ran$m$sd)
```

然后, 我们可以近似地计算出 m 在每个位置的 95% 可信区间 (假定服从后验正态分布). 如图 3.6 所示, 实线就代表预测值等于模拟值的情况.

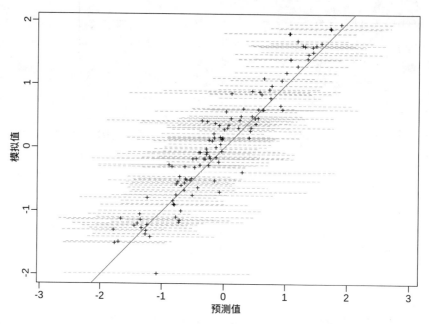

图 3.6 m (+) 的后验均值与模拟值的对比图. 灰色虚线表示 95% 可信区间. 实线代表后验均值等于模拟值的情况

图 3.7 可视化呈现了 m 和 v 的期望值, 其代码如下:

```
# 产生投影网格
prj <- inla.mesh.projector(mesh, xlim = c(0, 10), ylim = c(0, 5))
# 设定绘图参数
par(mfrow = c(2, 1), mar = c(0.5, 0.5, 0.5, 0.5),
  mgp = c(1.5, 0.5, 0))
# 'm'的后验均值
book.plot.field(field = res$summary.ran$m$mean, projector = prj)
points(loc.x, cex = 0.3 + (m - min(m))/diff(range(m)))
# 'v'的后验均值
book.plot.field(field = res$summary.ran$v$mean, projector = prj)
points(loc.y, cex = 0.3 + (v - min(v))/diff(range(v)))
```

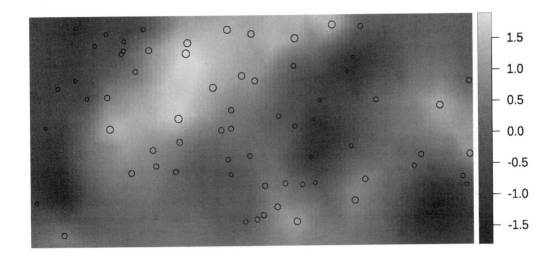

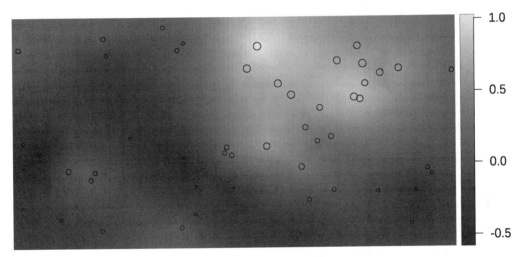

图 3.7 上图为 m 和 x 位置的后验均值,其对应圆点大小与 m 的模拟值成正比. 下图为 v 和 y 位置的后验均值,其对应圆点大小与 v 的模拟值成正比(彩图见书末)

3.3 整体线性预测因子的复制部分

在这一节中,我们将对线性预测因子的复制部分 (在前面两节中都有使用) 提供更深入的技术探究. 一般来说,所有的联合建模过程都需要这一步骤.

假设已在位置 s 收集了数据 $y_1(s)$, $y_2(s)$ 和 $y_3(s)$. 另外,考虑三种类型的观测数据,用下式建立模型

$$y_1(s) = \beta_0 + \beta_1 x(s) + A(s, s_0) b(s_0) + \epsilon_1(s), \tag{3.5}$$

$$y_2(s) = \beta_2(\beta_0 + \beta_1 x(s)) + \epsilon_2(s), \tag{3.6}$$

$$y_3(s) = \beta_3(\beta_0 + \beta_1 x(s) + A(s, s_0)b(s_0)) + \epsilon_3(s). \tag{3.7}$$

这里,SPDE 模型定义在网格节点 $b(s_0)$ 上,其中 $A(s, s_0)$ 是投影矩阵,$\epsilon_j, j = 1, 2, 3$ 是观测误差 (服从零均值、方差为 σ_j^2 的高斯分布). 在这种设置下, 每个结果都有一个不同的线性模型. 此外, 还有从一个线性预测因子缩放到另一个的普遍效应, 其中 β_2 和 β_3 是它们的尺度参数.

定义以下模型的项:

- $\eta_0(s) = \beta_0 + \beta_1 x(s),$
- $\eta_1(s) = \eta_0(s) + A(s, s_0)b(s_0),$
- $\eta_2(s) = \beta_2 \eta_0(s),$
- $\eta_3(s) = \beta_3 \eta_1(s).$

我们将展示如何把 η_0 复制到 η_2 上,以及把 η_1 复制到 η_3 上,以便估计参数 β_2 和 β_3. 此外,所有三个观测向量 y_1、y_2 和 y_3 都被认为是在相同位置观测到的.

3.3.1 生成数据

模型中的参数 β_j $(j = 0, 1, 2, 3)$ 定义如下:

```
beta0 = 5
beta1 = 1
beta2 = 0.5
beta3 = 2
```

然后, 定义误差项的标准差为:

```
s123 <- c(0.1, 0.05, 0.15)
```

对于 $b(s)$ 过程, 考虑一个关于 κ_b、σ_b^2 和 $\nu = 1$ (固定值) 的 Matérn 协方差函数, 因此我们定义如下参数:

```
kappab <- 10
sigma2b <- 1
```

为了实现空间过程, 我们定义一组位置点, 如下所示:

```
n <- 50
loc <- cbind(runif(n), runif(n))
```

3.3 整体线性预测因子的复制部分

与前几节一样, Matérn 过程的样本将使用函数 book.rMatern 获得 (见第 2.1.3 节).

```
b <- book.rMatern(n = 1, coords = loc,
  range = sqrt(8) / 10, sigma = 1)
```

我们在图 3.8 中绘制了这个样本. 通过如下代码模拟一个协变量:

```
x <- sqrt(3) * runif(n, -1, 1)
```

图 3.8 模拟数据集的位置点. 圆点大小与其隐含的 Matérn 过程的数值成正比

然后, 计算出所需的线性预测因子:

```
eta1 <- beta0 + beta1 * x + b
eta2 <- beta2 * (beta0 + beta1 * x)
eta3 <- beta3 * eta1
```

最后, 得到观测结果:

```
y1 <- rnorm(n, eta1, s123[1])
y2 <- rnorm(n, eta2, s123[2])
y3 <- rnorm(n, eta3, s123[3])
```

3.3.2 运用"伪造的零"技巧来拟合模型

使用 INLA 包来拟合这个模型的方法不止一种. 其要点是从第一个观测等式中计算 $\eta_0(\boldsymbol{s}) = \beta_0 + \beta_1 \boldsymbol{x}(\boldsymbol{s})$ 和 $\eta_1(\boldsymbol{s}) = \beta_0 + \beta_1 \boldsymbol{x}(\boldsymbol{s}) + \boldsymbol{A}(\boldsymbol{s}, \boldsymbol{s}_0)\boldsymbol{b}(\boldsymbol{s})$, 以将其复制到第二个和第三个观测等式. 因此, 我们需要定义一个可以明确计算出 $\eta_0(\boldsymbol{s})$ 和 $\eta_1(\boldsymbol{s})$ 的模型.

选择的方式，是将由模型生成的网格图的面积进行最小化，参考 Rue 等 (2017). 首先，我们考虑如下方程

$$0(s) = A(s, s_0)b(s_0) + \eta_0(s) + \epsilon_1(s) - y_1(s), \tag{3.8}$$

$$0(s) = \eta_1(s) + \epsilon_1(s) - y_1(s), \tag{3.9}$$

其中只有 $A(s, s_0)$、$x(s)$ 和 $y_1(s)$ 是已知的. 对于 $\eta_0(s)$ 和 $\eta_2(s)$, 我们为其设定独立同分布并且具有固定低精度的模型. 因为这个固定的高方差值, $\eta_0(s)$ 和 $\eta_1(s)$ 中的每个元素可以取任何值.

然而，通过构建 "伪造的零" 观测值的高斯似然函数 (具有固定高精度, 即固定低似然方差), 这些值将被强制设定为 $\beta_0 + \beta_1 x(s)$ 和 $\beta_0 + \beta_1 x(s) + A(s, s_0)b(s_0)$. 关于这种方法的细节和示例详见第 3.2 节, 以及 Ruiz-Cárdenas 等 (2012)、Martins 等 (2013) 以及 Blangiardo 和 Cameletti (2015) 的第 8 章内容.

由于我们为观测数据构建了三个高斯似然函数, 所以在线性预测因子中就可以包含三个误差项, 并且将似然精度固定为较高的值. 在这种设定下, 三个具有固定高精度的高斯似然函数即可成为一个单独的高斯似然函数.

3.3.3 模型拟合

为了拟合 $b(s)$ 项, 我们定义了一个随机偏微分方程 (带 Matérn 协方差) 的模型. 为此, 第一步便是设置一个网格:

```
mesh <- inla.mesh.2d(
  loc.domain = cbind(c(0, 1, 1, 0), c(0, 0, 1, 1)),
  max.edge = c(0.1, 0.3), offset = c(0.05, 0.35), cutoff = 0.05)
```

接下来，我们定义投影矩阵:

```
As <- inla.spde.make.A(mesh, loc)
```

再定义随机偏微分方程 (SPDE) 模型:

```
spde <- inla.spde2.pcmatern(mesh, alpha = 2,
  prior.range = c(0.05, 0.01),
  prior.sigma = c(1, 0.01))
```

我们要用函数 `inla.stack()` 来整理数据. 第一个观测值向量的数据堆栈是:

3.3 整体线性预测因子的复制部分

```
stack1 <- inla.stack(
  data = list(y = y1),
  A = list(1, As, 1),
  effects = list(
    data.frame(beta0 = 1, beta1 = x),
    s = 1:spde$n.spde,
    e1 = 1:n),
  tag = 'y1')
```

这里 e1 项将被用来拟合 ϵ_1. 同样地, 第一个 "伪造的零" 观测值的数据堆栈是:

```
stack01 <- inla.stack(
  data = list(y = rep(0, n), offset = -y1),
  A = list(As, 1),
  effects = list(s = 1:spde$n.spde,
    list(e1 = 1:n, eta1 = 1:n)),
  tag = 'eta1')
```

这里的数据堆栈包括减去第一个观测值向量来抵消偏移. 第二个 "伪造的零" 观测值的数据堆栈是:

```
stack02 <- inla.stack(
  data = list(y = rep(0, n), offset = -y1),
  effects = list(list(e1 = 1:n, eta2 = 1:n)),
  A = list(1),
  tag = 'eta2')
```

针对第二个观测值向量的数据堆栈, 我们考虑用一个索引集来计算从第一个 "伪造的零" 观测值中复制过来的 η_1 项:

```
stack2 <- inla.stack(
  data = list(y = y2),
  effects = list(list(eta1c = 1:n, e2 = 1:n)),
  A = list(1),
  tag = 'y2')
```

以类似的方式, 第三个观测向量的数据堆栈也包括一个索引集来计算从第二个 "伪造的零" 观测值中复制过来的 η_2:

```
stack3 <- inla.stack(
  data = list(y = y3),
  effects = list(list(eta2c = 1:n, e3 = 1:n)),
  A = list(1),
  tag = 'y3')
```

一旦定义了所有不同的数据堆栈, 它们就会被合并为一个新的数据堆栈, 可用于拟合模型:

```
stack <- inla.stack(stack1, stack01, stack02, stack2, stack3)
```

我们对大多数参数使用默认的先验. 对于观测值中的方差误差, 我们设置复杂度惩罚先验 (PC 先验), 如下所示:

```
pcprec <- list(theta = list(prior = 'pcprec',
  param = c(0.5, 0.1)))
```

```
formula123 <- y ~ 0 + beta0 + beta1 +
  f(s, model = spde) + f(e1, model = 'iid', hyper = pcprec) +
  f(eta1, model = 'iid',
    hyper = list(theta = list(initial = -10, fixed = TRUE))) +
  f(eta2, model = 'iid',
    hyper = list(theta = list(initial = -10, fixed = TRUE))) +
  f(eta1c, copy = 'eta1', fixed = FALSE) +
  f(e2, model = 'iid', hyper = pcprec) +
  f(eta2c, copy = 'eta2', fixed = FALSE) +
  f(e3, model = 'iid', hyper = pcprec)
```

最后, 完成模型拟合:

```
res123 <- inla(formula123,
  data = inla.stack.data(stack),
  offset = offset,
  control.family = list(list(
    hyper = list(theta = list(initial = 10, fixed = TRUE)))),
  control.predictor = list(A = inla.stack.A(stack)))
```

3.3.4 模型结果

表 3.5 列出了固定效应 β_0 和 β_1 以及参数 β_2 和 β_3 的汇总.

3.3 整体线性预测因子的复制部分

表 3.5 一些模型参数的后验众数

参数	真值	均值	标准差	2.5% 分位数	97.5% 分位数
β_0	5.0	5.1555	0.1550	4.8810	5.3819
β_1	1.0	0.9805	0.0309	0.9195	1.0344
β_2	0.5	0.4904	0.0151	0.4594	0.5186
β_3	2.0	2.0099	0.0054	1.9996	2.0207

图 3.9 显示了 ϵ_1, ϵ_2 和 ϵ_3 标准差的后验分布. 同样地, 图 3.10 显示了随机场参数的后验边际分布.

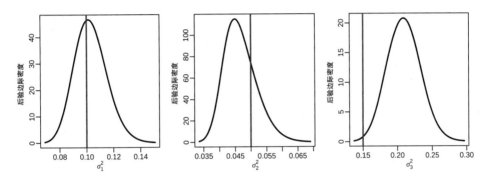

图 3.9 观测误差的标准差. 竖直线代表参数的实际值

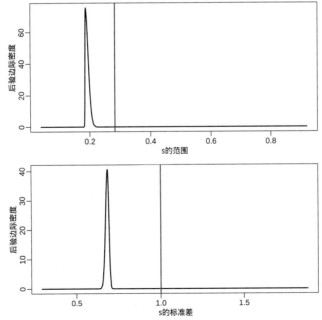

图 3.10 随机场参数的后验边际分布. 竖直线代表参数的实际值

第 4 章

点过程和优先抽样法

4.1 简介

一个点模式记录了研究区域内事件的发生情况. 典型的例子包括: 森林中树木的位置, 或者某地区疾病病例的 GPS 坐标. 观测到的事件的位置取决于一个隐含的空间过程, 这个空间过程通常用一个强度函数 $\lambda(s)$ 来建模. 该强度函数计量了每单位空间的平均事件数, 并且它可以取决于协变量和其他效应. 关于空间和时空点模型的最新研究汇总详见 Diggle (2014) 或 Baddeley 等 (2015).

在对数 Cox 点过程 (log-Cox point process) 模型的假设下, 我们采用高斯线性预测因子对 Cox 过程的对数强度进行建模. 在这种情况下, 对数 Cox 过程被称为对数高斯 – Cox 过程 (log-Gaussian Cox process, LGCP, Møller 等, 1998), 并且可以使用 INLA 进行推断. Cox 过程是一个具有可变强度的泊松过程; 因此我们将使用泊松似然函数. 在 INLA (以及其他软件) 中, 最初用于拟合这些模型的方法, 是将研究区域划分为单元格, 这些单元格再形成一个栅格, 然后统计每个栅格里的点数, 详见 Møller 和 Waagepetersen (2003). 这些计数可以用高斯线性预测因子上的泊松似然来建模, 可以用 INLA 来拟合这个模型, 参考 Illian 等 (2012). 我们通过运用本书中已经展示的一些技巧即可实现.

在这一节中, 我们重点讨论一种直接考虑 SPDE 模型的新方法, 该方法由 Simpson 等 (2016) 提出. 这种方法有很好的理论依据, 并且给出了对于对数 Cox 点过程模型似然函数的直接近似. 对观测数据的建模需要考虑其确切的位置, 而不是将它们分到单元格中. 这种方法在定义网格方面具有灵活性, 它可以处理非矩形区域, 而不需要在大的矩形区域上浪费计算资源.

4.1.1 对数高斯 – Cox 过程 (LGCP) 的定义

Cox 过程是一个具有空间变化强度 $\lambda(s)$ 的泊松过程. 给定一个区域 A (例如一个网格单元), 在该区域观测到一定数量的点的概率遵循泊松分布, 其强度 (期望值) 为

$$\lambda_A = \int_A \lambda(s)\,ds.$$

LGCP 名称中 "对数高斯" 的来源, 是它将 $\log(\lambda(s))$ 作为一个在典型的广义线性模型/广义相加模型 (GLM/GAM) 框架中的潜在高斯过程 (在一组超参数条件下).

4.1.2 数据模拟

这里模拟的数据将在后面第 4.2 节和第 4.3 节中使用. 为了从一个对数 Cox 点过程中抽样, 我们采用 spatstat 包中的函数 rLGCP(), 参考 Baddeley 等 (2015). 我们使用一个 $(0, 3) \times (0, 3)$ 大小的模拟窗口. 为了定义这个窗口, 我们使用了 spatstat 包中的函数 owin():

```
library(spatstat)
win <- owin(c(0, 3), c(0, 3))
```

RandomFields 包 (参考 Schlather 等, 2015) 中的函数 rLGCP 使用了 GaussRF() 来从网格上的空间场进行模拟. 有一个内部参数可以控制网格的分辨率, 我们指定它在每个方向上有 300 个像素:

```
npix <- 300
spatstat.options(npixel = npix)
```

构建如下强度函数:

$$\log(\lambda(s)) = \beta_0 + S(s),$$

其中 β_0 是一个固定数值, $S(s)$ 是具有 Matérn 协方差和零均值的高斯空间过程. 参数 β_0 可以被看作对数强度的全局平均水平; 即根据空间过程 $S(s)$, 对数强度围绕着该水平波动.

如果没有空间场, 期望的点数是 e^{β_0} 乘以窗口的面积. 这意味着期望的点的数量是:

```
beta0 <- 3
exp(beta0) * diff(range(win$x)) * diff(range(win$y))
## [1] 180.8
```

因此, 在下面的模拟中, 这个关于 beta0 的值将产生合理数量的点. 如果我们把 beta0 设得太小, 我们几乎得不到任何点, 而且我们将无法产生合理的结果. 当然也可以用一个函数作用于多个协变量, 比如作用于一个广义线性模型 (GLM) 上, 参见第 4.2 节.

4.1 简介

在本章中, 我们使用一个 $\nu=1$ 的 Matérn 协方差函数. 另外的参数是方差和尺度参数. 下面一组参数值将生成一个平滑强度的点过程:

```
sigma2x <- 0.2
range <- 1.2
nu <- 1
```

设置 `sigma2x` 的值是为了使对数强度在其均值附近有一定的变化, 但保持在合理的数值范围内. 此外, 若代入这些参数值, $\nu=1$ 以及空间过程 $S(s)$ 的范围值 (约) 等于 2, 将在当前研究窗口中产生平滑的变化. 较小的范围值将生成一个在研究窗口内迅速变化的空间过程 $S(s)$ (以及空间过程的强度). 同样地, 非常大的范围值将产生一个几乎恒定的空间过程 $S(s)$, 这导致了在研究窗口的所有点上, 对数强度都将非常接近于 β_0.

按如下代码模拟出点过程中的各个点:

```
library(RandomFields)
set.seed(1)
lg.s <- rLGCP('matern', beta0, var = sigma2x,
  scale = range / sqrt(8), nu = nu, win = win)
```

返回值包括空间场和点模式. 我们可以获得点模式中观测到的事件的坐标, 如下所示:

```
xy <- cbind(lg.s$x, lg.s$y)[, 2:1]
```

模拟点的数量为:

```
(n <- nrow(xy))
## [1] 189
```

空间场模拟值的指数作为对象的 `Lambda` 属性输出. 下面, 我们提取出 $\lambda(s)$ 的值并查看 $\log(\lambda(s))$ 的汇总:

```
Lam <- attr(lg.s, 'Lambda')
rf.s <- log(Lam$v)
summary(as.vector(rf.s))
##    Min.  1st Qu.  Median   Mean  3rd Qu.   Max.
##    1.59   2.64    2.91    2.95   3.26    4.38
```

图 4.1 展示了模拟的空间场和点模式.

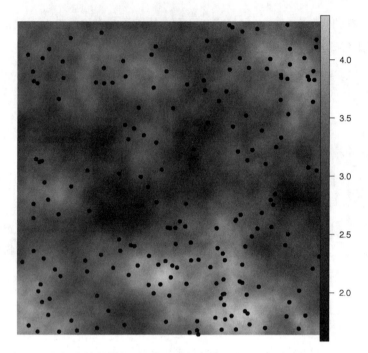

图 4.1　点过程的模拟强度. 黑点为模拟的点过程 (彩图见书末)

4.1.3　推断

沿用 Simpson 等 (2016) 的方法, 对数高斯–Cox 点过程模型的参数可以用 INLA 进行估计. 简言之, 我们将构建一个扩充数据集, 然后用 INLA 运行泊松回归. 扩充后的数据集由二元响应变量组成, 其中 1 代表观测点, 0 代表一些虚拟观测点. 观测点和虚拟观测点都会有关联的期望值或权重, 它们都将被表述在泊松回归中. 我们将在下面的章节中逐步解释.

网格和权重

为了用 LGCP 进行适当的推断, 我们必须在构建网格时采取一些措施. 在点模式分析时, 我们通常不使用位置点作为网格节点. 我们需要一个覆盖研究区域的网格; 为此我们使用 loc.domain 命令来构建网格. 此外, 我们只使用一个比较小的第一层外延, 但不采用第二层外延.

```
loc.d <- 3 * cbind(c(0, 1, 1, 0, 0), c(0, 0, 1, 1, 0))
mesh <- inla.mesh.2d(loc.domain = loc.d, offset = c(0.3, 1),
  max.edge = c(0.3, 0.7), cutoff = 0.05)
nv <- mesh$n
```

4.1 简介

可以在图 4.2 中看到这个网格.

这里定义的随机偏微分方程 (SPDE) 模型将采用 Fuglstad 等 (2018) 对于模型参数范围和边际标准差的复杂度惩罚先验 (PC 先验), 如下定义:

```
spde <- inla.spde2.pcmatern(mesh = mesh,
  # 范围的PC先验: P(practic.range < 0.05) = 0.01
  prior.range = c(0.05, 0.01),
  # sigma的PC先验: P(sigma > 1) = 0.01
  prior.sigma = c(1, 0.01))
```

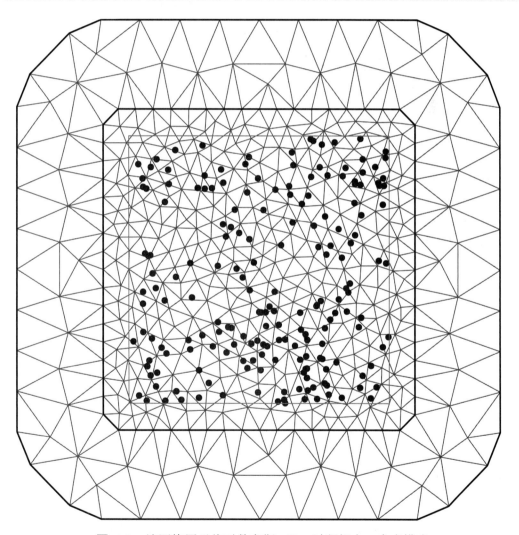

图 4.2　该网格用于将对数高斯 – Cox 过程拟合一个点模式

点模式分析的随机偏微分方程 (SPDE) 方法在网格的节点上定义了模型. 为了拟合

对数 Cox 点过程模型, 我们把这些点视为积分点. Simpson 等 (2016) 所用的方法定义了事件的期望数量与节点周围的面积 (对偶网格中多边形的面积) 成正比. 这意味着, 在网格中有较大三角形的节点, 也有较大的期望值. `inla.mesh.fem(mesh)$va` 可罗列出每个网格节点的相应值. 这些内域节点的数值可以用来计算对偶网格的多边形与研究区域多边形的交叉部分. 要做到这一点, 我们使用函数 `book.mesh.dual()`:

```
dmesh <- book.mesh.dual(mesh)
```

在文件 `spde-book-functions.R` 中可找到这个函数, 它返回的对偶网格是一个 `SpatialPolygons` 类的对象. 我们在图 4.3 中绘制了对偶网格.

可以将区域多边形转换为一个 `SpatialPolygons` 类, 如下所示:

```
domain.polys <- Polygons(list(Polygon(loc.d)), '0')
domainSP <- SpatialPolygons(list(domain.polys))
```

由于网格比研究区域面积更大, 我们需要计算对偶网格中的每个多边形与研究区域的交叉部分:

```
library(rgeos)
w <- sapply(1:length(dmesh), function(i) {
  if (gIntersects(dmesh[i, ], domainSP))
    return(gArea(gIntersection(dmesh[i, ], domainSP)))
  else return(0)
})
```

这些权重的总和就是研究区域的面积:

```
sum(w)
## [1] 9
```

我们还可以查看有多少个积分点的权重为零:

```
table(w > 0)
## 
## FALSE  TRUE
##   198   294
```

图 4.3 中零权重的积分点以灰色标出. 请注意, 所有这些点以及相关的多边形都在研究区域之外.

4.1 简介

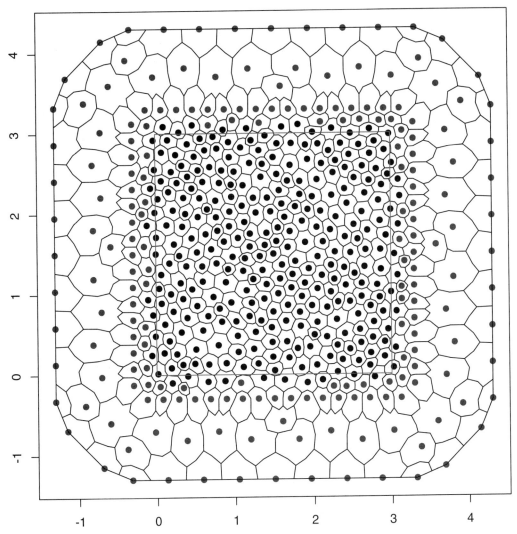

图 **4.3** 用于推断对数高斯–Cox 过程的网格以及它的 Voronoy 多边形图

数据和投影矩阵

我们计算出来的权重向量正是我们需要用来作为 INLA 里泊松似然函数的曝光参数值 (E) (稍做修改: 如果 $E = 0$, 则 $\log(E)$ 被定义为 0). 我们用一个全 0 序列 (代表网格节点) 来扩充观测点 (代表位点) 的全 1 向量:

```
y.pp <- rep(0:1, c(nv, n))
```

曝光参数的向量可以定义为:

```
e.pp <- c(w, rep(0, n))
```

投影矩阵分两步定义. 对于积分点, 这就只是一个对角阵, 因为这些位置都只是网格顶点:

```
imat <- Diagonal(nv, rep(1, nv))
```

对于观测到的点, 我们定义另一个投影矩阵:

```
lmat <- inla.spde.make.A(mesh, xy)
```

完整的投影矩阵为:

```
A.pp <- rbind(imat, lmat)
```

设置数据堆栈如下:

```
stk.pp <- inla.stack(
  data = list(y = y.pp, e = e.pp),
  A = list(1, A.pp),
  effects = list(list(b0 = rep(1, nv + n)), list(i = 1:nv)),
  tag = 'pp')
```

后验边际

模型所有参数的后验边际是通过 INLA 拟合模型获得的:

```
pp.res <- inla(y ~ 0 + b0 + f(i, model = spde),
  family = 'poisson', data = inla.stack.data(stk.pp),
  control.predictor = list(A = inla.stack.A(stk.pp)),
  E = inla.stack.data(stk.pp)$e)
```

关于模型的超参数, 即空间场的范围和标准差的汇总详见如下:

```
pp.res$summary.hyperpar
##                 mean    sd 0.025quant 0.5quant 0.975quant  mode
## Range for i    2.225 1.472      0.636    1.836      6.093 1.307
## Stdev for i    0.332 0.107      0.161    0.319      0.579 0.294
```

图 4.4 展示了对数高斯–Cox 模型参数的后验边际分布.

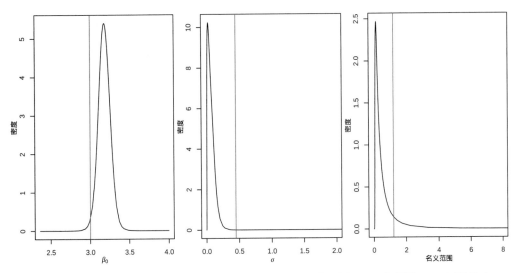

图 4.4 对数高斯 – Cox 模型参数的后验分布图. 左图为 β_0, 中图为 σ, 右图为名义范围. 竖直线表示参数的真值

4.2 在对数高斯 – Cox 过程中引入一个协变量

在本节中, 我们在对数高斯 – Cox 模型的线性预测因子中添加了一个协变量. 为了更好地近似似然函数, 我们需要让协变量在空间中维持缓慢的变化; 也就是说, 它和相邻的网格节点之间变化不大. 我们必须知道这个协变量在位置点和积分点的值, 来实现模型拟合.

4.2.1 模拟协变量

首先, 我们在研究区域内的每个位置定义一个协变量, 即

$$f(s_1, s_2) = \cos(s_1) - \sin(s_2 - 2).$$

这个函数将在一个由 `spatstat` 包中的设置 (例如每个方向上的像素数) 所定义的网格上进行计算. 我们模拟的位置覆盖了研究窗口和网格点, 因为这两种类型的点都需要协变量的值.

```
# 使用扩展的范围
x0 <- seq(min(mesh$loc[, 1]), max(mesh$loc[, 1]), length = npix)
y0 <- seq(min(mesh$loc[, 2]), max(mesh$loc[, 2]), length = npix)
gridcov <- outer(x0, y0, function(x,y) cos(x) - sin(y - 2))
```

现在, 期望点数即为协变量的一个函数:

```
beta1 <- -0.5
sum(exp(beta0 + beta1 * gridcov) * diff(x0[1:2]) * diff(y0[1:2]))
## [1] 702.6
```

我们用以下方法来模拟点模式:

```
set.seed(1)
lg.s.c <- rLGCP('matern', im(beta0 + beta1 * gridcov, xcol = x0,
  yrow = y0), var = sigma2x, scale = range / sqrt(8),
  nu = 1, win = win)
```

这将返回空间场和点模式. 点模式的位置是:

```
xy.c <- cbind(lg.s.c$x, lg.s.c$y)[, 2:1]
n.c <- nrow(xy.c)
```

图 4.5 显示了模拟的协变量值和网格上模拟的空间场.

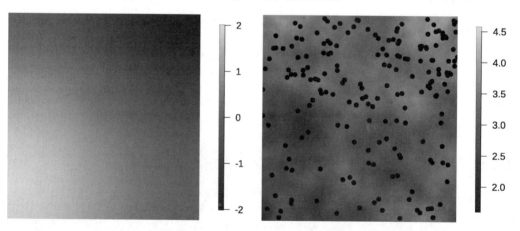

图 4.5 左图是模拟的协变量, 右图是模拟点过程的对数强度以及模拟的点模式 (彩图见书末)

4.2.2 推断

我们需要将协变量值包含在数据和模型中以便进行推断. 在点模式的位置和网格节点上必须都有这些值. 这些值可以使用函数 `interp.im()` 从网格数据 (在一个 `im` 对象) 中插值以获取:

```
covariate.im <- im(gridcov, x0, y0)
covariate <- interp.im(covariate.im,
```

4.2 在对数高斯–Cox 过程中引入一个协变量

```
    x = c(mesh$loc[, 1], xy.c[, 1]),
    y = c(mesh$loc[, 2], xy.c[, 2]))
```

扩充数据的创建方式与之前相同:

```
y.pp.c <- rep(0:1, c(nv, n.c))
e.pp.c <- c(w, rep(0, n.c))
```

观测到的位置的投影矩阵为:

```
lmat.c <- inla.spde.make.A(mesh, xy.c)
```

这两个投影矩阵可以用 rbind() 合并为一个扩充数据集的总投影矩阵:

```
A.pp.c <- rbind(imat, lmat.c)
```

现在的数据堆栈包括了协变量, 但其他方面与第 4.1.3 节中相同:

```
stk.pp.c <- inla.stack(
  data = list(y = y.pp.c, e = e.pp.c),
  A = list(1, A.pp.c),
  effects = list(list(b0 = 1, covariate = covariate),
    list(i = 1:nv)),
  tag = 'pp.c')
```

最后, 用以下 R 代码对模型进行拟合:

```
pp.c.res <- inla(y ~ 0 + b0 + covariate + f(i, model = spde),
  family = 'poisson', data = inla.stack.data(stk.pp.c),
  control.predictor = list(A = inla.stack.A(stk.pp.c)),
  E = inla.stack.data(stk.pp.c)$e)
```

下面给出了模型超参数的汇总.

```
pp.c.res$summary.hyperpar
##                  mean    sd 0.025quant 0.5quant 0.975quant  mode
## Range for i     2.196  1.38      0.651    1.846      5.804 1.344
## Stdev for i     0.404  0.14      0.188    0.385      0.733 0.347
```

对数高斯–Cox 模型参数的后验分布详见图 4.6.

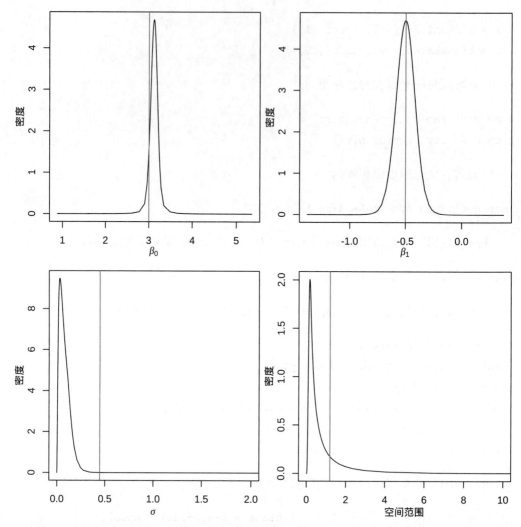

图 4.6 左上图为截距, 右上图为协变量系数, 左下图和右下图分别为对数 Cox 模型的参数 σ 及名义范围的后验分布. 竖直线表示参数的真值

4.3 基于优先抽样法的地理统计学推断

在一些情况下, 抽样力度取决于响应变量 (位点上的标记或观测值). 例如, 在工业区设立收集污染数据的站点比在乡村地区更为普遍. 这种类型的抽样被称为优先抽样法 (preferential sampling). 为了在这种情况下进行推断, 我们必须要检验一下此数据集是否存在优先抽样的问题. 一种方法是考虑用点模式 (位置点) 的对数高斯–Cox 模型和响应变量建立联合模型, 参考 Diggle 等 (2010). 因此, 在这种情况下, 需要对一个联合模型进行推断.

4.3 基于优先抽样法的地理统计学推断

这种方法假设点过程的一个线性预测因子为

$$\eta_i^{pp} = \beta_0^{pp} + u_i.$$

对于观测值而言,线性预测因子是点过程的一个隐高斯随机场

$$\eta_i^y = \beta_0^y + \beta u_i,$$

其中 β_0^y 是观测值的截距,β 是共享随机场效应的权重.

关于使用 INLA 来实现优先抽样法的说明,可在 R-INLA 网站中找到. 其示例中, 对隐随机场使用了一个二维随机游走模型. 该模型基于优先抽样法, 使用了随机偏微分方程 (SPDE) 进行地理统计的推断.

为了模拟这个联合似然, 我们在模拟点模式和模拟观测值时需要使用相同的隐含空间场. 一个点模式位置的 y 值将会采用最近网格点上随机场的值. 空间场的值是在最近的网格中心收集的, 具体如下:

```
z <- log(t(Lam$v)[do.call('cbind',
  nearest.pixel(xy[, 1], xy[, 2], Lam))])
```

现汇总一下这些数值:

```
summary(z)
##    Min. 1st Qu.  Median    Mean 3rd Qu.    Max.
##    2.09    2.87    3.14    3.20    3.62    4.37
```

这些值是由具有零均值的隐随机场加上定义的截距项 β_0^{pp} 得到的. 定义响应值 (标记) 为一个不同的截距 β_0^y 加上零均值的随机场乘以 $1/\beta$, 其中 β 是点过程强度和响应变量之间的共享随机场的权重. 我们根据如下代码来模拟响应变量:

```
beta0.y <- 10
beta <- -2
prec.y <- 16

set.seed(2)
resp <- beta0.y + (z - beta0) / beta +
  rnorm(length(z), 0, sqrt(1 / prec.y))
```

下面是模拟的响应值的汇总:

```
summary(resp)
##     Min. 1st Qu.  Median    Mean 3rd Qu.    Max.
##     8.85    9.63    9.94    9.90   10.22   10.69
```

由于 $\beta < 0$, 因此若观测位置更多, 则响应值会更低. 在实际的数据应用中, 如果我们偏好收集低值的调查地点, 就会出现这种情况.

4.3.1 拟合常规模型

现在, 我们将用常规的方法来拟合一个地理统计模型, 即我们认为位置点是固定的. 用于定义 SPDE 模型的网格与之前章节中所述的相同. 因此, 我们通过如下代码实现数据堆栈和模型拟合:

```
stk.u <- inla.stack(
  data = list(y = resp),
  A = list(lmat, 1),
  effects = list(i = 1:nv, b0 = rep(1, length(resp))))

u.res <- inla(y ~ 0 + b0 + f(i, model = spde),
  data = inla.stack.data(stk.u),
  control.predictor = list(A = inla.stack.A(stk.u)))
```

表 4.1 列出了模型参数的估计值和用于模拟数据的真值的汇总. 其中, $1/\sigma_y^2$ 表示高斯观测值的精度.

表 4.1 一些模型参数的后验众数

参数	真值	均值	标准差	2.5% 分位数	97.5% 分位数
β_0^y	10	9.946	0.1333	9.66	10.21
$1/\sigma_y^2$	16	14.476	1.7328	11.31	18.12

此外, 模型参数的后验边际分布如图 4.7 所示.

4.3.2 基于优先抽样法的模型拟合

在优先抽样的情况下, 定义一个拟合模型, 使我们可用一个隐高斯随机场 (LGRF) 对点模式和响应变量进行建模. 在 INLA 中我们可以用两种似然来实现: 一个是点模式的似然, 另一个是响应变量的似然. 要做到这一点, 数据必须包含一个矩阵响应变量和一个新的索引集用于标记 LGRF 模型. 跟之前的案例一样, 可以通过函数 inla.stack()

4.3 基于优先抽样法的地理统计学推断

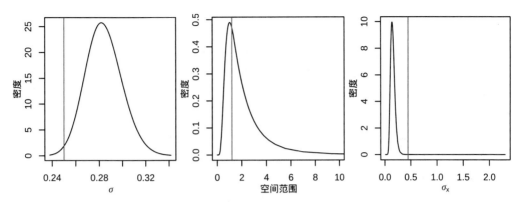

图 4.7 利用响应变量, 得出空间效应的 σ、范围值和标准差的后验分布. 竖直线表示参数的真值

轻松实现带有两个似然的模型.

一般而言, 我们会将点模式的"观测值"放在第一列, 响应值放在第二列. 因此, 在优先抽样的情况下, 我们为响应变量和点过程重新定义了数据堆栈. 响应变量将被放在第一列, 点过程的泊松数据将被放在第二列. 另外, 为了避免期望的事件数留下空值 (用于泊松似然), 它在数据堆栈的响应变量部分被设置为零. 点过程部分的 SPDE 效应被构建为响应变量部分的 SPDE 效应的副本. 这是通过定义一个不同名称的索引集并在后面的复制中使用它来实现的. 详见下面的代码:

```
stk2.y <- inla.stack(
  data = list(y = cbind(resp, NA), e = rep(0, n)),
  A = list(lmat, 1),
  effects = list(i = 1:nv, b0.y = rep(1, n)),
  tag = 'resp2')
stk2.pp <- inla.stack(data = list(y = cbind(NA, y.pp), e = e.pp),
  A = list(A.pp, 1),
  effects = list(j = 1:nv, b0.pp = rep(1, nv + n)),
  tag = 'pp2')
j.stk <- inla.stack(stk2.y, stk2.pp)
```

现在, 我们基于优先抽样法拟合了这个地理统计模型. 为了将 LGRF 纳入两个似然中, 我们使用 INLA 中的复制效应. 我们为这个参数设定了一个 $N(0, 2^{-1})$ 的先验, 具体如下:

```
# 高斯先验
gaus.prior <- list(prior = 'gaussian', param = c(0, 2))
```

```
# 模型公式
jform <- y ~ 0 + b0.pp + b0.y + f(i, model = spde) +
  f(j, copy = 'i', fixed = FALSE,
    hyper = list(theta = gaus.prior))
# 拟合模型
j.res <- inla(jform, family = c('gaussian', 'poisson'),
  data = inla.stack.data(j.stk),
  E = inla.stack.data(j.stk)$e,
  control.predictor = list(A = inla.stack.A(j.stk)))
```

数据模拟中使用的参数值和它们后验分布的汇总详见表 4.2.

表 4.2 基于优先抽样法的一些模型参数的后验众数

参数	真值	均值	标准差	2.5% 分位数	97.5% 分位数
β_0	3	3.048	0.1955	2.659	3.453
β_0^y	10	9.961	0.1485	9.645	10.254

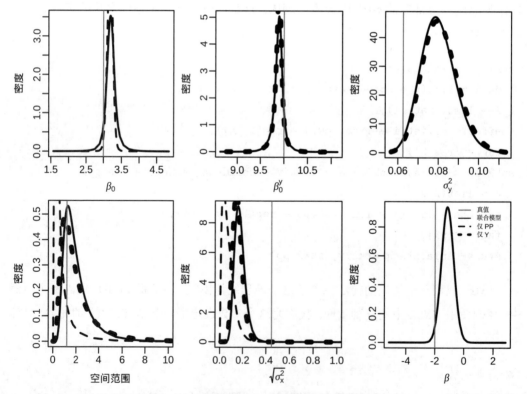

图 4.8 点过程的截距 β_0、观测值的截距 β_0^y、观测值的噪声方差 σ_y^2、实际范围值、随机场 σ_x^2 的边际标准差以及共享系数 β 的后验边际分布

4.3 基于优先抽样法的地理统计学推断

图 4.8 展示了模型参数的后验边际分布, 分别是仅考虑了点过程 (PP) 的结果、仅考虑观测值/标记 (Y) 的结果以及仅考虑联合模型的结果. 注意, 对于参数 β_0 的结果, 我们考虑了点过程和联合模型, 而对于 β_0^y 的结果, 我们考虑了 Y 和联合模型; 对于 β (使用复制法拟合), 它的结果只来自联合模型. 这三个模型的结果仅适用于随机场的参数.

第 5 章

空间非平稳性

本章我们将重点讨论非平稳模型. 这些模型将展示如何利用协变量对协方差建模, 以及如何处理研究地区的物理屏障.

5.1 协方差中的解释变量

本节中, 我们将介绍在 Ingebrigtsen 等 (2014) 中提出的一个例子. 该例子描述了在 SPDE 模型的参数中纳入解释变量 (即协变量) 的方法. 我们将考虑在本书中沿用参数化方法, 该方法在 Lindgren 等 (2011) 中有详细的说明.

5.1.1 引言

首先, 我们需要定义精度矩阵. 对于 $\alpha = 1$ 和 $\alpha = 2$ 的情形, 精度矩阵如下:

- $\alpha = 1$: $\boldsymbol{Q}_{1,\tau,\kappa} = \tau(\kappa^2 \boldsymbol{C} + \boldsymbol{G})$.
- $\alpha = 2$: $\boldsymbol{Q}_{2,\tau,\kappa} = \tau(\kappa^4 \boldsymbol{C} + \kappa^2 \boldsymbol{G} + \kappa^2 \boldsymbol{G} + \boldsymbol{G}\boldsymbol{C}^{-1}\boldsymbol{G})$.

由 `inla.spde2.matern()` 函数实现的默认的平稳 SPDE 模型将 θ_1 作为局部精度参数 τ 的对数, 将 θ_2 作为尺度参数 κ 的对数. 边际方差 σ^2 和范围 ρ 是这些参数的函数, 即 $\sigma^2 = \Gamma(\nu)/(\Gamma(\alpha)(4\pi)^{d/2}\kappa^{2\nu}\tau^2)$ 和 $\rho = \sqrt{8\nu}/\kappa$. 由这些关系式得到

$$\begin{aligned}\log(\tau) &= \frac{1}{2}\log\left(\frac{\Gamma(\nu)}{\Gamma(\alpha)(4\pi)^{d/2}}\right) - \log(\sigma) - \nu\log(\kappa), \\ \log(\kappa) &= \frac{\log(8\nu)}{2} - \log(\rho).\end{aligned} \quad (5.1)$$

在 Ingebrigtsen 等 (2014) 中提出的处理非平稳性的方法是为了考虑对 $\log \tau$ 和 $\log \kappa$ 建立类似回归模型. 它基于如下基函数

$$\begin{aligned}\log(\tau(\boldsymbol{s})) &= b_0^{(\tau)}(\boldsymbol{s}) + \sum_{k=1}^{p} b_k^{(\tau)}(\boldsymbol{s})\theta_k, \\ \log(\kappa(\boldsymbol{s})) &= b_0^{(\kappa)}(\boldsymbol{s}) + \sum_{k=1}^{p} b_k^{(\kappa)}(\boldsymbol{s})\theta_k,\end{aligned} \quad (5.2)$$

其中我们令 θ_k 参数在基函数上回归. 设 T 为对角元素为 $\tau(s)$ 的对角阵, K 为对角元素为 $\kappa(s)$ 的对角阵, 此时精度矩阵为

- $\alpha = 1$: $Q_{1,\theta,B^{(\tau)},B^{(\kappa)}} = T(KCK + G)T$.
- $\alpha = 2$: $Q_{2,\theta,B^{(\tau)},B^{(\kappa)}} = T(K^2CK^2 + KG + G^\top K + GC^{-1}G)T$.

这些基函数被传递到 `inla.spde2.matern()` 函数的参数 `B.tau` 和 `B.kappa`. $b_0^{(\tau)}$ 放在 `B.tau` 的第一列, $b_k^{(\tau)}$ 在下一列. $b_0^{(\kappa)}$ 放在 `B.kappa` 的第一列, $b_k^{(\kappa)}$ 在下一列. 当这些基矩阵仅以一个行矩阵的形式提供时, 实际的基矩阵是由所有的行等于这个唯一的行矩阵形成的, 并且模型是平稳的. 默认情况是局部精度参数 τ 使用 $[0\ 1\ 0]$ (1×3) 矩阵, 尺度参数 κ 使用 $[0\ 0\ 1]$ (1×3) 矩阵. 因此 θ_1 控制了 $\log(\tau)$, θ_2 控制了 $\log(\kappa)$.

我们可以用这样的方式使用 `B.tau` 和 `B.kappa` 建立一个边际标准差和范围的模型, 见 Lindgren 和 Rue (2015). 这就是函数 `inla.spde2.pcmatern()` 的情形, 其中 `B.tau` 为 $[\log(\tau_0)\ \nu\ -1]$, `B.kappa` 为 $[\log(\kappa_0)\ -1\ 0]$. 本书将沿用此方法, 令范围作为第一个参数, σ 作为第二个参数.

边际标准差和范围都可以考虑用回归模型来建模, 详见 Lindgren 和 Rue (2015). 此时我们考虑对 σ 和 ρ 的对数与基函数构建回归模型

$$\begin{aligned}
\log(\sigma(s)) &= b_0^\sigma(s) + \sum_{k=1}^p b_k^\sigma(s)\theta_k, \\
\log(\rho(s)) &= b_0^\rho(s) + \sum_{k=1}^p b_k^\rho(s)\theta_k,
\end{aligned} \quad (5.3)$$

其中 $b_0^\sigma(s)$ 和 $b_0^{\rho(s)}$ 为偏移项, $b_k^\sigma()$ 和 $b_k^{\rho()}$ 为基函数, 它们可由空间位置和协变量定义, 每一个基函数都对应一个 θ_k 参数. 注意 `B.tau` 和 `B.kappa` 为每个网格节点上基函数的值. 因此, 为了在 σ^2 或范围中包含协变量, 我们需要该协变量在每个网格节点上都是可获得的.

在我们的例子中, 考虑的区域为一个 $(0,10) \times (0,5)$ 的矩形, 范围函数是位置的第一个坐标, 定义为 $\rho(s) = \exp(\theta_2 + \theta_3(s_{i,1} - 5)/10)$. 由此得出

$$\begin{aligned}
\log(\sigma) &= \log(\sigma_0) + \theta_1, \\
\log(\rho(s)) &= \log(\rho_0) + \theta_2 + \theta_3 b(s),
\end{aligned} \quad (5.4)$$

其中 $b(s) = (s_{i,1} - 5)/10$.

现在我们定义 θ_1, θ_2 和 θ_3 的值. 因为我们令 θ_3 为正, 这意味着范围沿第一个坐标是递增的. 范围作为第一个坐标的函数, 如图 5.1 所示.

我们已经定义了 $\log(\tau)$ 和 $\log(\kappa)$ 的基函数. 按照 Lindgren 和 Rue (2015) 的方

5.1 协方差中的解释变量

法, 我们需要把 $\log(\kappa(s))$ 和 $\log(\tau(s))$ 写为 $\log(\rho(s))$ 和 $\log(\sigma)$ 的函数. 将 $\log(\sigma)$ 和 $\log(\rho(s))$ 代入 $\log(\kappa(s))$ 和 $\log(\tau(s))$ 的公式, 我们有

$$\begin{aligned}\log(\tau(s)) &= \log(\tau_0) - \theta_1 + \nu\theta_2 + \nu\theta_3 b(s), \\ \log(\kappa(s)) &= \log(\kappa_0) - \theta_2 - \theta_3 b(s).\end{aligned} \quad (5.5)$$

因此我们需要将 $(s_{i,1}-5)/10$ 作为 `B.tau` 的第四列, 并且从 `B.kappa` 中减去.

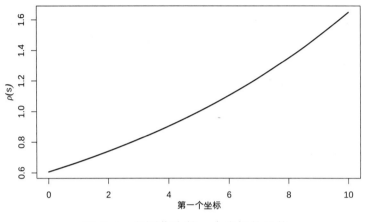

图 5.1 范围作为第一个坐标的函数

5.1.2 模型的实现

首先, 我们定义一个 $(0,10) \times (0,5)$ 的矩阵:

```
pl01 <- cbind(c(0, 1, 1, 0, 0) * 10, c(0, 0, 1, 1, 0) * 5)
```

我们将使用这个多边形创建网格, 如下所示:

```
mesh <- inla.mesh.2d(loc.domain = pl01, cutoff = 0.1,
  max.edge = c(0.3, 1), offset = c(0.5, 1.5))
```

这个网格由 2196 个节点组成.

我们把 $(s_{i,1}-5)/10$ 作为 `inla.spde2.matern()` 函数中 `B.tau` 参数的第四列, 并且从 `B.kappa` 参数的第四列中减去它. 此外, 还需要根据超参数 θ 向量的新维度 (即一个长度为 3 的向量) 设置先验分布. 默认设置为高斯分布, 其均值对角线和精度对角线需要用两个向量表示, 如下所示:

```
nu <- 1
alpha <- nu + 2 / 2
```

```
# log(kappa)
logkappa0 <- log(8 * nu) / 2
# log(tau); 在两行中保持代码宽度在范围内
logtau0 <- (lgamma(nu) - lgamma(alpha) -1 * log(4 * pi)) / 2
logtau0 <- logtau0 - logkappa0
# SPDE 模型
spde <- inla.spde2.matern(mesh,
  B.tau = cbind(logtau0, -1, nu, nu * (mesh$loc[,1] - 5) / 10),
  B.kappa = cbind(logkappa0, 0, -1, -1 * (mesh$loc[,1] - 5) / 10),
  theta.prior.mean = rep(0, 3),
  theta.prior.prec = rep(1, 3))
```

精度矩阵按如下方法创建:

```
Q <- inla.spde2.precision(spde, theta = theta)
```

5.1.3 在网格节点处进行模拟

我们可以用 inla.qsample() 函数得到一个过程的观测值, 即

```
sample <- as.vector(inla.qsample(1, Q, seed = 1))
```

图 5.2 的上图展示了模拟值在网格上的投影, 投影矩阵用于将模拟值投影到限制在 $(0,10)$ 和 $(0,5)$ 范围内的单位正方形中. 图 5.2 的下图展示了由 book.spatial.correlation() 函数计算的两个点的空间相关性. 这里要关注的有趣问题是, 由于模型中模拟的范围值随 x 坐标的增大而增大, 空间自相关消失 (即相关性为零) 的范围在左侧点的周围更小.

图 5.2 可使用如下代码计算和绘制:

```
# 画参数
par(mfrow = c(2, 1), mar = c(0, 0, 0, 0))
# 画场
proj <- inla.mesh.projector(mesh, xlim = 0:1 * 10, ylim = 0:1 * 5,
  dims = c(200, 100))
book.plot.field(sample, projector = proj)
# 计算空间自相关系数
cx1y2.5 <- book.spatial.correlation(Q, c(1, 2.5), mesh)
cx7y2.5 <- book.spatial.correlation(Q, c(7, 2.5), mesh)
```

5.1 协方差中的解释变量

```
# 画出空间自相关系数
book.plot.field(cx1y2.5, projector = proj, zlim = c(0.1, 1))
book.plot.field(cx7y2.5, projector = proj, zlim = c(0.1, 1),
  add = TRUE)
```

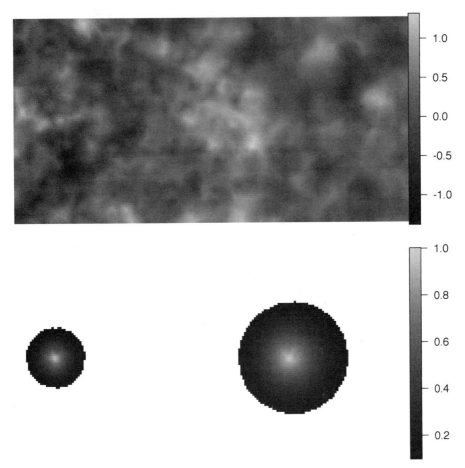

图 5.2 范围值沿水平坐标递增的模拟随机场 (上图) 以及两个定位点 $(1, 2.5)$ 和 $(7, 2.5)$ 的相关性 (下图) (彩图见书末)

5.1.4 在网格节点上模拟数据进行估计

很容易对网格节点模拟的数据进行模型拟合. 考虑到每个网格节点都有精确的观测, 因此不需要使用任何预测矩阵和堆栈功能. 因为数据完全来自随机场, 没有噪声, 并且高斯似然的精度将被固定在一个非常大的值. 例如值为 $\exp(20)$:

```
clik <- list(hyper = list(theta = list(initial = 20,
  fixed = TRUE)))
```

因为随机场的均值为零, 所以没有固定的参数需要拟合. 因此, 可以进行如下模型拟合:

```
formula <- y ~ 0 + f(i, model = spde)

res1 <- inla(formula, control.family = clik,
  data = data.frame(y = sample, i = 1:mesh$n))
```

现在, 表 5.1 提供了 θ (与真值相结合) 的后验边际分布的汇总. 所得结果较好, 点估计值与实际值非常接近.

表 5.1 网格节点模拟的数据在非平稳示例中的参数后验分布汇总

参数	真值	均值	标准差	2.5% 分位数	97.5% 分位数
θ_1	−1	−0.9745	0.0339	−1.0409	−0.9072
θ_2	0	0.0102	0.0435	−0.0752	0.0960
θ_3	1	1.0937	0.0607	0.9813	1.2196

5.1.5 非网格节点位置处的估计

更一般的情况是观测点不在网格节点上的情况. 鉴于此, 下一个例子中的一些数据将位于以下 R 代码模拟的位置处:

```
set.seed(2)
n <- 200
loc <- cbind(runif(n) * 10, runif(n) * 5)
```

接下来, 我们在网格顶点处取模拟的随机场, 并将其投影到这些位置. 为此, 需要一个投影矩阵:

```
projloc <- inla.mesh.projector(mesh, loc)
```

因此, 投影为:

```
x <- inla.mesh.project(projloc, sample)
```

这提供了模拟位置的样本数据.

5.1 协方差中的解释变量 145

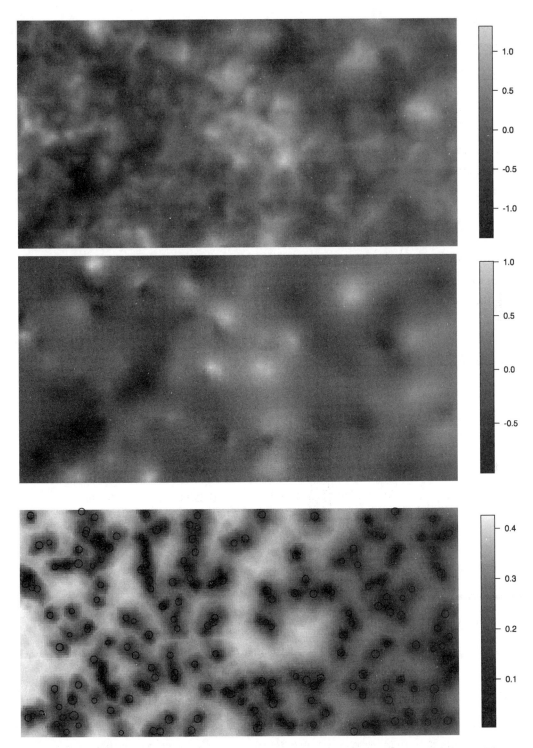

图 **5.3** 随机场的模拟值 (上图)、后验均值 (中图)、后验标准差与位置点 (下图) (彩图见书末)

现在, 因为这些位置不是网格的顶点, 所以需要堆栈功能将所有数据放在一起. 首先, 预测因子矩阵是需要的, 但这与用于数据抽样的投影矩阵相同.

接下来, 此样本数据的堆栈如下定义:

```
stk <- inla.stack(
  data = list(y = x),
  A = list(projloc$proj$A),
  effects = list(data.frame(i = 1:mesh$n)),
  tag = 'd')
```

最后模型拟合为:

```
res2 <- inla(formula, data = inla.stack.data(stk),
  control.family = clik,
  control.predictor = list(compute = TRUE, A = inla.stack.A(stk)))
```

表 5.2 给出了 θ 的真值和后验边际分布的汇总. 正如前面的示例中所示, 估计值非常接近模拟中使用的参数的实际值.

表 5.2 非平稳示例中基于模拟数据的参数后验分布汇总

参数	真值	均值	标准差	2.5% 分位数	97.5% 分位数
θ_1	-1	-0.9440	0.0653	-1.0702	-0.8134
θ_2	0	-0.1906	0.1204	-0.4219	0.0517
θ_3	1	0.9571	0.3182	0.3293	1.5810

图 5.3 显示了模拟值、预测值 (后验均值) 和预测后验标准差. 在这里, 可以看到预测值与模拟的真值是相似的.

5.2 屏障模型

最常见的空间模型是平稳的各向同性的模型. 对于这些模型, 移动或旋转地图不会改变模型. 虽然在很多情况下这是一个合理的假设, 但如果研究区域存在物理屏障, 这就不是一个合理的假设. 例如, 当我们为海岸附近的水生物种建模时, 一个平稳的模型无法感知海岸线, 因而需要一个新的模型 (一个能够感知海岸线的模型).

在 Bakka 等 (2016) 的论文中, 我们构造了一个新的非平稳模型用于 INLA, (为了便于使用) 其语法与平稳模型非常相似. 在本节中, 我们将给出一个在加拿大部分海岸线上使用该模型的例子.

5.2.1 加拿大海岸线的例子

这里构建的示例基于模拟数据，使用加拿大海岸线作为空间相关性的物理屏障. 这个例子需要一些映射和多边形的操作, 以便为模型创建一个合适的网格, 我们已经为此加载了额外的包.

多边形

首先, 构建覆盖研究区域的空间多边形. 这里我们通过 `mapdata` 包 (Becker 等, 2016) 来实现:

```
# 选择区域
map <- map("world", "Canada", fill = TRUE,
  col = "transparent", plot = FALSE)
IDs <- sapply(strsplit(map$names, ":"), function(x) x[1])
map.sp <- map2SpatialPolygons(
  map, IDs = IDs,
  proj4string = CRS("+proj=longlat +datum=WGS84"))
```

接下来, 我们定义研究区域 `pl.sel` 为一个人工构造的多边形, 并与沿海区域相交. 因为我们有一个多边形的土地, 我们取差集而不是交集, 如下所示:

```
pl.sel <- SpatialPolygons(list(Polygons(list(Polygon(
  cbind(c(-69, -62.2, -57, -57, -69, -69),
    c(47.8, 45.2, 49.2, 52, 52, 48)),
      FALSE)), '0')), proj4string = CRS(proj4string(map.sp)))
poly.water <- gDifference(pl.sel, map.sp)
```

在图 5.4 的左图中可以看到加拿大的海岸线和人工构造的多边形.

转换到 UTM 坐标

到目前为止, 我们在这个例子中使用的是经度和纬度, 但是对于空间建模来说, 这不是一个有效的坐标系, 因为经度上的距离和纬度上的距离在不同的尺度上. 建模应该在一个 CRS (坐标参考系) 中进行, 其中每个轴上的单位以千米度量. 我们不使用米为单位, 因为这将导致沿着坐标轴有非常大的值, 并可能导致不稳定的数值结果.

投影是用 `spTransform()` 函数完成的, 如下所示:

```
# 定义UTM投影
kmproj <- CRS("+proj=utm +zone=20 ellps=WGS84 +units=km")
```

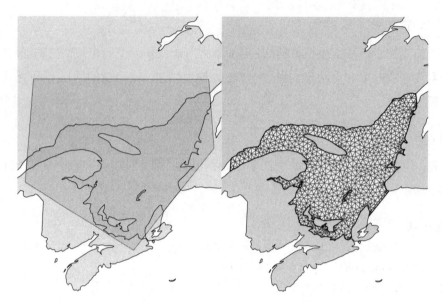

图 5.4 左边的图显示了灰色的土地多边形和浅蓝色的人工构建的研究区域的多边形. 右边的图显示了简单的网格, 只在水中构建 (彩图见书末)

```
# 数据投影
poly.water = spTransform(poly.water, kmproj)
pl.sel = spTransform(pl.sel, kmproj)
map.sp = spTransform(map.sp, kmproj)
```

简单网格

在构建我们将要使用的网格之前, 我们首先展示如何在水中构建一个网格. 然后我们讨论这两种方法之间的区别.

```
mesh.not <- inla.mesh.2d(boundary = poly.water, max.edge = 30,
  cutoff = 2)
```

创建的网格有 1106 个节点. 这个网格已经被绘制在图 5.4 (右图) 中.

在构建屏障模型之前, 我们先构造这个简单的网格, 并在这里使用 SPDE 模型, 因为这可以避免对陆地区域进行平滑. 然而, 这种方法的问题是, 我们引入了其他隐藏的假设, 称为 Neumann 边界条件. 如 Bakka 等 (2016) 所示, 这种假设可能导致比平稳模型 (在岛屿上进行平滑) 更糟糕的表现.

5.2 屏障模型

覆盖陆地和海洋的网格

接下来，我们在水上和陆地上构建一个网格. 这是我们将要使用的网格. 我们在函数调用中包含了海岸线多边形, 以使三角形的边缘沿着海岸线移动.

```
max.edge = 30
bound.outer = 150
mesh <- inla.mesh.2d(boundary = poly.water,
  max.edge = c(1,5) * max.edge,
  cutoff = 2,
  offset = c(max.edge, bound.outer))
```

接下来, 我们选择在 `poly.water` 内的网格三角形. 我们将屏障区域中的 (即陆地上的) 三角形定义为所有不在水上的三角形. 我们这里构造的 `poly.barrier` 应该与原来的陆地多边形紧密匹配, 但会有一点偏差. 新的多边形 `poly.barrier` 是我们的模型假设存在陆地的地方; 因此, 我们也使用这个多边形来展示结果.

```
water.tri = inla.over_sp_mesh(poly.water, y = mesh,
  type = "centroid", ignore.CRS = TRUE)
num.tri = length(mesh$graph$tv[, 1])
barrier.tri = setdiff(1:num.tri, water.tri)
poly.barrier = inla.barrier.polygon(mesh,
  barrier.triangles = barrier.tri)
```

图 5.5 中的网格不同于图 5.4 中的简单网格, 因为我们也定义了陆地上的网格. 我们可以用这个网格来构建一个平稳模型和一个屏障模型.

屏障模型与平稳模型

接下来, 我们定义屏障模型和平稳模型的精度矩阵:

$$u \sim N(\mathbf{0}, \mathbf{Q}^{-1}).$$

考虑单位边际方差:

```
range <- 200
barrier.model <- inla.barrier.pcmatern(mesh,
  barrier.triangles = barrier.tri)
Q <- inla.rgeneric.q(barrier.model, "Q", theta = c(0, log(range)))
```

因为没有定义先验, 这段代码会发出警告. 然而, 当我们从 GF 中模拟时, 超参数的

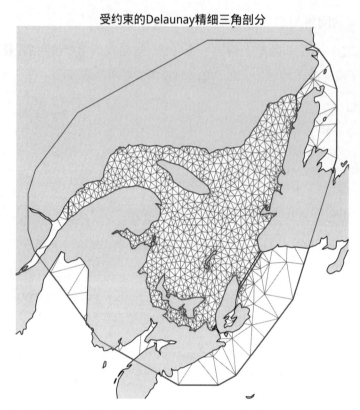

图 5.5 在水上和陆地上构建的网格. 灰色区域是原始的陆地地图. 内部的红色轮廓标志着海岸线的屏障 (彩图见书末)

先验是无关紧要的.

```
stationary.model <- inla.spde2.pcmatern(mesh,
  prior.range = c(1, 0.1), prior.sigma = c(1, 0.1))
Q.stat <- inla.spde2.precision(stationary.model,
  theta = c(log(range), 0))
```

我们在这里选择的先验是任意的, 因为它们没有被使用. 注意 `theta` 的顺序在两个模型之间是颠倒的.

我们使用 spde-book-functions.R 计算空间相关曲面; 参见图 5.6.

```
# 我们找到的与相关性对应的位置
loc.corr <- c(500, 5420)
corr <- book.spatial.correlation(Q, loc = loc.corr, mesh)
corr.stat <- book.spatial.correlation(Q.stat, loc = loc.corr,
  mesh)
```

5.2 屏障模型

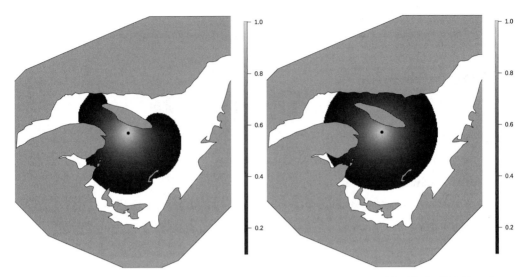

图 5.6 左图是屏障模型相对于黑点的相关结构, 右图是平稳模型的相关结构 (彩图见书末)

屏障模型的样本

接下来, 我们使用 spsample() 从水上的多边形中抽取位置, 并且将从 Spatial-Points 得到的数据结构 loc.data 简化为一个矩阵.

```
set.seed(201805)
loc.data <- spsample(poly.water, n = 1000, type = "random")
loc.data <- loc.data@coords
```

我们从连续场 u 中采样, 并将其投影到数据位置上:

```
# 种子是第一次编写代码的月份乘以某个数字
u <- inla.qsample(n = 1, Q = Q, seed = 201805 * 3)[, 1]
A.data <- inla.spde.make.A(mesh, loc.data)
u.data <- A.data %*% u

# df是用于建模的数据框
df <- data.frame(loc.data)
names(df) <- c('locx', 'locy')
# 空间信号的大小
sigma.u <- 1
# 测量噪声的大小
sigma.epsilon <- 0.1
```

```
df$y <- drop(sigma.u * u.data + sigma.epsilon * rnorm(nrow(df)))
```

使用屏障模型进行推断

与前面的模型类似, 我们构造典型的堆栈对象来准备数据用于模型拟合:

```
stk <- inla.stack(
  data = list(y = df$y),
  A = list(A.data, 1),
  effects =list(s = 1:mesh$n, intercept = rep(1, nrow(df))),
  tag = 'est')
```

模型的公式只取截距和空间效应:

```
form.barrier <- y ~ 0 + intercept + f(s, model = barrier.model)
```

最后, 我们用高斯似然运行 INLA:

```
res.barrier <- inla(form.barrier, data = inla.stack.data(stk),
  control.predictor = list(A = inla.stack.A(stk)),
  family = 'gaussian',
  control.inla = list(int.strategy = "eb"))
```

后验空间场

在图 5.7 中, 我们比较了屏障模型和真实 (模拟) 空间场的结果. 它们有很高的匹配度. 我们观察到岛屿或小半岛上的快速变化, 这些变化可能会被平稳模型平滑掉. 见 Bakka 等 (2016) 更详细的讨论.

后验超参数

模型超参数的后验边际汇总为:

```
res.barrier$summary.hyperpar
##                                          mean     sd
## Precision for the Gaussian observations  95.016  6.2467
## Theta1 for s                             0.169   0.1583
## Theta2 for s                             5.516   0.1723
##                                          0.025quant  0.5quant
## Precision for the Gaussian observations  83.2403     94.8421
```

5.2 屏障模型

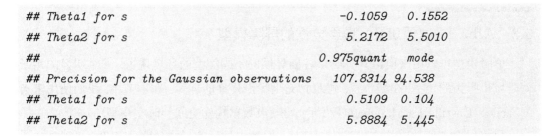

```
## Theta1 for s                                -0.1059    0.1552
## Theta2 for s                                 5.2172    5.5010
##                                             0.975quant  mode
## Precision for the Gaussian observations     107.8314   94.538
## Theta1 for s                                 0.5109    0.104
## Theta2 for s                                 5.8884    5.445
```

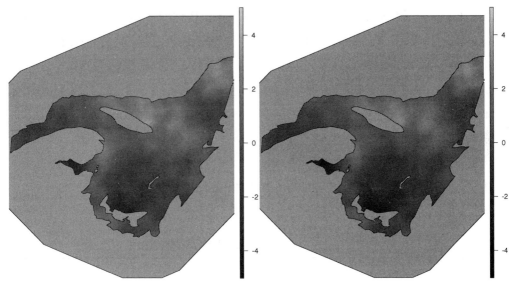

图 5.7 左图显示真实的模拟空间场 u, 右图显示屏障模型的后验均值 (彩图见书末)

为了汇总或绘制屏障模型中的超参数, 我们必须知道它们出现的顺序和变换:

$$\sigma = e^{\theta_1} \quad \text{为边际标准差,} \tag{5.6}$$

$$r = e^{\theta_2} \quad \text{为空间范围,} \tag{5.7}$$

由此我们计算得到表 5.3. 我们看到点估计和区间估计再现了真值.

表 5.3 屏障模型中超参数的真值和后验值汇总

参数	真值	50% 分位数	2.5% 分位数	97.5% 分位数
σ	1	1.168	0.8995	1.667
范围	200	244.941	184.4189	360.811

5.3 Albacete (西班牙) 噪声数据的屏障模型

屏障模型可以用来模拟具有明显各向异性的不同类型的环境现象. 一个明显的例子就是城市噪声的传播, 在城市里, 建筑物充当噪声传播的屏障. 在本节中, 我们使用来自 Albacete (Castilla-La Mancha, 西班牙) 的噪声数据构建空间和时空模型.

数据来自当地政府的一份报告, 因为人们越来越关注城市的噪声问题, 特别是市中心的某些地区. 分析将集中在市中心一个繁忙的区域 (俗称 "La zona", 即 "The zone"), 有大量的酒吧和餐馆. 原始报告 (PDF 格式文件) 可从网上获得, 该文件包含了原始数据.

2010 年 3 月, 在整个城市的不同地点进行了为期 24 小时的测量. 在此分析中, 将考虑研究区域内 7 个不同位点的每小时声压水平测量 (以 A 加权分贝为单位, 即 dbA). 当地法规要求住宅区的噪声水平白天低于 65 分贝, 晚上低于 60 分贝. 因此, 本例的目的是研究城市中心的噪声水平如何变化, 以了解是否符合当地法规.

本例中使用的数据为 `SpatialPointsDataFrame` 格式, 包含在 `noise.RData` 文件中. 表 5.4 汇总了数据集中的主要变量.

表 5.4　Albacete (西班牙) 噪声测量数据集中的变量

变量	描述
X	x 坐标 (单位: UTM)
Y	y 坐标 (单位: UTM)
LAeqZZh	ZZ 到 ZZ + 1 小时之间的声压水平 (单位: dbA). ZZ 是 1 到 24 之间的整数

数据加载

作为屏障的建筑物的位置数据将通过 `osmar` 包 (Eugster 和 Schlesinger, 2013) 从 OpenStreetMap (OSM, OpenStreetMap contributors, 2018) 中获取. 这个包提供了一种下载 OSM 数据和提取构建模型所需的相关信息的简单方法.

在以下几行 R 代码中, 函数 `osmsource_api()` 设置了对 OSM API 的访问. 接下来, 函数 `center_bbox` 用于设置提取数据的矩形区域. 前两个参数是矩形中心的坐标, 后两个是它的宽度和高度. 最后, 函数 `get_osm()` 使用 OSM API 从定义的边界框中获取数据.

5.3 Albacete (西班牙) 噪声数据的屏障模型

```
#使用OpenStreetMap获取Albacete建筑数据
library(osmar)

src <- osmsource_api()

bb <- center_bbox(-1.853152, 38.993318, 400, 400)
ua <- get_osm(bb, source = src)
```

OSM 数据以 ua 的形式提供了关于街道数据的丰富信息. 由于我们的重点是用建筑物作为屏障来模拟噪声, 因此我们将提取有关建筑物的信息. 下面使用 find() 和 find_down() 函数来获得 ua 中标记为 building 的 OSM 数据中所有特性的索引. 然后 subset() 用于选择 ua 中位于建筑物索引中的元素. 最后, 函数 as_sp 将建筑物的边界 (作为相关信息) 转换为 SpatialPolygonsDataFrame.

```
idx <- find(ua, way(tags(k == "building")))
idx <- find_down(ua, way(idx))
bg <- subset(ua, ids = idx)

bg_poly <- as_sp(bg, "polygons")
```

新创建的 SpatialPolygonsDataFrame 对象将不同的建筑存储为独立的实体. 因此, 我们将使用函数 unionSpatialPolygons() 来创建一个单独的实体, 稍后将使用它来获取街道的边界.

```
library(maptools)
bg_poly <- unionSpatialPolygons(bg_poly,
  rep("1", length(bg_poly)))
```

接下来, 再次使用函数 center_bbox() 来定义实际的研究区域, 这次用较小的宽度和高度, 以确保之前研究区域内的所有建筑都被检索到. 最后, 创建一个 SpatialPolygons 对象, 并使用函数 gIntersection() 从 rgeos 包 (Bivand 和 Rundel, 2017) 创建研究区域的边界和建筑物的多边形之间的交集.

```
#与建筑物重叠的外边界
bb.outer <- center_bbox(-1.853152, 38.993318, 350, 350)
pl <- matrix(c(bb.outer[1:2], bb.outer[c(3, 2)], bb.outer[3:4],
  bb.outer[c(1, 4)]), ncol = 2, byrow = TRUE)
```

```
pl_sp <- SpatialPolygons(
  list(Polygons(list(Polygon(pl)), ID = 1)),
  proj4string = CRS(proj4string(bg_poly)))

library(rgeos)

bg_poly2 <- gIntersection(bg_poly, pl_sp, byid = TRUE)
```

建筑物的坐标是经度和纬度, 这不是一个用来处理距离的适当的坐标参考系. 因此, 坐标将被转换成 UTM, 这样, 距离的测量单位是米. 为此函数 spTransform() 将被使用:

```
## 对数据作变换
library(rgdal)
pl_sp.utm30 <- spTransform(pl_sp,
  CRS("+proj=utm +zone=30 +ellps=GRS80 +units=m +no_defs"))
bg_poly2.utm30 <- spTransform(bg_poly2,
  CRS("+proj=utm +zone=30 +ellps=GRS80 +units=m +no_defs"))
```

建筑数据处理的最后一部分涉及的不是建筑的多边形, 而是街道的多边形, 这是空间过程发生的地方. 这将通过选取研究区域的边界框并移除建筑来实现, 如下所示:

```
##计算差值得到街道
bg_poly2.utm30 <- gDifference(pl_sp.utm30, bg_poly2.utm30)
```

图 5.8 显示了将在分析中使用的建筑 (左图) 和街道 (右图).

噪声数据是以 data.frame 格式由文件 noise.RData 提供的, 它可以被如下加载:

```
load("data/noise.RData")
```

这个数据集包含了 7 个噪声测量地点的数据, 包括 5 个户外地点和 2 个室内地点. 虽然后两个位置的噪声可能会被减弱, 但为了在分析中有更多的观测, 它们被保存在数据集中.

网格构建

网格的构建方式类似于第 5.2.1 节. 在这种情况下, 距离以米为单位. 三角形的最大边长为 5 米, 外边界为 10 米:

5.3 Albacete (西班牙) 噪声数据的屏障模型

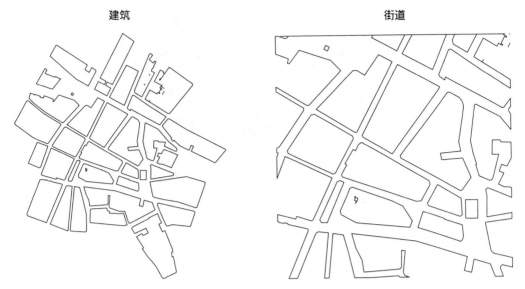

图 5.8 从 OpenStreetMap 获得的建筑和街道边界

```
max.edge = 5
bound.outer = 10
mesh <- inla.mesh.2d(boundary = pl_sp.utm30,
  max.edge = c(1, 1.5) * max.edge,
  cutoff = 10,
  offset = c(max.edge, bound.outer))
```

以下几行 R 代码将使用函数 `inla.over_sp_mesh()` (检查哪些网格三角形在一个多边形内) 并调用函数 `inla.barrier.polygon()` 来获取屏障周围的多边形. 图 5.9 显示了创建的网格以及由 `inla.barrier.polygon()` 获得的街道和多边形 (红色).

```
city.tri = inla.over_sp_mesh(bg_poly2.utm30, y = mesh,
  type = "centroid", ignore.CRS = TRUE)
num.tri <- length(mesh$graph$tv[, 1])
barrier.tri <- setdiff(1:num.tri, city.tri)
poly.barrier <- inla.barrier.polygon(mesh,
  barrier.triangles = barrier.tri)
```

噪声数据的屏障模型

在对噪声数据拟合实际的屏障模型之前, 我们将探索屏障模型中的空间相关性是如何定义的. 首先, 模拟一个范围为 100、精度为 1 的模型. 在这里, 函数

图 5.9 为 Albacete (西班牙) 噪声数据分析创建的网格 (彩图见书末)

inla.barrier.pcmatern() 被用来定义一个屏障模型, 并使用 INLA 中的 rgeneric 方法来定义潜在模型; 详见 inla.doc("rgeneric"). 此外, inla.rgeneric.q() 返回超参数的某些值 (即精度和范围, 以对数尺度表示) 的精度矩阵.

```
range <- 100
prec <- 1
barrier.model <- inla.barrier.pcmatern(mesh,
  barrier.triangles = barrier.tri)
Q <- inla.rgeneric.q(barrier.model, "Q",
  theta = c(log(prec), log(range)))
```

为了比较屏障模型, 下面定义一个平稳模型. 函数 inla.spde2.pcmatern() 使用 PC 先验作为标准差和范围的先验来定义一个平稳模型, 而函数 inla.spde2.precision() 返回模型的精度矩阵.

```
stationary.model <- inla.spde2.pcmatern(mesh,
  prior.range = c(100, 0.9), prior.sigma = c(1, 0.1))
Q.stat <- inla.spde2.precision(stationary.model,
  theta = c(log(range), 0))
```

然后, 计算屏障模型和平稳模型在点 (599318.3, 4316661) 处的相关场:

5.3 Albacete (西班牙) 噪声数据的屏障模型

```
# 我们找到的与相关性对应的位置
loc.corr <- c(599318.3, 4316661)

corr <- book.spatial.correlation(Q, loc = loc.corr, mesh)
corr.stat = book.spatial.correlation(Q.stat, loc = loc.corr, mesh)
```

这些显示在图 5.10 中. 注意平稳模型的空间相关性 (右图) 似乎忽略了建筑物, 只考虑两点之间的欧氏距离, 而屏障模型的空间自相关性 (左图) 确实考虑了建筑物.

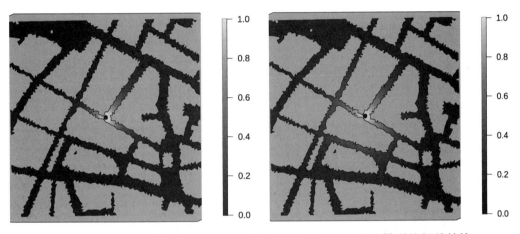

图 5.10 左图是屏障模型相对于黑点的相关结构, 右图是平稳模型的相关结构 (彩图见书末)

第一个屏障模型将考虑凌晨 1 点的噪声空间变化, 它是由变量 LAeq1h 测量的. 拟合模型所需的投影矩阵和堆栈如下:

```
A.data <- inla.spde.make.A(mesh, coordinates(noise))

stk <- inla.stack(
  data = list(y = noise$LAeq1h),
  A = list(A.data, 1),
  effects =list(s = 1:mesh$n, intercept = rep(1, nrow(noise))),
  tag = 'est')
```

类似地, 将在网格节点上创建一个新的堆栈用于预测:

```
# 预测点的投影矩阵
A.pred <- inla.spde.make.A(mesh, mesh$loc[, 1:2])
#用于预测网格节点的堆栈
```

```
stk.pred <- inla.stack(
  data = list(y = NA),
  A = list(A.pred, 1),
  effects =list(s = 1:mesh$n, intercept = rep(1, nrow(A.pred))),
  tag = 'pred')
# 模型拟合与预测的联合堆栈
joint.stk <- inla.stack(stk, stk.pred)
```

接下来, 拟合模型的公式为:

```
form.barrier <- y ~ 0 + intercept + f(s, model = barrier.model)
```

然后, 利用 PC 先验对似然的标准差参数进行拟合:

```
# 标准差的PC先验
stdev.pcprior <- list(prior = "pc.prec", param = c(2, 0.01))
# 模型拟合
res.barrier <- inla(form.barrier,
  data = inla.stack.data(joint.stk),
  control.predictor = list(A = inla.stack.A(joint.stk),
    compute = TRUE),
  family = 'gaussian',
  control.inla = list(int.strategy = "eb"),
  control.family = list(hyper = list(prec = stdev.pcprior)),
  control.mode = list(theta = c(1.647, 1.193, 3.975)))
```

拟合模型汇总如下. 图 5.11 显示了对后验均值和噪声的 97.5 % 分位数的估计. 可以看到, 很明显凌晨 1 点的噪声水平似乎非常接近或高于 65 分贝的截断值.

```
summary(res.barrier)
##
## Call:
##    c("inla(formula = form.barrier, family = \"gaussian\",
##    data = inla.stack.data(joint.stk), ", "
##    control.predictor = list(A = inla.stack.A(joint.stk),
##    compute = TRUE), ", " control.family = list(hyper =
##    list(prec = stdev.pcprior)), ", " control.inla =
##    list(int.strategy = \"eb\"), control.mode = list(theta
##    = c(1.647, ", " 1.193, 3.975)))")
```

5.3 Albacete (西班牙) 噪声数据的屏障模型

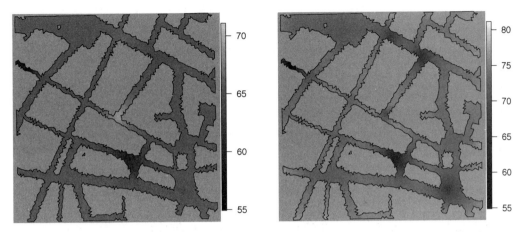

图 5.11 左图显示了屏障模型的后验均值, 右图显示了 97.5% 的分位数 (彩图见书末)

```
## Time used:
##     Pre = 3.64, Running = 333, Post = 1.99, Total = 339
## Fixed effects:
##           mean    sd 0.025quant 0.5quant 0.975quant  mode kld
## intercept 64.98 1.505      62.03    64.98      67.93 64.98   0
##
## Random effects:
##   Name   Model
##     s RGeneric2
##
## Model hyperparameters:
##                                        mean    sd 0.025quant
## Precision for the Gaussian observations 8.08 8.735      1.076
## Theta1 for s                            1.21 0.210      0.802
## Theta2 for s                            3.98 0.396      3.212
##                                         0.5quant 0.975quant
## Precision for the Gaussian observations     5.48      30.82
## Theta1 for s                                1.20       1.63
## Theta2 for s                                3.98       4.77
##                                         mode
## Precision for the Gaussian observations 2.69
## Theta1 for s                            1.19
## Theta2 for s                            3.98
```

```
##
## Expected number of effective parameters(stdev): 6.93(0.00)
## Number of equivalent replicates : 1.01
##
## Marginal log-Likelihood:  -30.16
## Posterior marginals for the linear predictor and
##  the fitted values are computed
```

时空模型

时空模型在第 7 章和第 8 章中将得到充分的描述, 但是我们在这里包含了一个使用噪声数据的简单例子. 考虑到信息可以在 24 小时内获得, 可以对噪声数据拟合时空模型. 首先, 为 24 小时的测量点定义投影矩阵:

```
A.st <- inla.spde.make.A(mesh = mesh,
  loc = coordinates(noise)[rep(1:7, 24), ])
```

现在通过添加变量 LAeq1h, ..., LAeq24h 和 time 标识符 (从 1 到 24 小时) 来创建 INLA 堆栈:

```
stk.st <- inla.stack(
  data = list(y = unlist(noise@data[, 2 + 1:24])),
  A = list(A.st, 1, 1),
  effects = list(s = 1:mesh$n,
    intercept = rep(1, 24 * nrow(noise)),
    time = rep(1:24, each = nrow(noise)) ))
```

拟合的模型与前一个相似, 但现在增加了一个一阶循环随机游走作为可分离的时间效应:

```
#模型公式
form.barrier.st <- y ~ 0 + intercept +
  f(s, model = barrier.model) +
  f(time, model = "rw1", cyclic = TRUE, scale.model = TRUE,
    hyper = list(theta = stdev.pcprior))
```

请注意, PC 先验已被用于随机游走效应的标准差参数. 然后像之前一样对模型进行拟合:

5.3 Albacete (西班牙) 噪声数据的屏障模型

```
res.barrier.st <- inla(form.barrier.st,
  data = inla.stack.data(stk.st),
  control.predictor = list(A = inla.stack.A(stk.st)),
  family = 'gaussian',
  control.inla = list(int.strategy = "eb"),
  control.family = list(hyper = list(prec = stdev.pcprior)),
  control.mode = list(theta = c(-1.883, 1.123, 3.995, -0.837)))
```

拟合模型的汇总如下. 图 5.12 显示了 6、12、18 和 24 小时的噪声估计.

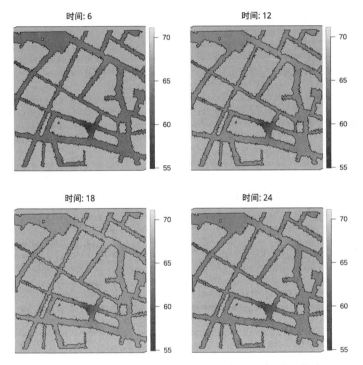

图 **5.12** 在不同时间估计的噪声水平 (彩图见书末)

```
summary(res.barrier.st)
##
## Call:
##    c("inla(formula = form.barrier.st, family =
##    \"gaussian\", data = inla.stack.data(stk.st), ", "
##    control.predictor = list(A = inla.stack.A(stk.st)),
##    control.family = list(hyper = list(prec =
##    stdev.pcprior)), ", " control.inla = list(int.strategy
##    = \"eb\"), control.mode = list(theta = c(-1.883, ", "
```

```
##     1.123, 3.995, -0.837)))")
## Time used:
##     Pre = 3.28, Running = 526, Post = 0.273, Total = 530
## Fixed effects:
##             mean    sd 0.025quant 0.5quant 0.975quant    mode
## intercept -0.001 31.62     -62.08   -0.001      62.03  -0.001
##         kld
## intercept   0
##
## Random effects:
##   Name    Model
##     s RGeneric2
##     time RW1 model
##
## Model hyperparameters:
##                                       mean    sd 0.025quant
## Precision for the Gaussian observations 0.152 0.017      0.120
## Theta1 for s                            1.137 0.253      0.647
## Theta2 for s                            4.198 0.740      2.853
## Precision for time                      0.536 0.326      0.163
##                                       0.5quant 0.975quant
## Precision for the Gaussian observations    0.151      0.188
## Theta1 for s                               1.134      1.641
## Theta2 for s                               4.156      5.747
## Precision for time                         0.455      1.386
##                                        mode
## Precision for the Gaussian observations 0.150
## Theta1 for s                            1.123
## Theta2 for s                            4.002
## Precision for time                      0.336
##
## Expected number of effective parameters(stdev): 17.53(0.00)
## Number of equivalent replicates : 9.59
##
## Marginal log-Likelihood:  -443.29
```

第 6 章

使用非标准似然函数进行风险评估

在本章中,我们将展示如何使用与风险评估相关的几种不同的似然函数,并将它们与空间场的使用相结合.

第一个例子是关于生存模型的, 结果 (outcome) 是事件发生的时间. 这种结果在医学研究中很常见, 因为治愈的时间和死亡的时间是常见的结果; 在工业中, 失效的时间是常见的结果. 大多数研究在所有患者死亡之前就结束了, 或者项目失败了. 在这种情况下, 我们使用截尾似然; 似然函数考虑的是个体在研究结束前存活的累积概率. 我们将只考虑一个简单的删失情况, 其他更复杂的模型见 `?inla.surv`.

在第二个例子中, 我们考虑极值事件建模. 在这种情况下, 数据通常是经过一段时间收集的几个观测的最大值, 例如, 日降雨量的年度最大值. 常见的似然函数不适合这类数据, 因此要考虑特别的似然函数. 在本章的例子中将考虑广义极值 (GEV) 分布和帕累托分布 (PD). 我们考虑了对分块最大值 (blockwise maxima) 数据和阈值超限 (threshold exceedances) 情况的推断, 以说明对这类数据建模的两种方法.

6.1 生存分析

在本节中,我们将展示如何采用 SPDE 方法构造连续空间随机效应来拟合生存模型. 示例基于 Henderson 等 (2003) 中提供的数据. 此数据包括英国西北白血病登记处从 1982 年至 1998 年在新英格兰地区记录的 1043 例急性髓细胞白血病病例. 分析的原始代码在 Lindgren 等 (2011) 中, 在这里已经进行了修改, 以使用堆栈功能. 在第 6.1.1 节将考虑如何拟合一个参数生存模型, 而在第 6.1.2 节我们展示如何拟合半参数 Cox 比例风险模型.

6.1.1 参数生存模型

Leuk 数据集记录了 1043 个病例, 并且包括患者的居住位置和其他信息. 这些在表 6.1 中进行了汇总, 在 Henderson 等 (2003) 中提供了完整的细节.

表 6.1 Leuk 数据集对急性髓细胞白血病 (AML) 生存数据的描述

变量	描述
time	生存时间 (单位: 天)
cens	死亡/删失的示性变量 (1 = 观测值, 0 = 删失值)
xcoord	居住地的 x 坐标
ycoord	居住地的 y 坐标
age	患者的年龄
sex	患者的性别 (0 = 女性, 1 = 男性)
wbc	诊断时的白细胞数 (WBC), 500 单位处截断
tpi	居住地区的贫困程度 (数值越高表示越不富裕)
district	居住地所在区

此数据包含在 INLA 中, 可以加载和汇总如下:

```
data(Leuk)
# 以年记的生存时间
Leuk$time <- Leuk$time / 365
round(sapply(Leuk[, c(1, 2, 5:8)], summary), 2)
##            time cens   age  sex    wbc   tpi
## Min.       0.00 0.00 14.00 0.00   0.00 -6.09
## 1st Qu.    0.11 1.00 49.00 0.00   1.80 -2.70
## Median     0.51 1.00 65.00 1.00   7.90 -0.37
## Mean       1.46 0.84 60.73 0.52  38.59  0.34
## 3rd Qu.    1.47 1.00 74.00 1.00  38.65  2.93
## Max.      13.64 1.00 92.00 1.00 500.00  9.55
```

我们用年而不是天来计算时间是为了标准化 inla() 的输入. 生存数据的似然函数表达式为 exp(y * a), 其中 a 是一个模型参数, y 是响应变量. 因此, 我们必须小心不要输入太大或太小的值, 否则算法可能面临数值不稳定的问题.

性别生存曲线的 Kaplan-Meyer 极大似然估计及其 95% 置信区间被计算并显示在图 6.1 中:

```
library(survival)
km <- survfit(Surv(time, cens) ~ sex, Leuk)
par(mar = c(2.5, 2.5, 0.5, 0.5), mgp = c(1.5, 0.5, 0), las = 1)
plot(km, conf.int = TRUE, col = 2:1)
```

6.1 生存分析

```
legend('topright', c('女性', '男性'), lty = 1, col = 2:1,
  bty = "n")
```

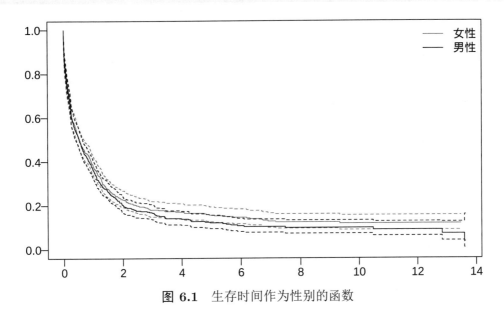

图 6.1 生存时间作为性别的函数

SPDE 模型的网格是考虑数据集中可用坐标, 使用以下代码构建的:

```
loc <- cbind(Leuk$xcoord, Leuk$ycoord)
nwseg <- inla.sp2segment(nwEngland)

bnd1 <- inla.nonconvex.hull(nwseg$loc, 0.03, 0.1, resol = 50)
bnd2 <- inla.nonconvex.hull(nwseg$loc, 0.25)
mesh <- inla.mesh.2d(loc, boundary = list(bnd1, bnd2),
  max.edge = c(0.05, 0.2), cutoff = 0.02)
```

接下来, 得到投影矩阵:

```
A <- inla.spde.make.A(mesh, loc)
```

对于 SPDE 模型的参数, 即实际范围和边际标准差, 我们将考虑在 Fuglstad 等 (2018) 中导出的 PC 先验, 定义为:

```
spde <- inla.spde2.pcmatern(mesh = mesh,
  prior.range = c(0.05, 0.01), # P(range < 0.05) = 0.01
  prior.sigma = c(1, 0.01)) # P(sigma > 1) = 0.01
```

在这个例子中，考虑了一个 weibullsurv 似然. 然而, 其他参数似然也可以使用; 例如, 到目前为止, 在 INLA 中我们有: loglogistic, lognormal, exponential 和 weibullcure. INLA 中的 Weibull 分布有两种变体, 见 inla.doc("weibull"), 默认的均值等于 $\Gamma(1+1/\alpha)\exp(-\alpha\eta)$, 其中 α 是形状参数, η 是线性预测因子. 因此, 期望值与线性预测因子成反比, 而与存活率成正比.

包含截距和协变量的线性预测因子的公式为

```
form0 <- inla.surv(time, cens) ~ 0 + a0 + sex + age + wbc + tpi
```

添加 SPDE 模型为

```
form <- update(form0, . ~ . + f(spatial, model = spde))
```

注意这个公式是如何使用函数 inla.surv() 来处理生存数据中观测到的时间和删失状态的. 这在处理生存结果时很常见, 因为需要在记录生存时间的同时添加删失信息. 构建数据堆栈的技巧是包含公式中所需的所有变量. 对于响应变量, 它们是 time 和删失状态 cens. 像之前的模型一样, 用来定义空间效应所需要的变量 (即截距和协变量) 都包括在内.

```
stk <- inla.stack(
  data = list(time = Leuk$time, cens = Leuk$cens),
  A = list(A, 1),
  effect = list(
    list(spatial = 1:spde$n.spde),
    data.frame(a0 = 1, Leuk[, -c(1:4)])))
```

接下来, 我们将用模型拟合这个数据堆栈:

```
r <- inla(
  form, family = "weibullsurv", data = inla.stack.data(stk),
  control.predictor = list(A = inla.stack.A(stk), compute = TRUE))
```

截距的后验分布和协变量效应的汇总统计可以用下面的代码提取. 由于我们没有对协变量进行标准化, 所以效应的大小没有可比性.

```
round(r$summary.fixed, 4)
##          mean      sd 0.025quant 0.5quant 0.975quant    mode kld
## a0   -2.1718  0.2072    -2.5756  -2.1739    -1.7518 -2.1758   0
## sex   0.0718  0.0692    -0.0641   0.0717     0.2076  0.0717   0
```

6.1 生存分析

```
## age  0.0327 0.0022    0.0284   0.0327   0.0371 0.0327  0
## wbc  0.0031 0.0005    0.0021   0.0031   0.0039 0.0031  0
## tpi  0.0245 0.0098    0.0051   0.0245   0.0437 0.0245  0
```

类似地，超参数后验分布的汇总统计如下：

```
round(r$summary.hyperpar, 4)
##                                mean     sd 0.025quant
## alpha parameter for weibullsurv 0.5991 0.0160   0.5680
## Range for spatial               0.3257 0.1637   0.1244
## Stdev for spatial               0.2862 0.0719   0.1687
##                                0.5quant 0.975quant   mode
## alpha parameter for weibullsurv 0.5989   0.6310 0.5988
## Range for spatial               0.2878   0.7466 0.2293
## Stdev for spatial               0.2784   0.4500 0.2635
```

空间效应可以表示在地图中. 在加载 Leuk 时，新英格兰每个地区的多边形也被加载. 首先，考虑到新英格兰周围的包围框，定义从网格到格点的投影：

```
bbnw <- bbox(nwEngland)
r0 <- diff(range(bbnw[1, ])) / diff(range(bbnw[2, ]))
prj <- inla.mesh.projector(mesh, xlim = bbnw[1, ],
  ylim = bbnw[2, ], dims = c(200 * r0, 200))
```

然后，对空间效应 (即后验均值和标准差) 进行插值，并对感兴趣的区域以外的所有网格点赋 NA 值：

```
spat.m <- inla.mesh.project(prj, r$summary.random$spatial$mean)
spat.sd <- inla.mesh.project(prj, r$summary.random$spatial$sd)
ov <- over(SpatialPoints(prj$lattice$loc), nwEngland)
spat.sd[is.na(ov)] <- NA
spat.m[is.na(ov)] <- NA
```

后验均值和标准差显示在图 6.2 中. 因此，空间效应沿区域不断变化，而不是在每个区域内保持不变.

6.1.2 Cox 比例风险生存模型

Cox 比例风险生存模型 (即 INLA 中的 coxph 模型族) 是非常常见的，我们借助 survival 程序包提供的 coxph() 函数用极大似然法进行拟合 (Therneau, 2015; Th-

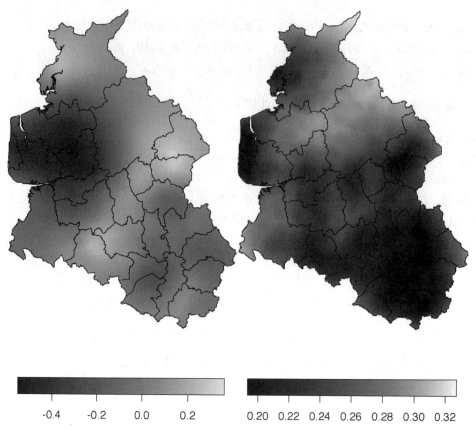

图 6.2 Weibull 生存模型的空间效应图. 后验均值 (左图) 和后验标准差 (右图) (彩图见书末)

erneau 和 Grambsch, 2000):

```
m0 <- coxph(Surv(time, cens) ~ sex + age + wbc + tpi, Leuk)
```

这个模型可以写成泊松回归. 这个想法在 Holford (1980) 中提出, 在 Laird 和 Olivier (1981) 中详细介绍, 在 Andersen 和 Gill (1982) 中也有研究. 在 INLA 中, 我们可以使用 inla.coxph() 函数利用泊松似然准备生存数据来拟合 Cox 比例风险模型 (Martino 等, 2010). 我们在这个函数中提供了一个没有空间效应的公式, 只是为了准备数据来拟合作为一个泊松模型的 Cox 比例风险生存模型. inla.coxph() 函数的输出将与空间项一起提供到 inla.stack() 函数中.

```
cph.leuk <- inla.coxph(form0,
  data = data.frame(a0 = 1, Leuk[, 1:8]),
  control.hazard = list(n.intervals = 25))
```

6.1 生存分析

为了比较，我们考虑 INLA 中的 coxph 模型族，拟合不包含空间效应的模型：

```
cph.res0 <- inla(form0, family = 'coxph',
  data = data.frame(a0 = 1, Leuk[, c(1,2, 5:8)]))
```

下面的代码通过更新输出改变了原始的公式，我们将使用它来添加空间效应：

```
cph.formula <- update(cph.leuk$formula,
  '. ~ . + f(spatial, model = spde)')
```

投影矩阵可以建立如下：

```
cph.A <- inla.spde.make.A(mesh,
  loc = cbind(cph.leuk$data$xcoord, cph.leuk$data$ycoord))
```

最后，考虑 inla.coxph() 函数输出的相关数据，构建数据堆栈：

```
cph.stk <- inla.stack(
  data = c(list(E = cph.leuk$E), cph.leuk$data[c('y..coxph')]),
  A = list(cph.A, 1),
  effects = list(
    list(spatial = 1:spde$n.spde),
      cph.leuk$data[c('baseline.hazard', 'a0',
        'age', 'sex', 'wbc', 'tpi')]))

cph.data <- c(inla.stack.data(cph.stk), cph.leuk$data.list)
```

然后考虑泊松似然拟合模型：

```
cph.res <- inla(cph.formula, family = 'Poisson',
  data = cph.data, E = cph.data$E,
  control.predictor = list(A = inla.stack.A(cph.stk)))
```

我们现在从结果中比较固定效应的估计：

```
round(data.frame(surv = coef(summary(m0))[, c(1,3)],
  r0 = cph.res0$summary.fixed[-1, 1:2],
  r1 = cph.res$summary.fixed[-1, 1:2]), 4)
##       surv.coef surv.se.coef.  r0.mean  r0.sd  r1.mean  r1.sd
## sex      0.0522       0.0678   0.0579 0.0679   0.0685 0.0692
## age      0.0296       0.0021   0.0333 0.0021   0.0348 0.0023
```

```
## wbc    0.0031        0.0004  0.0034 0.0005  0.0034 0.0005
## tpi    0.0293        0.0090  0.0342 0.0090  0.0322 0.0098
```

对于空间效应, 两个拟合模型 (Weibull 和 Cox) 的空间效应拟合值非常相似:

```
s.m <- inla.mesh.project(prj, cph.res$summary.random$spatial$mean)
cor(as.vector(spat.m),  as.vector(s.m), use = 'p')
## [1] 0.9942
s.sd <- inla.mesh.project(prj, cph.res$summary.random$spatial$sd)
cor(log(as.vector(spat.sd)), log(as.vector(s.sd)), use = 'p')
## [1] 0.9987
```

6.2 极值模型

6.2.1 动机

极值理论 (Extreme Value Theory, EVT) 是一种用来评估罕见事件发生概率的工具, 这类事件的发生会带来巨大风险 (Coles, 2001). 从应用的角度来看, EVT 提供了一个框架来开发技术和模型, 以解决与许多不同领域的风险评估相关的重要问题, 如水文、风工程、气候变化、洪水监测和预测以及大额保险索赔.

当对极端事件建模时, 我们通常需要在观测到的数据之外进行外推, 进入分布的尾部, 在那里可用的数据通常是有限的, 经典的推断方法通常会失败. 外推的合理性受到某些稳定性条件的制约, 这些条件约束了外推依赖的某些分布.

在单变量观测的背景下, EVT 基于的是一些独立同分布 (i.i.d.) 随机变量的最大值的渐近特性. 对于连续数据 $Y_1,\ldots,Y_n$ 和 $M_n = \max\{Y_1,\ldots,Y_n\}$, 可以证明, 如果当 $n \to \infty$ 时 M_n 的归一化分布收敛, 则它收敛到广义极值 (Generalized Extreme-Value, GEV) 分布. GEV 分布由一个位置参数、一个尺度参数和一个形状参数确定 (例如见 Coles, 2001, 第 3 章). 在实际中, 这个渐近的结果作为使用 GEV 极值分布的准则, 用于对有限时间段内 (如月度或年度) 的最大值进行建模. 然而, 若数据具有较好的分辨率, 则可以通过所谓的阈值超限 (threshold exceedances) 方法给出极值的另一种刻画, 这种方法感兴趣的是超过某个预定义的高阈值的观测值. 结果表明, 当正则化后的最大值渐近服从 GEV 分布的条件满足时, 随着阈值变大, 阈值超限的分布收敛到以尺度和形状参数刻画的广义帕累托 (Generalized Pareto, GP) 分布.

在实际应用中, 极值观测很少是独立的. 这促使我们发展一些方法来解释感兴趣的分布中的时间非平稳性. 解决这个问题的典型方法是基于广义线性建模框架, 允许边际分布的参数依赖于协变量 (Davison 和 Smith, 1990). Castro-Camilo 和 de Carvalho (2017) 以及 Castro-Camilo 等 (2018) 引入了二元变量分块最大值的半参数方法. Casson 和 Coles (1999)、Cooley 等 (2007) 以及 Opitz 等 (2018) 引入了阈值超限的分层贝叶斯模型. 在这里, 我们假设 GEV 和 GP 下的观测值在给定一个潜在过程的条件下是独立的, 这个潜在过程刻画了空间 (或时空) 趋势以及相关性结构. 在接下来的部分中, 我们将展示如何在 SPDE 框架下模拟并拟合这样的模型.

6.2.2 从 GEV 和 GP 分布模拟

随机场和线性预测因子

我们从生成 $n = 200$ 个随机位置开始, 假设数据在这些位置处是有观测值的. 这些位置也被用作三角节点来创建网格:

```
library(INLA)
set.seed(1)
n <- 200
loc.data <- matrix(runif(n * 2), n, 2)
mesh <- inla.mesh.2d(loc = loc.data, cutoff = 0.05,
  offset = c(0.1, 0.4), max.edge = c(0.05, 0.5))
```

这样选择的截断值 (cutoff) 避免了创建太多的小三角形. 定义在网格节点处的 SPDE 模型构造如下:

```
spde <- inla.spde2.pcmatern(mesh,
  prior.range = c(0.5, 0.5),
  prior.sigma = c(0.5, 0.5))
```

请注意, 对于范围和边际标准差, 我们使用 PC 先验设定. 具体地说, 我们假设 P(范围 < 0.5) $= 0.5$ 和 P(标准差 > 0.5) $= 0.5$. 我们计算真实范围 (range) 和边际标准差 (sigma.u) 的精度矩阵 (Qu) 如下:

```
sigma.u <- 2
range <- 0.7
Qu <- inla.spde.precision(spde,
  theta = c(log(range), log(sigma.u)))
```

现在我们可以从空间场 u 生成 $m = 40$ 的样本:

```
m <- 40 # 重复次数
set.seed(1)
u <- inla.qsample(n = m, Q = Qu, seed = 1)
```

空间场 u 是整个研究区域的一个连续模拟. 为了获得之前生成的 n 个随机位置处的模拟, 我们将 u 投影到这些位置上:

```
A <- inla.spde.make.A(mesh = mesh, loc = loc.data)
u <- (A %*% u)
```

注意 A 的维数为:

```
dim(A)
## [1] 200 462
```

这是位置数 (n) 乘以网格中的节点数 (mesh$n). 现在我们可以定义线性预测因子了. 为了简单起见, 我们选择了一个形式为 $\eta_i = \beta_0 + \beta_1 x + u(s_i)$ 的线性预测因子, 其中 x 是协变量, $u(s_i)$ 是位置 s_i 处的空间场:

```
b_0 <- 1 #截距项
b_1 <- 2 #协变量的系数
set.seed(1)
covariate <- rnorm(m*n)
lin.pred <- b_0 + b_1 * covariate + as.vector(u)
```

来自 GEV 分布的样本

在 INLA 中, GEV 分布是包含位置参数 $\mu \in \mathbb{R}$、形状参数 $\xi \in \mathbb{R}$ 和精度参数 $\tau > 0$ 的参数分布:

$$G(y; \mu, \tau, \xi) = \exp\left\{-\left[1 + \xi\sqrt{\tau s}(y - \mu)\right]^{-1/\xi}\right\}, \quad \text{其中} 1 + \xi\sqrt{\tau s}(y - \mu) > 0, \quad (6.1)$$

$s > 0$ 是固定尺度. 目前 INLA 只允许使用恒等连接函数 (即 $\mu = \eta$) 将线性预测因子连接到位置参数. 我们使用 rgev() 函数从 evd 包 (Stephenson, 2002) 的一个 GEV 分布中生成 $m \times n$ 的样本, 如下所示:

```
s <- 0.01
tau <- 4
s.y <- 1/sqrt(s*tau) # 真实范围参数
```

6.2 极值模型

```
xi.gev <- 0.1 # 真实形状参数
library(evd)
set.seed(1)
y.gev <- rgev(n = length(lin.pred), loc = lin.pred,
  shape = xi.gev, scale = s.y)
```

来自 GP 分布的样本

广义帕累托分布具有如下累积分布函数:

$$G(y;\sigma,\xi) = 1 - \left(1 + \xi\frac{y}{\sigma}\right)^{-1/\xi}, \quad y > 0, \xi \neq 0.$$

注意, 在极限情况下会出现指数分布, 因为对于 $\xi \to 0$, 我们有 $G(y;\sigma) = 1 - \exp(-y/\sigma)$. 在 INLA 中, 线性预测因子控制了 GP 分布的 α 分位数:

$$\mathrm{P}(y \leqslant q_\alpha) = \alpha,$$
$$q_\alpha = \exp(\eta),$$

其中 $\alpha \in (0,1)$ 由用户提供. 尺度参数 $\sigma \in \mathbb{R}$ 是 q_α 和 ξ 的函数:

$$\sigma = \frac{\xi \exp(\eta)}{(1-\alpha)^{-\xi} - 1}.$$

利用概率积分变换, 我们可以通过定义以下函数从 GP 分布中生成样本:

```
rgp = function(n, sigma, eta, alpha, xi = 0.001){
  if (missing(sigma)) {
    stopifnot(!missing(eta) && !missing(alpha))
    sigma = exp(eta) * xi / ((1.0 - alpha)^(-xi) - 1.0)
  }
  return (sigma / xi * (runif(n)^(-xi) - 1.0))
}
```

注意, 函数 rgp() 可以方便地对尺度 σ、线性预测因子 η 和概率 α 进行参数化 (即 INLA 参数化). 从 GP 中可以得到大小为 $m \times n$ 的样本, 如下所示:

```
xi.gp <- 0.3
alpha <- 0.5 # 中位数
q <- exp(lin.pred)
scale <- xi.gp * q / ((1 - alpha)^(-xi.gp) - 1)
set.seed(1)
```

```
y.gp <- rgp(length(lin.pred), sigma = scale, eta = lin.pred,
  alpha = alpha, xi = xi.gp)
```

注意, 在这种情况下, 线性预测因子连接到分布的中位数 (因为 $\alpha = 0.5$).

6.2.3 GEV 和 GP 分布的推断

分块最大值的推断

我们首先生成一个新的网格和 A 矩阵来拟合我们的模型:

```
mesh <- inla.mesh.2d(loc = loc.data, cutoff = 0.05,
  max.edge = c(0.05, 0.1))
rep.id <- rep(1:m, each = n)
x.loc <- rep(loc.data[, 1], m)
y.loc <- rep(loc.data[, 2], m)
A <- inla.spde.make.A(mesh = mesh, loc = cbind(x.loc, y.loc),
  group = rep.id)
```

请注意, 我们用于推断的矩阵 A (8000, 24960) 的维数比我们之前使用的要大得多. 这是因为我们的空间场有 $n = 200$ 个位置, 每个位置在时间上都有 $m = 40$ 个值 ($n \times m = 8000$), 而我们新网格的维数是 mesh\$n = 624 ($m \times$ mesh\$n $= 24960$).

我们在参数的中位数上指定空间效应的先验模型如下:

```
prior.median.sd <- 1
prior.median.range <- 0.7
spde <- inla.spde2.pcmatern(mesh,
  prior.range = c(prior.median.range, 0.5),
  prior.sigma = c(prior.median.sd, 0.5))
```

得到 SPDE 模型所需的有命名的索引向量:

```
mesh.index <- inla.spde.make.index(name = "field",
  n.spde = spde$n.spde, n.group = m)
```

采用 inla.stack() 函数得到数据堆栈:

```
stack <- inla.stack(
  data = list(y = y.gev),
  A = list(A, 1, 1),
  effects = list(mesh.index,
```

6.2 极值模型

```
    intercept = rep(1, length(lin.pred)),
    covar = covariate),
  tag = "est")
```

利用 INLA 对模型进行拟合, 得到 GEV 模型参数的后验. 这里我们使用初始值来加速推断 (使用变量 init). 如果你不知道使用什么初始值, init 可以设置为 NULL.

```
# 模型公式
formula <- y ~ -1 + intercept + covar +
  f(field, model = spde, group = field.group,
    control.group = list(model = "iid"))
# 超参数的初始值
init = c(-3.253, 9.714, -0.503, 0.595)
# GEV参数的先验
hyper.gev = list(theta2 = list(prior = "gaussian",
  param = c(0, 0.01), initial = log(1)))
# 模型拟合
res.gev <- inla(formula,
  data = inla.stack.data(stack),
  family ="gev",
  control.inla = list(strategy = "adaptive"),
  control.mode = list(restart = TRUE, theta = init),
  control.family = list(hyper = hyper.gev,
    gev.scale.xi = 0.01),
  control.predictor = list(A = inla.stack.A(stack),
    compute = TRUE))
```

我们指定了 model = "iid", 因为我们假设在时间上是独立的. 模型超参数, 即潜在高斯随机场的实际范围和边际标准差以及 GEV 的尺度和形状参数可汇总为:

```
tab.res.GEV <- round(cbind(true = c(1 / s.y^2, xi.gev, range,
    sigma.u),
  res.gev$summary.hyperpar), 4)
```

这个汇总以及用来模拟数据的参数真值可以在表 6.2 中找到.

表 6.2 参数的后验分布及其真值的汇总

参数	真值	均值	标准差	2.5% 分位数	97.5% 分位数
GEV 的精度参数	0.04	0.0389	0.0009	0.0372	0.0407
GEV 的形状参数	0.10	0.0994	0.0094	0.0810	0.1179
场的范围	0.70	0.6079	0.0590	0.4991	0.7314
场的标准差	2.00	1.8786	0.0989	1.6927	2.0811

阈值超限的推断

形状参数 $\xi \in \mathbb{R}$ 在决定上尾部 (upper tail) 的重量方面起着重要作用: $\xi > 0$ 对应重尾, $\xi \to 0$ 对应轻尾, $\xi < 0$ 对应有界尾. 此外, 若 $\xi \geqslant 1$, 则均值是无限的; 若 $\xi \geqslant 1/2$, 则方差是无限的. 因此, 在许多实际应用中, 大的 ξ 值是不现实的. 这里我们展示了如何使用 ξ 的近似 PC 先验来指定这个先验信息.

当前在 INLA 中实现 GP 分布时允许我们为 ξ 指定一个伽马先验分布 (或在 INLA 参数化中, 为 $\theta = \log(\xi)$ 指定对数伽马分布), 并选择合适的伽马形状和比率参数使其类似于 PC 先验. 具体来说, Opitz 等 (2018) 表明, 当考虑更简单的指数分布 (即 $\xi = 0$) 时, ξ 的 PC 先验为

$$\pi(\xi) = \tilde{\lambda} \exp\left\{-\tilde{\lambda} \frac{\xi}{(1-\xi)^{1/2}}\right\} \left\{\frac{1-\xi/2}{(1-\xi)^{3/2}}\right\}, \quad 0 \leqslant \xi < 1,$$

其中 $\lambda = \tilde{\lambda}/\sqrt{2}$ 是惩罚率参数 (Fuglstad 等, 2018). 当 $\xi \to 0$ 时 PC 先验 $\pi(\xi)$ 可以用速率为 $\tilde{\lambda}$ 的指数分布 (或形状参数为 1、速率为 $\tilde{\lambda}$ 的伽马分布) 来近似表示:

$$\tilde{\pi}(\xi) = \sqrt{2}\lambda \exp(-\sqrt{2}\lambda\xi) = \tilde{\lambda} \exp(-\tilde{\lambda}\xi), \quad \xi \geqslant 0.$$

图 6.3 表明, 对于较大的惩罚率 λ, 这两个先验非常相似, 而对于较小的 λ 则不同.

正如前面提到的, 我们想为 ξ 指定一个远离大数值的先验. 为此, 我们选择 $\lambda = 10$, 这意味着在分布 $\tilde{\pi}$ 下有 $P(\xi > 0.2) = 0.06$ (见图 6.3). 对此, 我们在 INLA 框架中指定如下:

```
hyper.gp = list(theta = list(prior = "loggamma",
  param = c(1, 10)))
```

使用第 6.2.3 节中定义的 SPDE 模型, 我们对阈值超限的部分拟合如下:

6.2 极值模型

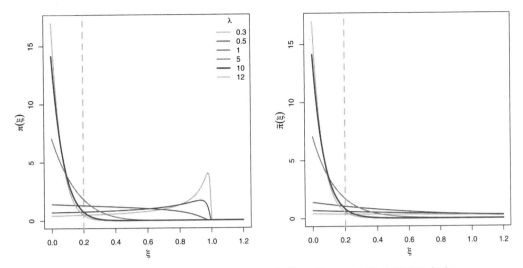

图 6.3 不同惩罚率 λ 下 GP 形状参数 ξ 的 PC 先验 (彩图见书末)

```
# 数据堆栈
stack <- inla.stack(
  data = list(y = y.gp),
  A = list(A, 1, 1),
  effects = list(mesh.index,
    intercept = rep(1, length(lin.pred)),
    covar = covariate),
  tag = "est")
# 超参数的初始值
init2 <- c(-1.3, -0.42, 0.62)
# 模型拟合
res.gp <- inla(formula,
  data = inla.stack.data(stack, spde = spde),
  family ="gp",
  control.inla = list(strategy = "adaptive"),
  control.mode = list(restart = TRUE, theta = init2),
  control.family = list(list(control.link = list(quantile = 0.5),
    hyper = hyper.gp)),
  control.predictor = list(A = inla.stack.A(stack),
    compute = TRUE))
```

根据 GEV 拟合, 可以得到模型超参数的汇总为:

```
table.results.GP <- round(cbind(true = c(xi.gp, range, sigma.u),
                    res.gp$summary.hyperpar), 4)
```

这些与参数的真值可以在表 6.3 中找到.

表 **6.3** 后验分布的汇总

参数	真值	均值	标准差	2.5% 分位数	97.5% 分位数
GP 的形状参数	0.3	0.2711	0.0212	0.2308	0.3141
场的范围	0.7	0.6596	0.0317	0.6003	0.7246
场的标准差	2.0	1.8616	0.0611	1.7456	1.9855

第 7 章

时空模型

在本章中, 我们详细介绍如何拟合时空可分模型. 时空可分模型定义为空间域的 SPDE 模型以及时间维的一阶自回归 (AR(1)) 模型. 时空可分模型是由时间和空间随机效应的精度矩阵的 Kronecker 乘积定义的. 关于时空可分模型的其他信息可以在 Cameletti 等 (2013) 中找到.

在本章中, 我们首先展示了实现时空模型的两种不同方法. 第一种方法使用离散时域, 第二种方法考虑连续时间并将其在一组节点上离散化. 模型拟合过程的主要区别是, 当我们使用连续时间时, 我们需要选择时间节点, 并调整投影矩阵来使用这些节点. 然而, 两种方法都不要求测量位置随时间的变化是相同的.

在本章中, 我们将重点关注基本的代码示例以及如何构造模型以实现更快的计算. 在下一章中, 我们将提供几个高级的例子.

7.1 离散时域

在本节中, 我们将如 Cameletti 等 (2013) 中那样展示如何拟合时空可分模型. 此外, 我们将展示如何包含一个分类协变量.

7.1.1 数据模拟

本例中考虑的研究区域是第 2.8 节中的 Paraná 州的边界, 可在 INLA 包中获得. 这个边界将被用作空间过程的域, 它可以被如下加载:

```
data(PRborder)
```

第一步是定义空间模型. 为了能够快速拟合模型, 我们使用在 2.6 节中创建的 Paraná 州边界的低分辨率网格.

有两种方法可以从 Cameletti 等 (2013) 中提出的模型进行模拟. 第一种是基于潜在随机场的联合分布, 第二种是基于每个时间点的条件模拟. 后面这种方法很容易计算, 因为每个时间点都是在前一个时间点的条件下模拟的, 所以长时间模拟的运行时间是线性的.

首先，时间维度设置为 $k = 12$：

```
k <- 12
```

点的位置与数据集 PRprec 中的位置相同，但考虑随机顺序：

```
data(PRprec)
coords <- as.matrix(PRprec[sample(1:nrow(PRprec)), 1:2])
```

在下面的模拟步骤中，我们将使用 spde-book-functions.R 文件中的 book.rspde() 函数。空间模型的 k 个独立实现可如下生成：

```
params <- c(variance = 1, kappa = 1)

set.seed(1)
x.k <- book.rspde(coords, range = sqrt(8) / params[2],
  sigma = sqrt(params[1]), n = k, mesh = prmesh1,
  return.attributes = TRUE)
```

时空观测值的数量是 x.k 的行数，可以按如下代码检查 x.k 的维数：

```
dim(x.k)
## [1] 616  12
```

现在，定义时间效应的自回归参数 ρ：

```
rho <- 0.7
```

接下来引入时间相关性：

```
x <- x.k
for (j in 2:k)
  x[, j] <- rho * x[, j - 1] + sqrt(1 - rho^2) * x.k[, j]
```

在这里，添加 $\sqrt{1-\rho^2}$ 项使得过程在时间上是平稳的，见 Rue 和 Held (2005) 以及 Cameletti 等 (2013). 图 7.1 显示了时空过程的实现.

在本例中，一个分类协变量将被包含在模型中．我们模拟具有三个水平 (标记为 A, B 和 C) 的分类协变量：

```
n <- nrow(coords)
set.seed(2)
ccov <- factor(sample(LETTERS[1:3], n * k, replace = TRUE))
```

7.1 离散时域

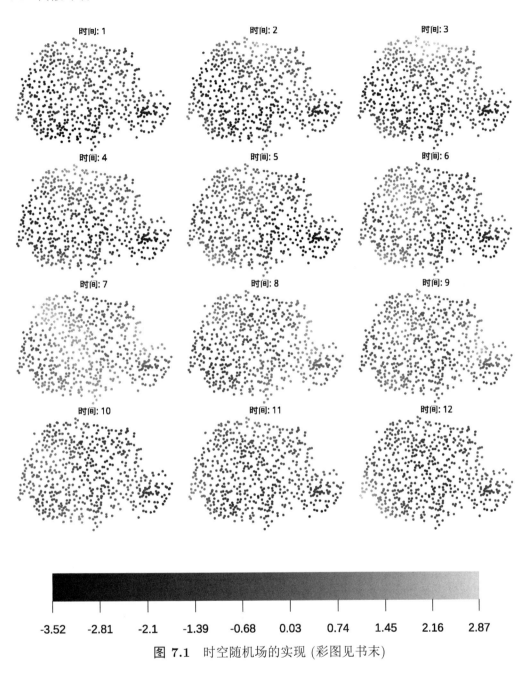

图 7.1 时空随机场的实现 (彩图见书末)

这个分类协变量值的分布为:

```
table(ccov)
## ccov
##    A    B    C
## 2458 2438 2496
```

回归系数和回归参数为:

```
beta <- -1:1
```

将分类协变量的固定效应、时空随机效应和一些随机白噪声 (标准差为 0.1) 相加, 计算得到响应变量:

```
sd.y <- 0.1
y <- beta[unclass(ccov)] + x + rnorm(n * k, 0, sd.y)
```

在分类协变量水平上的响应均值为:

```
tapply(y, ccov, mean)
##          A        B        C
## -1.09946 -0.09181  0.91967
```

为了表明我们可以在不同的时间点使用不同的位置, 一些观测结果将被删除. 特别地, 我们只保留一半的模拟数据. 这可以通过为选定的观测结果创建索引来实现, 如下所示:

```
isel <- sample(1:(n * k), n * k / 2)
```

然后把这些数据放在一个 data.frame 中:

```
dat <- data.frame(y = as.vector(y), w = ccov,
  time = rep(1:k, each = n),
  xcoo = rep(coords[, 1], k),
  ycoo = rep(coords[, 2], k))[isel, ]
```

在实际应用中, 在不同的时间点可能存在完全不对齐的位置. 我们在这个例子中提供的代码将在这种情况下运行.

7.1.2 数据堆栈的准备

我们使用 Fuglstad 等 (2018) 中导出的 PC 先验来计算模型的范围和边际标准差参数. 这些是在定义 SPDE 时设置的, 如下所示:

```
spde <- inla.spde2.pcmatern(mesh = prmesh1,
  prior.range = c(0.5, 0.01), # P(range < 0.05) = 0.01
  prior.sigma = c(1, 0.01))   # P(sigma > 1) = 0.01
```

现在, 建立时空模型需要额外的数据准备. 考虑 SPDE 模型中网格点的个数和组的个数, 将索引集设为:

7.1 离散时域

```
iset <- inla.spde.make.index('i', n.spde = spde$n.spde,
  n.group = k)
```

注意, 潜在随机场的索引集不依赖于数据集中的位置, 它只取决于 SPDE 模型的大小和时间维度. 投影矩阵是用观测数据的坐标来定义的. 我们需要将时间索引传递给 group 参数来构建投影矩阵和 inla.spde.make.A() 函数:

```
A <- inla.spde.make.A(mesh = prmesh1,
  loc = cbind(dat$xcoo, dat$ycoo), group = dat$time)
```

堆栈中的 effects 是一个包含两个元素的列表: 第一个是索引集, 第二个是分类协变量. 堆栈数据定义为:

```
sdat <- inla.stack(
  data = list(y = dat$y),
  A = list(A, 1),
  effects = list(iset, w = dat$w),
  tag = 'stdata')
```

7.1.3 模型拟合以及一些结果

在这个例子中, PC 先验 (参见第 1.6.5 节) 也被用于时间自回归参数, 即自相关参数. 特别地, 这个先验考虑到 P(Cor > 0) = 0.9, 其定义如下:

```
h.spec <- list(theta = list(prior = 'pccor1', param = c(0, 0.9)))
```

为了处理分类协变量, 我们需要在 control.fixed 参数列表中使用 expand.factor.strategy = 'inla', 以获得一个直观的结果. 因此, 模型拟合如下:

```
# 模型公式
formulae <- y ~ 0 + w + f(i, model = spde, group = i.group,
  control.group = list(model = 'ar1', hyper = h.spec))
# autoreg. param.上的PC先验
prec.prior <- list(prior = 'pc.prec', param = c(1, 0.01))
# 模型拟合
res <- inla(formulae, data = inla.stack.data(sdat),
  control.predictor = list(compute = TRUE,
    A = inla.stack.A(sdat)),
  control.family = list(hyper = list(theta = prec.prior)),
```

```
control.fixed = list(expand.factor.strategy = 'inla'))
```

汇总三个截距以及每个协变量水平下的观测均值如下:

```
cbind(Obs. = tapply(dat$y, dat$w, mean), res$summary.fixed[, -7])
##       Obs.    mean    sd 0.025quant 0.5quant 0.975quant   mode
## A  -1.0851  -1.324 0.438     -2.193   -1.323     -0.461 -1.321
## B  -0.0785  -0.318 0.438     -1.187   -0.317      0.545 -0.315
## C   0.9014   0.681 0.438     -0.188    0.682      1.544  0.684
```

随机场参数的后验边际分布和时间相关性的边际分布显示在图 7.2 中.

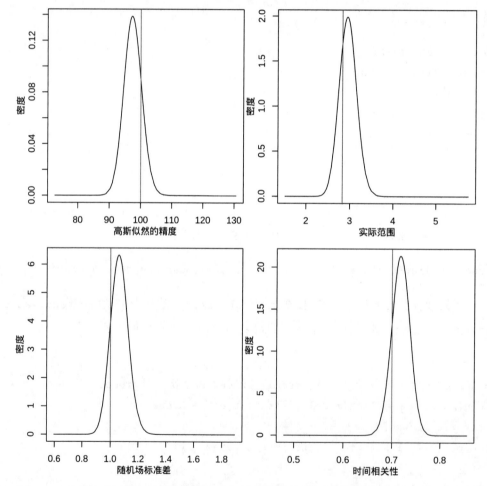

图 7.2 高斯似然的精度 (左上图)、实际范围 (右上图)、随机场标准差 (左下图) 和时间相关性 (右下图) 的后验边际分布. 竖直线表示参数的真值

7.1.4 查看后验随机场

随机场后验分布可以通过后验均值、中位数、众数或任何其他分位数与已实现的随机场进行比较.

在此之前, 我们需要在数据的位置处为随机场设置索引:

```
idat <- inla.stack.index(sdat, 'stdata')$data
```

模拟数据的响应与预测值的后验均值之间的相关性可如下计算:

```
cor(dat$y, res$summary.linear.predictor$mean[idat])
## [1] 0.9982
```

因为模型中没有误差项, 相关性几乎为 1.

我们现在计算每个时间点上的预测. 首先, 网格的定义方式与第 2.8 节中的降雨例子相同:

```
stepsize <- 4 * 1 / 111
nxy <- round(c(diff(range(coords[, 1])),
  diff(range(coords[, 2]))) / stepsize)
projgrid <- inla.mesh.projector(
  prmesh1, xlim = range(coords[, 1]),
  ylim = range(coords[, 2]), dims = nxy)
```

那么, 每个时间点上的预测可以通过如下操作计算:

```
xmean <- list()
for (j in 1:k)
  xmean[[j]] <- inla.mesh.project(
    projgrid, res$summary.random$i$mean[iset$i.group == j])
```

接下来, 我们取 Paraná 州边界内的网格点的子集, 并将 Paraná 边界外的网格点设置为 NA:

```
library(splancs)
xy.in <- inout(projgrid$lattice$loc,
  cbind(PRborder[, 1], PRborder[, 2]))
```

我们在图 7.3 中将结果可视化.

图 7.3 时空随机场后验均值的可视化. 时间从上到下、从左到右流动 (彩图见书末)

7.1.5 验证

我们刚才展示的推理结果只是基于一部分模拟数据. 模拟数据的另一部分现在可以用于验证. 因此, 需要另一个数据堆栈来计算验证数据的后验分布:

```
vdat <- data.frame(r = as.vector(y), w = ccov,
  t = rep(1:k, each = n), x = rep(coords[, 1], k),
  y = rep(coords[, 2], k))
vdat <- vdat[-isel, ]
```

为验证数据集, 我们构建一个投影矩阵和数据堆栈:

```
Aval <- inla.spde.make.A(prmesh1,
  loc = cbind(vdat$x, vdat$y), group = vdat$t)
stval <- inla.stack(
  data = list(y = NA), # NA: 没有数据, 只是为了得到预测值
```

7.1 离散时域

```
A = list(Aval, 1),
effects = list(iset, w = vdat$w),
tag = 'stval')
```

接下来,我们将这两个堆栈合并成一个完整的堆栈,并重新拟合模型. 我们使用前一个模型得到的超参数的估计来加速计算:

```
stfull <- inla.stack(sdat, stval)
vres <- inla(formulae, data = inla.stack.data(stfull),
  control.predictor = list(compute = TRUE,
    A = inla.stack.A(stfull)),
  control.family = list(hyper = list(theta = prec.prior)),
  control.fixed = list(expand.factor.strategy = 'inla'),
  control.mode = list(theta = res$mode$theta, restart = FALSE))
```

预测值与观测值已绘制在图 7.4 中,以评估拟合优度; 二者非常接近. 从 `inla` 对象中提取绘图所需的结果时使用的拟合值索引为:

```
ival <- inla.stack.index(stfull, 'stval')$data
```

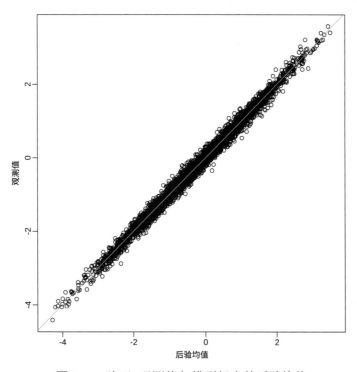

图 **7.4** 验证: 观测值与模型拟合的后验均值

7.2 连续时域

现在我们去掉观测值是在离散时间点上收集的假设. 这种情况一般适用于捕鱼数据和时空点过程. 与我们在空间中使用有限元方法类似, 我们使用一组时间节点来建立随时间变化的分段线性基函数.

7.2.1 数据模拟

首先, 我们设置一个连续区间的空间位置和采样时间点:

```
loc <- unique(as.matrix(PRprec[, 1:2]))
n <- nrow(loc)
time <- sort(runif(n, 0, 1))
```

为了从现有模型中进行采样, 我们定义了一个时空可分的协方差函数. 我们在空间中使用 Matérn 协方差、在时间上使用指数衰减的协方差函数:

```
local.stcov <- function(coords, time, kappa.s, kappa.t,
    variance = 1, nu = 1) {
  s <- as.matrix(dist(coords))
  t <- as.matrix(dist(time))
  scorr <- exp((1 - nu) * log(2) + nu * log(s * kappa.s) -
    lgamma(nu)) * besselK(s * kappa.s, nu)
  diag(scorr) <- 1
  return(variance * scorr * exp(-t * kappa.t))
}
```

函数 `local.stcov()` 将用于计算模拟时空点处的协方差函数, 并从模型中进行采样:

```
kappa.s <- 1
kappa.t <- 5
s2 <- 1 / 2
xx <- crossprod(
  chol(local.stcov(loc, time, kappa.s, kappa.t, s2)),
  rnorm(n))

beta0 <- -3
tau.error <- 3
```

7.2 连续时域

```
y <- beta0 + xx + rnorm(n, 0, sqrt(1 / tau.error))
```

7.2.2 数据堆栈的准备

要拟合时空连续模型, 必须首先定义时间节点和时间网格. 为此, 我们定义一个含有 10 个节点的一维网格:

```
k <- 10
mesh.t <- inla.mesh.1d(seq(0 + 0.5 / k, 1 - 0.5 / k, length = k))
```

产生的时间网格中的节点如下:

```
mesh.t$loc
## [1] 0.05 0.15 0.25 0.35 0.45 0.55 0.65 0.75 0.85 0.95
```

我们继续使用在第 2.6 节中创建的 Paraná 州边界的低分辨率网格. 这意味着我们还可以重新使用前面示例中定义的 SPDE 模型.

时空模型的索引集可以定义为:

```
iset <- inla.spde.make.index('i', n.spde = spde$n.spde,
  n.group = k)
```

投影矩阵既考虑了空间投影, 又考虑了时间投影. 因此, 它需要空间网格和空间位置、时间点和时间网格. 这些被传递给函数 inla.spde.make.A, 如下所示:

```
A <- inla.spde.make.A(mesh = prmesh1, loc = loc,
  group = time, group.mesh = mesh.t)
```

在数据堆栈中的 effects 是一个包含两个元素的列表: 空间效应和分类协变量的索引集. 堆栈数据定义为:

```
sdat <- inla.stack(
  data = list(y = y),
  A = list(A,1),
  effects = list(iset, list(b0 = rep(1, n))),
  tag = "stdata")
```

7.2.3 模型拟合以及一些结果

时间的指数相关函数包含逆范围参数 κ. 它给出了时间节点之间的相关关系, 等于:

```
exp(-kappa.t * diff(mesh.t$loc[1:2]))
## [1] 0.6065
```

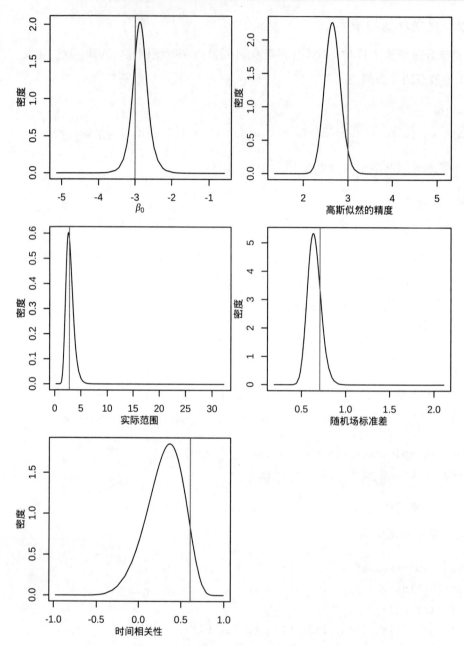

图 7.5 时空过程的截距、似然精度和参数的后验边际分布

我们使用 AR(1) 时间相关性模型来拟合,如下所示:

7.3 降低时空模型的分辨率

```
formulae <- y ~ 0 + b0 + f(i, model = spde, group = i.group,
  control.group = list(model = 'ar1', hyper = h.spec))

res <- inla(formulae, data = inla.stack.data(sdat),
  control.family = list(hyper = list(theta = prec.prior)),
  control.predictor = list(compute = TRUE,
    A = inla.stack.A(sdat)))
```

我们汇总了似然函数的精度和随机场参数的后验边际分布：

```
res$summary.hyperpar
##                                         mean      sd
## Precision for the Gaussian observations 2.8535 0.19028
## Range for i                             2.4526 0.43626
## Stdev for i                             0.6753 0.07249
## GroupRho for i                          0.5124 0.14638
##                                         0.025quant 0.5quant
## Precision for the Gaussian observations 2.4918    2.8496
## Range for i                             1.7246    2.4069
## Stdev for i                             0.5423    0.6721
## GroupRho for i                          0.1879    0.5270
##                                         0.975quant   mode
## Precision for the Gaussian observations 3.2401    2.8449
## Range for i                             3.4360    2.3132
## Stdev for i                             0.8274    0.6664
## GroupRho for i                          0.7559    0.5585
```

这些参数的后验边际分布如图 7.5 所示，其中包括时空场的截距、误差精度、空间范围、标准差和时间相关性的边际分布.

7.3 降低时空模型的分辨率

在处理大型数据集时，模型拟合可能具有挑战性. 在本节中，我们将展示降低时空随机效应表示的分辨率的技术，以使模型拟合更快.

首先，我们使用 Paraná 州的降雨数据构建空间网格和 SPDE 模型，代码如下：

```
data(PRprec)
bound <- inla.nonconvex.hull(as.matrix(PRprec[, 1:2]), 0.2, 0.2,
```

```
  resol = 50)
mesh.s <- inla.mesh.2d(bound = bound, max.edge = c(1,2),
  offset = c(1e-5, 0.7), cutoff = 0.5)
spde.s <- inla.spde2.matern(mesh.s)
```

7.3.1 数据在时间上的整合

在本小节中, 我们将设定下一小节示例中使用的数据. 读者可以将数据框 `df` 考虑成一个原始的二项数据集, 它是如何构造的并不重要.

我们分析的数据由 Paraná 州 (巴西) 365 天内观测的 616 个位置点组成, 响应变量为日降雨量. 对这个数据集而言, `data.frame` 的维数和前两行中的前 7 个变量如下:

```
dim(PRprec)
## [1] 616 368
PRprec[2:3, 1:7]
##    Longitude Latitude Altitude d0101 d0102 d0103 d0104
## 3    -50.77   -22.96      344     0     1     0   0.0
## 4    -50.65   -22.95      904     0     0     0   3.3
```

在这个例子中, 我们的目的是分析降雨的概率. 因此, 我们现在将这个连续的降雨量数据集转换为降雨的发生 (occurrence) 情况. 响应变量为降雨量是否高于 0.1.

```
PRoccurrence = 0 + (PRprec[, -c(1, 2, 3)] > 0.1)
PRoccurrence[2:3, 1:7]
##    d0101 d0102 d0103 d0104 d0105 d0106 d0107
## 3     0     1     0     0     0     0     1
## 4     0     0     0     1     0     0     1
```

为了缩减数据集的大小, 我们对连续 5 天的降雨量进行加总来整合数据. 我们将使用伯努利模型对原始数据集进行建模, 因此整合后的数据集采用二项模型进行建模 (因为伯努利变量的和服从二项分布). 由于数据存在缺失值, 将会有许多 5 天区间内的观测值小于 5 个, 这些区间内二项分布的实验次数将会少于 5 次.

首先, 创建一个新的索引, 以 5 天为一组进行分组:

```
id5 = rep(1:(365 / 5), each = 5)
```

下雨天的数量为:

7.3 降低时空模型的分辨率

```
y5 <- t(apply(PRoccurrence[, 1:365], 1, tapply, id5, sum,
  na.rm = TRUE))
table(y5)
## y5
##     0     1     2     3     4     5
## 17227 10608  7972  4539  3063  1559
```

接下来, 每组 5 天内观测到数据的天数, 即二项似然函数的试验次数, 可以计算为:

```
n5 <- t(apply(!is.na(PRprec[, 3 + 1:365]), 1, tapply, id5, sum))
table(as.vector(n5))
##
##     0     1     2     3     4     5
##  3563    77    72    95   172 40989
```

现在, 整合的数据集有 73 个时间点.

从上表可以看出, 有 3563 个 5 天周期没有数据记录. 当处理这些缺失值时, 第一种方法是删除这些 y 和 n 的数据对. 如果不删除这些数据, 那么当 $n=0$ 时必须给 y 赋值为 NA. 然而, 这时 n 需要被赋一个正值 (例如 5). 这是按下列方式完成的:

```
y5[n5 == 0] <- NA
n5[n5 == 0] <- 5
```

我们在一个数据框中设置所有变量:

```
n <- nrow(PRprec)
df = data.frame(y = as.vector(y5), ntrials = as.vector(n5),
  locx = rep(PRprec[, 1], k),
  locy = rep(PRprec[, 2], k),
  time = rep(1:k, each = n),
  station.id = rep(1:n, k))

summary(df)
##        y            ntrials          locx            locy
##  Min.   :0      Min.   :1.00    Min.   :-54.5   Min.   :-26.9
##  1st Qu.:0      1st Qu.:5.00    1st Qu.:-52.9   1st Qu.:-25.6
##  Median :1      Median :5.00    Median :-51.7   Median :-24.9
##  Mean   :1      Mean   :4.98    Mean   :-51.6   Mean   :-24.7
```

```
## 3rd Qu.:2       3rd Qu.:5.00   3rd Qu.:-50.4   3rd Qu.:-23.8
## Max.   :5       Max.   :5.00   Max.   :-48.2   Max.   :-22.5
## NA's   :3563
##      time         station.id
## Min.   : 1     Min.   :  1
## 1st Qu.:19     1st Qu.:155
## Median :37     Median :308
## Mean   :37     Mean   :308
## 3rd Qu.:55     3rd Qu.:462
## Max.   :73     Max.   :616
##
```

7.3.2 降低时间分辨率

这种方法可以在 Lindgren 和 Rue (2015) 的第 3.2 节的代码中看到, 在 Blangiardo 和 Cameletti (2015) 的最后一个例子中也考虑过. 主要思想是在时间窗口上放置一些节点, 并在这些节点上定义模型. 然后, 从时间节点定义投影, 与空间网格情况类似.

每 6 个时间点放置一个节点, 共 73 个时间点. 所以, 最终在时间上只有 12 个节点.

```
bt <- 6
gtime <- seq(1 + bt, k, length = round(k / bt)) - bt / 2
mesh.t <- inla.mesh.1d(gtime, degree = 1)
```

因此模型的维数是 1152.

然后, 在计算投影矩阵时, 需要考虑待分析数据尺度上的时间网格和组的索引. 根据上述时空网格的定义, 可以得到投影矩阵:

```
Ast <- inla.spde.make.A(mesh = mesh.s,
  loc = cbind(df$locx, df$locy), group.mesh = mesh.t,
  group = df$time)
```

构建索引集和数据堆栈:

```
idx.st <- inla.spde.make.index('i', n.spde = spde.s$n.spde,
  n.group = mesh.t$n)
stk <- inla.stack(
  data = list(y = df$y, ntrials = df$ntrials),
  A = list(Ast, 1),
```

7.3 降低时空模型的分辨率

```
effects = list(idx.st, data.frame(mu0 = 1,
  altitude = rep(PRprec$Altitude / 1000, k))))
```

请注意, 在前面的代码中, 海拔值通过除以 1000 进行了缩放. 一般来说, 我们需要缩放协变量以得到稳定的数值推断.

该公式也是时空可分模型的常用公式:

```
form <- y ~ 0 + mu0 + altitude + f(i, model = spde.s,
  group = i.group, control.group = list(model = 'ar1',
    hyper=list(theta=list(prior='pc.cor1', param=c(0.7, 0.7)))))
```

在这个例子中, 为了减少计算时间, 在调用 inla() 时将设置许多选项. 特别地, 自适应高斯逼近 (strategy = 'adaptive') 以及超参数上的经验贝叶斯积分策略 (int.strategy = 'eb') 将被使用. 这些选项传递到 inla() 中的 control.inla 参数. 此外, 我们在初始值 init 处启动优化器:

```
# 超参数的初始值
init = c(-0.5, -0.9, 2.6)
# 模型拟合
result <- inla(form, 'binomial', data = inla.stack.data(stk),
  Ntrials = inla.stack.data(stk)$ntrials,
  control.predictor = list(A = inla.stack.A(stk), link = 1),
  control.mode = list(theta = init, restart=TRUE),
  control.inla = list(strategy = 'adaptive', int.strategy = 'eb'))
```

在每个时间节点处都可以绘制拟合的空间效应, 并通过考虑最接近时间节点的数据覆盖降雨天数的比例. 首先, 需要一个网格来构建投影:

```
data(PRborder)
r0 <- diff(range(PRborder[, 1])) / diff(range(PRborder[, 2]))
prj <- inla.mesh.projector(mesh.s, xlim = range(PRborder[, 1]),
  ylim = range(PRborder[, 2]), dims = c(100 * r0, 100))
in.pr <- inout(prj$lattice$loc, PRborder)
```

接下来, 计算每个时间节点处拟合的后验均值的投影:

```
mu.st <- lapply(1:mesh.t$n, function(j) {
  idx <- 1:spde.s$n.spde + (j - 1) * spde.s$n.spde
```

```
r <- inla.mesh.project(prj,
    field = result$summary.ran$i$mean[idx])
r[!in.pr] <- NA
return(r)
})
```

这些投影显示在图 7.6 中. 我们添加的位置点的大小与每个周期内降雨的发生成正比.

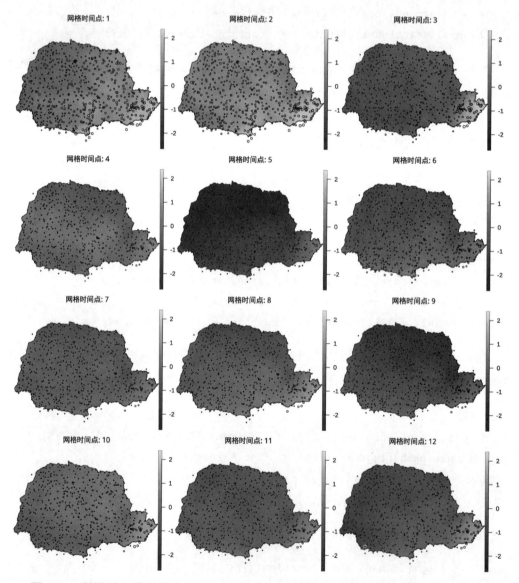

图 **7.6** 利用时空模型拟合 Paraná 州 (巴西) 的降雨天数得到的每个时间节点上的空间效应 (彩图见书末)

7.4 条件模拟：合并两个网格

7.4.1 动机

有许多预测问题需要对广阔地区 (如国家) 的空间或时空现象进行建模和预测. 然而，在许多情况下，该区域只有有限的一部分有观测值. 在本节中，我们将讨论如何以高效的计算方式处理这个问题. 虽然实际的计算问题在处理时空数据时更常见，但这里开发的示例主要关注空间数据，以简化表述. 然而，同样的原理可以很容易地扩展到时空情况.

我们通过使用巴西 Paraná 州的位置来说明有一个过程只在部分研究区域有观测值的情况. 我们使用 Paraná 州的边界域，并假设我们只有 Paraná 的左半部分的数据，而需要对整个州进行空间预测. 此外，我们考虑在可用数据周围使用网格拟合模型，并在整个感兴趣的区域使用网格进行预测. 这些可以通过下面的代码获得，结果数据集绘制在图 7.7 中.

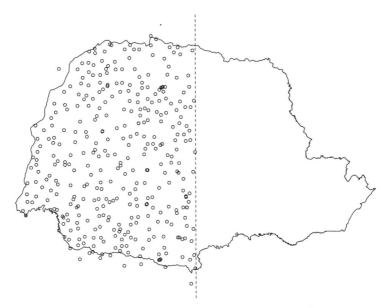

图 **7.7** 问题设置: 研究区域中可用的一半数据

```
# 加载Paraná州边界和降雨数据
data(PRborder)
data(PRprec)
# 哪些数据点位于Paraná州左边50%的部分
```

```
mid.long <- mean(range(PRborder[, 1]))
sel.loc <- which(PRprec[, 1] < mid.long)
sel.bor <- which(PRborder[, 1] < mid.long)
```

获得这种预测的一种方法是使用同时包含观测数据的位置和预测位置 (由 mesh2 表示) 的网格来拟合模型. 在这里, 我们展示了一种更有效的方法, 其中模型使用只在观测位置周围的网格 (由 mesh1 表示) 进行拟合, 然后使用条件模拟对 mesh2 的节点处进行预测. 这是通过将稀疏矩阵的数值方法优势应用于 GRMF 的条件模拟中来实现的, 结果是与直接使用 mesh2 拟合模型相比, 计算速度显著提升. 经过条件模拟, 在观测数据位置处的预测将与使用 mesh1 进行拟合得到的值完全相同. 在地理统计学文献中, 这可以通过条件 kriging 方法来实现. 条件方法的基础是在无条件模拟和预测中使用相同的协方差函数.

这等价于在线性约束下从 GMRF 中抽样的问题:

$$\boldsymbol{A}\boldsymbol{x} = \boldsymbol{b}, \tag{7.1}$$

其中 $\boldsymbol{A}$ 是 $n_1 \times n_2$ 矩阵, n_1 和 n_2 分别是 mesh1 和 mesh2 中的节点数. 向量 $\boldsymbol{b}$ 是长度为 n_1 的约束向量, 对应于使用 mesh1 拟合得到的预测潜在随机场.

得到 $\boldsymbol{x}^*$ 的正确条件分布的一种方法是对无约束的 GMRF: $\boldsymbol{x} \sim N(\boldsymbol{\mu}, \boldsymbol{Q}^{-1})$ 进行采样, 然后计算

$$\boldsymbol{x}^* = \boldsymbol{x} - \boldsymbol{Q}^{-1}\boldsymbol{A}^\top(\boldsymbol{A}\boldsymbol{Q}^{-1}\boldsymbol{A}^\top)^{-1}(\boldsymbol{A}\boldsymbol{x} - \boldsymbol{b}), \tag{7.2}$$

其中 $\boldsymbol{Q}$ 是 $n_2 \times n_2$ 的精度矩阵, $\boldsymbol{A}\boldsymbol{Q}^{-1}\boldsymbol{A}^\top$ 是维数等于约束个数 (即 $n_1 \times n_1$) 的稠密矩阵. 利用 $\boldsymbol{Q}$ 的稀疏结构, 对 $\boldsymbol{A}\boldsymbol{Q}^{-1}\boldsymbol{A}^\top$ 进行因式分解, 由于 $n_1 \ll n_2$, 可以得到快速计算.

7.4.2 Paraná 州的例子

在每个位置 i, 我们假设数据 y_i 的分布如下:

$$y_i \sim N(\eta_i, \sigma_\epsilon), \tag{7.3}$$

其中 σ_ϵ 为独立同分布 (iid) 的高斯噪声, η_i 为线性预测因子, 定义为

$$\eta_i = \beta_0 + u_i, \tag{7.4}$$

其中 β_0 是截距, u_i 是空间高斯随机场的实现, 在数据位置 i 上有 Matérn 协方差.

我们使用模拟数据来展示如何在使用 mesh1 拟合模型后, 在 mesh2 中获得预测.

7.4 条件模拟: 合并两个网格

为了说明我们的方法使用不同的网格进行预测的能力, 我们假设数据来自基于 mesh2 的随机场, 即 u_i.

我们只考虑来自 Paraná 州西部一半的数据, 构建 mesh1:

```
# 构建mesh1
mesh1 <- inla.mesh.2d(loc = PRprec[sel.loc, 1:2], max.edge = 1,
  cutoff = 0.1, offset = 1.2)
```

接下来, 我们构建 mesh2, 这样 mesh1 的所有节点也都是 mesh2 的节点. 此外, 我们使用 Paraná 州的边界来定义 mesh2 的高分辨率的内部. 为了实现这两个限制, 我们首先考虑 Paraná 州的边界并构建一个辅助的网格 mesh2a. 然后我们使用 mesh1 和辅助网格的位置来创建 mesh2.

```
# 为Paraná州边界和辅助网格定义一个边界
ibound <- inla.nonconvex.hull(PRborder, 0.05, 2, resol = 250)
mesh2a <- inla.mesh.2d(mesh1$loc, boundary = ibound,
  max.edge = 0.2, cutoff = 0.1)
# 构建mesh2, 考虑更宽的边界
bound <- inla.nonconvex.hull(PRborder, 2)
mesh2 <- inla.mesh.2d(loc = rbind(mesh1$loc, mesh2a$loc),
  boundary = bound, max.edge = 1, cutoff = 0.1)
```

最终, mesh1 有 379 个节点, mesh2 有 1477 个节点. 我们可以在图 7.8 中看到这两个网格.

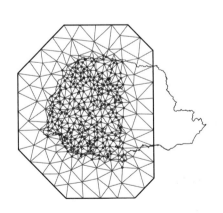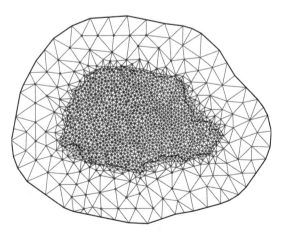

图 **7.8** 第一个网格以及由蓝色显示的观测数据的位置 (左图). 将用于预测的网络 mesh2 以及由红点显示的第一个网格的点 (右图). 内部蓝色多边形显示 Paraná 州的边界 (彩图见书末)

为了模拟数据, 我们需要确定范围和标准差, 然后定义两个网格的 SPDE 模型, 如下所示:

```
# SPDE模型参数
range <- 3
std.u <- 1
# 定义mesh1和mesh2的SPDE模型
spde1 = inla.spde2.pcmatern(mesh1, prior.range = c(1, 0.1),
  prior.sigma = c(1, 0.1))
spde2 = inla.spde2.pcmatern(mesh2, prior.range = c(1, 0.1),
  prior.sigma = c(1, 0.1))
```

两个 SPDE 模型的精度矩阵均用以下方法建立:

```
# 得到spde1和spde2的精度矩阵
Q1 = inla.spde2.precision(spde1,
  theta = c(log(range), log(std.u)))
Q2 = inla.spde2.precision(spde2,
  theta = c(log(range), log(std.u)))
```

mesh2 节点处的随机场模拟如下:

```
u <- as.vector(inla.qsample(n = 1, Q = Q2, seed = 1))
```

我们通过将网格节点投影到观测到的数据点并添加 iid 噪声来完成数据模拟. 我们还为 mesh1 构建投影矩阵, 用于拟合模型:

```
A1 <- inla.spde.make.A(mesh1,
  loc = as.matrix(PRprec[sel.loc, 1:2]))
A2 <- inla.spde.make.A(mesh2,
  loc = as.matrix(PRprec[sel.loc, 1:2]))
```

我们现在对观测位置的空间场和 iid 高斯噪声进行采样:

```
std.epsilon = 0.1
y <- drop(A2 %*% u) + rnorm(nrow(A2), sd = std.epsilon)
```

堆栈数据包括截距和定义在 mesh1 上的 SPDE 模型:

```
stk <- inla.stack(
  data = list(resp = y),
```

7.4 条件模拟: 合并两个网格

```
A = list(A1, 1),
effects = list(i = 1:spde1$n.spde,m = rep(1, length(y))),
tag = 'est')
```

7.4.3 拟合模型

模型拟合如下:

```
res <- inla(resp ~ 0 + m + f(i, model = spde1),
  data = inla.stack.data(stk),
  control.compute = list(config = TRUE),
  control.predictor = list(A = inla.stack.A(stk)))
```

噪声的标准差、范围和标准差的后验边际分布以及真值的汇总如下所示:

```
# 高斯似然标准差的边际分布
p.s.eps <- inla.tmarginal(function(x) 1 / sqrt(exp(x)),
  res$internal.marginals.hyperpar[[1]])
# 后验边际标准差汇总
s.std <- unlist(inla.zmarginal(p.s.eps, silent = TRUE))[c(1:3, 7)]

hy <- cbind(True = c(std.epsilon, range, std.u),
 rbind(s.std, res$summary.hyperpar[2:3, c(1:3, 5)]))
rownames(hy) <- c('Std epsilon', 'Range field', 'Std field')
hy
##               True    mean        sd  0.025quant  0.975quant
## Std epsilon   0.1   0.1085  0.007258     0.09497      0.1235
## Range field   3.0   2.3078  0.542444     1.50645      3.6146
## Std field     1.0   0.7203  0.146294     0.49784      1.0673
```

7.4.4 获得预测值

在进行实际预测之前, 我们需要使用拟合模型从后验分布中取样. 考虑超参数的内部参数化, 我们从后验分布中抽取 100 个样本:

```
nn <- 100
s <- inla.posterior.sample(n = nn, res, intern = TRUE,
  seed = 1, add.names = FALSE)
```

我们可以用以下方法找出空间随机效应 i 的索引：

```
## 从mesh1的样本中找出潜在随机场i的值
contents <- res$misc$configs$contents
effect <- "i"
id.effect <- which(contents$tag == effect)
ind.effect <- contents$start[id.effect] - 1 +
  (1:contents$length[id.effect])
```

对于后验分布的每一个样本，下面的代码可以生成在 mesh2 节点处潜在场 u 的预测，同时约束其在 mesh1 节点处的预测等于模型在 mesh1 上拟合后生成的后验样本中潜在场的值。这段代码是基于公式 (7.2) 的，但是为了达到更快的计算速度，增加了额外的复杂性：

```
# 获得mesh2节点处的预测
loc1 = mesh1$loc[,1:2]
loc2 = mesh2$loc[,1:2]
n = mesh2$n

mtch = match(data.frame(t(loc2)), data.frame(t(loc1)))
idx.c = which(!is.na(mtch))
idx.u = setdiff(1:mesh2$n, idx.c)
p = c(idx.u, idx.c)

ypred.mesh2 = matrix(c(NA), mesh2$n, nn)

m <- n - length(idx.c)
iperm <- numeric(m)

t0 <- Sys.time()
for(ind in 1:nn){
  
  Q.tmp = inla.spde2.precision(spde2,
    theta = s[[ind]]$hyperpar[2:3])
  
  Q = Q.tmp[p, p]
  Q.AA = Q[1:m, 1:m]
  Q.BB = Q[(m + 1):n, (m + 1):n]
```

7.4 条件模拟: 合并两个网格

```
    Q.AB = t(Q[(m + 1):n, 1:m])
    Q.AA.sf = Cholesky(Q.AA,  perm = TRUE,  LDL = FALSE)
    perm = Q.AA.sf@perm + 1
    iperm[perm] = 1:m
    x = solve(Q.AA.sf, rnorm(m), system = "Lt")
    xc = s[[ind]]$latent[ind.effect]
    xx = solve(Q.AA.sf, -Q.AB %*% xc,  system = "A")

    x = rep(NA, n)
    x[idx.u] = c(as.matrix(xx))
    x[idx.c] = xc

    ypred.mesh2[, ind] = x
}
Sys.time() - t0
## 时间差为 3.629 秒
```

注意, 上面的代码通过考虑这个矩阵的稀疏性来快速地计算精度矩阵的 Cholesky 分解. 这使得在大量点处获得快速预测成为可能. 另一种可能性是直接使用 mesh2 而不是 mesh1 来拟合模型. 然而, 这将需要更多的计算时间, 并且结果将类似于这里所示的过程.

为了在精细网格中生成预测随机场的地图, 我们对包含 Paraná 州边界位置的正方形上的网格点计算投影矩阵.

```
# 从网格节点到精细网格的投影
projgrid   <- inla.mesh.projector(mesh2,
   xlim = range(PRborder[, 1]), ylim = range(PRborder[, 2]),
   dims = c(300, 300))
```

然后, 我们可以得到模拟随机场的投影, 并与预测后验均值的投影进行比较. 缺失的值被分配到 Paraná 州之外的网格点:

```
# 找到Paraná州内部的点
xy.in <- inout(projgrid$lattice$loc, PRborder[, 1:2])
# 真实场
r1 <- inla.mesh.project(projgrid , field = u)
r1[!xy.in] <- NA
```

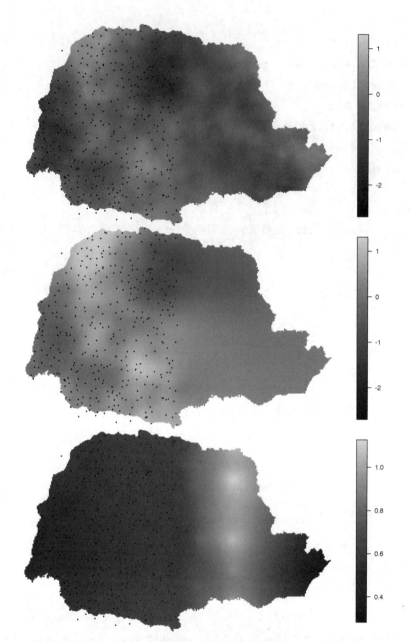

图 7.9 模拟场 (上图), 后验均值的估计 (中图) 和后验边际标准差 (下图) (彩图见书末)

```
# 预测随机场的均值
r2 <- inla.mesh.project(projgrid , field = rowMeans(ypred.mesh2))
r2[!xy.in] <- NA
```

7.4 条件模拟: 合并两个网格

```
# 预测随机场的标准差
sd.r2 <- inla.mesh.project(
  projgrid, field=apply(ypred.mesh2, 1, sd, na.rm = TRUE))
sd.r2[!xy.in] <- NA

# 画图
par(mfrow = c(3, 1), mar = c(0, 0, 0, 0))
zlm <- range(c(r1, r2), na.rm = TRUE)

# 真实场的地图
book.plot.field(list(x = projgrid$x, y = projgrid$y, z = r1),
  zlim = zlm)
points(PRprec[sel.loc, 1:2], col = "black", asp = 1, cex = 0.3)

## 预测随机场的均值图
book.plot.field(list(x = projgrid$x, y = projgrid$y, z = r2),
  zlim = zlm)
points(PRprec[sel.loc, 1:2], col = "black", asp = 1, cex = 0.3)


book.plot.field(list(x = projgrid$x, y = projgrid$y, z = sd.r2))
points(PRprec[sel.loc, 1:2], col = "black", asp = 1, cex = 0.3)
```

第 8 章

时空模型应用

在这一章中,我们将目前书中给出的一些例子推广到时空. 特别地,我们考虑时空协同区域模型、动态回归模型、时空点过程和时空 Hurdle 模型.

8.1 时空协同区域模型

在本节中,我们将第 3.1 节中构建的协同区域模型推广到时空模型. 这个模型与之非常类似,但计算要求更高. 正因如此,我们在示例中使用了一个更粗糙的网格.

8.1.1 模型和参数化

模型类似于空间模型

$$y_1(s,t) = \alpha_1 + z_1(s,t) + e_1(s,t),$$
$$y_2(s,t) = \alpha_2 + \lambda_1 z_1(s,t) + z_2(s,t) + e_2(s,t),$$
$$y_3(s,t) = \alpha_3 + \lambda_2 z_1(s,t) + \lambda_3 z_2(s,t) + z_3(s,t) + e_3(s,t),$$

这里 $z_k(s,t)$ 是时空效应, $e_k(s,t)$ 是互不相关的误差项, $k=1,2,3$.

8.1.2 数据模拟

首先,设置用于数据模拟的参数值:

```
alpha <- c(-5, 3, 10) # 重参数化模型的截距
z.sigma = c(0.5, 0.6, 0.7) # 随机场边际分布的标准差
range = c(0.2, 0.3, 0.4) # GRF尺度: 范围参数
beta <- c(0.7, 0.5, -0.5) # 复制参数: 重参数化的协同区域参数
rho <- c(0.7, 0.8, 0.9) # 时间相关性
n <- 50 # 空间位置数
k <- 4 # 时间点数量
e.sigma <- c(0.3, 0.2, 0.15) # 测量误差边际分布标准差
```

我们对所有的响应变量使用相同的空间和时间位置. 注意, 在第 3.1 节中, 我们使用不同的空间位置, 也可以使用不同的时间点 (当使用时间网格时).

模拟的位置如下:

```
loc <- cbind(runif(n), runif(n))
```

然后, 在第 2.1.4 节中定义的 book.rMatern() 函数将被用于在每个时间点上模拟来自独立随机场的观测值:

```
x1 <- book.rMatern(k, loc, range = range[1], sigma = z.sigma[1])
x2 <- book.rMatern(k, loc, range = range[2], sigma = z.sigma[2])
x3 <- book.rMatern(k, loc, range = range[3], sigma = z.sigma[3])
```

时间相关性模型使用第 7 章所用的一阶自回归过程.

```
z1 <- x1
z2 <- x2
z3 <- x3

for (j in 2:k) {
  z1[, j] <- rho[1] * z1[, j - 1] + sqrt(1 - rho[1]^2) * x1[, j]
  z2[, j] <- rho[2] * z2[, j - 1] + sqrt(1 - rho[2]^2) * x2[, j]
  z3[, j] <- rho[3] * z3[, j - 1] + sqrt(1 - rho[3]^2) * x3[, j]
}
```

我们使用常数 $\sqrt{1-\rho_j^2}, j = 1, 2, 3$ 来确保样本来自平稳分布.

然后对响应变量进行抽样:

```
y1 <- alpha[1] + z1 + rnorm(n, 0, e.sigma[1])
y2 <- alpha[2] + beta[1] * z1 + z2 + rnorm(n, 0, e.sigma[2])
y3 <- alpha[3] + beta[2] * z1 + beta[3] * z2 + z3 +
  rnorm(n, 0, e.sigma[3])
```

8.1.3 模型拟合

我们定义一个粗糙的网格来节省计算时间:

```
mesh <- inla.mesh.2d(loc, max.edge = 0.2, offset = 0.1,
  cutoff = 0.1)
```

与前面的例子类似, SPDE 模型将考虑使用 Fuglstad 等 (2018) 中介绍的 PC 先验

8.1 时空协同区域模型

作为范围参数 $\sqrt{8\nu}/\kappa$ 和边际标准差的先验. 这些可在定义 SPDE 的潜在效应时设置:

```
spde <- inla.spde2.pcmatern(mesh = mesh,
  prior.range = c(0.05, 0.01), # P(range < 0.05) = 0.01
  prior.sigma = c(1, 0.01)) # P(sigma > 1) = 0.01
```

还需要定义时空场及其复制的索引. 由于在所有的效应中都使用了相同的网格, 这些索引对于所有的效应都是相同的:

```
s1 <- rep(1:spde$n.spde, times = k)
s2 <- s1
s3 <- s1
s12 <- s1
s13 <- s1
s23 <- s1

g1 <- rep(1:k, each = spde$n.spde)
g2 <- g1
g3 <- g1
g12 <- g1
g13 <- g1
g23 <- g1
```

ρ_j 的先验也被选为 PC 先验 (Simpson 等, 2017):

```
rho1p <- list(theta = list(prior = 'pccor1', param = c(0, 0.9)))
ctr.g <- list(model = 'ar1', hyper = rho1p)
```

选择上面的先验时考虑了 $P(\rho_j > 0) = 0.9$.

设置每个复制参数的先验都是均值为零、精度为 10 的高斯分布:

```
hc1 <- list(theta = list(prior = 'normal', param = c(0, 10)))
```

定义包含模型中所有项以及之前定义的先验的公式为:

```
form <- y ~ 0 + intercept1 + intercept2 + intercept3 +
  f(s1, model = spde, group = g1, control.group = ctr.g) +
  f(s2, model = spde, group = g2, control.group = ctr.g) +
  f(s3, model = spde, group = g3, control.group = ctr.g) +
  f(s12, copy = "s1", group = g12, fixed = FALSE, hyper = hc1) +
```

```
  f(s13, copy = "s1", group = g13, fixed = FALSE, hyper = hc1) +
  f(s23, copy = "s2", group = g23, fixed = FALSE, hyper = hc1)
```

投影矩阵定义为

```
stloc <- kronecker(matrix(1, k, 1), loc)# 每次重复坐标
A <- inla.spde.make.A(mesh, stloc, n.group = k,
  group = rep(1:k, each = n))
```

注意, 在这个例子中, 投影矩阵 (A 矩阵) 对于不同的时间点都是相等的, 因为所有的点在不同的时间有相同的坐标, 但当不同时间的观测在不同的位置时, 投影矩阵可能是不同的.

然后数据被组织在三个数据堆栈中, 这些数据堆栈被连接起来:

```
stack1 <- inla.stack(
  data = list(y = cbind(as.vector(y1), NA, NA)),
  A = list(A),
  effects = list(list(intercept1 = 1, s1 = s1, g1 = g1)))

stack2 <- inla.stack(
  data = list(y = cbind(NA, as.vector(y2), NA)),
  A = list(A),
  effects = list(list(intercept2 = 1, s2 = s2, g2 = g2,
    s12 = s12, g12 = g12)))

stack3 <- inla.stack(
  data = list(y = cbind(NA, NA, as.vector(y3))),
  A = list(A),
  effects = list(list(intercept3 = 1, s3 = s3, g3 = g3,
    s13 = s13, g13 = g13, s23 = s23, g23 = g23)))

stack <- inla.stack(stack1, stack2, stack3)
```

对模型中三个似然函数的误差精度 (Simpson 等, 2017) 设置另一个 PC 先验:

```
eprec <- list(hyper = list(theta = list(prior = 'pc.prec',
  param = c(1, 0.01))))
```

该模型有 15 个超参数. 为了使优化过程更快, 将模拟中使用的参数值作为初始值:

8.1 时空协同区域模型

```
theta.ini <- c(log(1 / e.sigma^2),
  c(log(range), log(z.sigma),
  qlogis(rho))[c(1, 4, 7, 2, 5, 8, 3, 6, 9)], beta)

# 我们扰动初始值以人为地避免
# 复原真值
theta.ini = theta.ini + rnorm(length(theta.ini), 0, 0.1)
```

然后, 将模型拟合为

```
result <- inla(form, rep('gaussian', 3),
  data = inla.stack.data(stack),
  control.family = list(eprec, eprec, eprec),
  control.mode = list(theta = theta.ini, restart = TRUE),
  control.inla = list(int.strategy = 'eb'),
  control.predictor = list(A = inla.stack.A(stack)))
```

该模型以秒为单位的计算时间为

```
##    Pre  Running   Post   Total
##  5.495  47.866  0.236  53.597
```

表 8.1 汇总了模型中参数的后验边际分布. 这些参数包括截距、误差的精度、时间相关性、复制参数以及随机场的范围和标准差.

表 8.1 模型中参数的后验分布汇总

参数	真值	均值	标准差	2.5% 分位数	97.5% 分位数
截距 1	−5.00	−5.0261	0.1344	−5.2901	−4.7624
截距 2	3.00	3.1673	0.2071	2.7607	3.5736
截距 3	10.00	9.7655	0.2802	9.2154	10.3152
误差 e1	11.11	16.0295	2.3083	11.9426	21.0135
误差 e2	25.00	14.6702	2.4464	10.4295	20.0336
误差 e3	44.44	15.2115	2.2840	11.1578	20.1285
s1 相关性	0.70	0.8737	0.0438	0.7707	0.9411
s2 相关性	0.80	0.9040	0.0355	0.8192	0.9569
s3 相关性	0.90	0.9829	0.0101	0.9577	0.9961
s12 复制系数	0.70	0.6629	0.1294	0.4100	0.9184
s13 复制系数	0.50	0.5157	0.1214	0.2790	0.7557

续表

参数	真值	均值	标准差	2.5% 分位数	97.5% 分位数
s23 复制系数	−0.50	−0.5119	0.1357	−0.7823	−0.2479
s1 的范围	0.20	0.1515	0.0401	0.0849	0.2416
s2 的范围	0.30	0.2462	0.0622	0.1441	0.3872
s3 的范围	0.40	0.2389	0.0612	0.1409	0.3802
s1 的标准差	0.50	0.7366	0.1246	0.5285	1.0161
s2 的标准差	0.60	0.6778	0.0918	0.5168	0.8767
s3 的标准差	0.70	0.9177	0.1224	0.7035	1.1832

将每个随机场的后验均值投影到观测位置, 并在图 8.1 中将其与模拟的对应随机场进行对比.

注意, 粗糙的网格导致了空间协方差的粗略近似. 在实际中拟合模型时, 不建议这样做. 但是, 可以考虑使用此设置来获得初始结果和示例代码. 在此特例下, 该方法似乎提供了模型参数的合理估计.

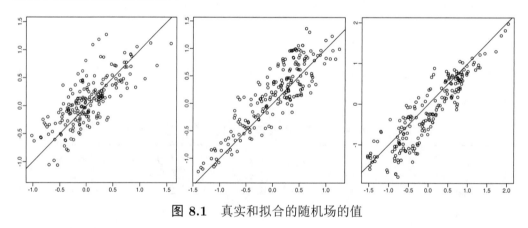

图 **8.1**　真实和拟合的随机场的值

8.2　动态回归的例子

关于动态模型有大量的文献, 其中包括一些书籍, 如 West 和 Harrison (1997) 以及 Petris 等 (2009). 这些模型基本上定义了一类时间序列模型的层次结构. 一种特殊的情况是动态回归模型, 其中回归系数被建模为时间序列. 这就是回归系数随时间平稳变化的情况.

8.2 动态回归的例子

8.2.1 动态时空回归

具有空间结构的时间序列的具体模型类型在 Gelfand 等 (2003) 中被提出, 其中回归系数随时间和空间平稳变化. 对于区域数据的情况, 在 Vivar 和 Ferreira (2009) 中提出使用空间上的合理的高斯–马尔可夫随机场 (Proper Gaussian Markov Random Fields, PGMRF). 有一类特殊的模型称为"空间变系数模型", 其中回归系数随空间变化, 参见 Assunção 等 (1999), Assunção 等 (2002) 以及 Gamerman 等 (2003).

在 Gelfand 等 (2003) 中, Gibbs 采样被用于推断, 并且由于强自相关, 需要一个更好的算法. 在 Vivar 和 Ferreira (2009) 中提出了使用前向信息过滤和向后采样 (Forward Information Filtering and Backward Sampling, FIFBS) 递归方法. 两种 MCMC 算法的计算代价都很高.

在 Knorr-Held 和 Rue (2002) 中提出了 Kalman 滤波和 Cholesky 分解之间的关系, 因此可以避免 FIFBS 算法. 使用稀疏矩阵方法时, Cholesky 分解具有较好的通用性和性能 (Rue 和 Held, 2005, 第 149 页). 此外, 可以避免潜在场的先验必须是适当的限制.

当似然函数为高斯分布时, 在推断过程中不需要进行近似, 因为给定数据和超参数时潜在随机场的分布是高斯分布. 因此, 主要任务是对模型中的超参数进行推断. 在这种情况下, 不需要任何抽样方法就可以得到模态和周围的曲率. 对于 Vivar 和 Ferreira (2009) 中的这类模型, 使用 INLA 是很自然的, 如 Ruiz-Cárdenas 等 (2012) 所示; 而对于 Gelfand 等 (2003) 中的模型, 在考虑空间部分的 Matérn 协方差时, 可以使用 SPDE 方法.

这个例子将展示如何拟合时空动态回归模型, 如 Gelfand 等 (2003) 中所讨论的, 它考虑了 Matérn 空间协方差和时间的 AR(1) 模型, 它对应于指数相关函数. 这种特殊的协方差选择对应于 Cameletti 等 (2013) 中的模型, 其中只有截距是动态的. 在这里考虑的情况是一个动态截距和一个时间谐波的动态回归系数.

8.2.2 模型模拟

为了模拟用于拟合模型的数据, 首先对空间位置进行采样, 如下所示:

```
n <- 150
set.seed(1)
coo <- matrix(runif(2 * n), n)
```

为了在每一组位置处进行随机场的采样, 可使用第 2.1.4 节中定义的 book.rMatern() 函数来模拟每个时间点的独立的随机场的观测值.

k 个 (时间点数量) 样本将从随机场中抽取. 然后, 考虑到时间自回归, 它们在时间

上是相关的:

```
kappa <- c(10, 12)
sigma2 <- c(1 / 2, 1 / 4)
k <- 15
rho <- c(0.7, 0.5)

set.seed(2)
beta0 <- book.rMatern(k, coo, range = sqrt(8) / kappa[1],
  sigma = sqrt(sigma2[1]))

set.seed(3)
beta1 <- book.rMatern(k, coo, range = sqrt(8) / kappa[2],
  sigma = sqrt(sigma2[2]))
beta0[, 1] <- beta0[, 1] / (1 - rho[1]^2)
beta1[, 1] <- beta1[, 1] / (1 - rho[2]^2)

for (j in 2:k) {
  beta0[, j] <- beta0[, j - 1] * rho[1] + beta0[, j] *
    (1 - rho[1]^2)
  beta1[, j] <- beta1[, j - 1] * rho[2] + beta1[, j] *
    (1 - rho[2]^2)
}
```

这里 $(1 - \rho_j^2)$ 项的出现是因为它在 INLA 中 AR(1) 模型的参数化中.

为了得到响应变量, 将谐波定义为随时间变化的函数, 然后将均值和误差项相加:

```
set.seed(4)
# 模拟协变量值
hh <- runif(n * k)
mu.beta <- c(-5, 1)
taue <- 20

set.seed(5)
# 观测误差
error <- rnorm(n * k, 0, sqrt(1 / taue))
# 动态回归部分
y <- (mu.beta[1] + beta0) + (mu.beta[2] + beta1) * hh +
```

```
error
```

8.2.3 拟合模型

模型中有两个时空项, 每项都有三个超参数: 精度、空间尺度和时间尺度 (或时间相关性). 因此, 将似然函数的精度考虑进去, 共有七个超参数. 为了进行快速推断, 选择一个具有少量顶点的粗网格:

```
mesh <- inla.mesh.2d(coo, max.edge = c(0.15, 0.3),
  offset = c(0.05, 0.3), cutoff = 0.07)
```

这个网格有 195 个点.

如前所述, SPDE 模型将考虑在 Fuglstad 等 (2018) 中导出的 PC 先验作为模型的实际范围 $\sqrt{8\nu}/\kappa$ 和边际标准差参数的先验:

```
spde <- inla.spde2.pcmatern(mesh = mesh,
  prior.range = c(0.05, 0.01), # P(practic.range < 0.05) = 0.01
  prior.sigma = c(1, 0.01)) # P(sigma > 1) = 0.01
```

每次调用 `f()` 函数时都需要一个不同的索引, 即使它们是相同的, 所以

```
i0 <- inla.spde.make.index('i0', spde$n.spde, n.group = k)
i1 <- inla.spde.make.index('i1', spde$n.spde, n.group = k)
```

在 SPDE 方法中, 时空模型定义在一组网格节点上. 由于考虑的是连续时间, 它也被定义在一组时间节点上. 因此, 需要处理从模型域 (节点) 到时空数据位置的投影. 对于截距, 方法与前面的示例相同. 对于回归系数, 需要做的就是将投影矩阵乘以协变量向量列, 即投影矩阵的每一列都乘以协变量向量. 这可以从以下线性预测因子 η 的结构中看出来:

$$\begin{aligned}\eta &= \mu_{\beta_0} + \mu_{\beta_2} h + A\beta_0 + (A\beta_1)h \\ &= \mu_{\beta_0} + \mu_{\beta_1} h + A\beta_0 + (A \oplus (h1^\top))\beta_1,\end{aligned}$$

在这里, $A \oplus (h1^\top)$ 是 A 和向量 h (长度等于 A 中的行数) 的按行 Kronecker 乘积, 表示为 A 和 $h1^\top$ 的 Kronecker 和. 这个操作可以使用 `inla.row.kron()` 函数来执行, 并且在 `weights` 参数中提供一个向量时可以在 `inla.spde.make.A()` 函数内部完成.

时空投影矩阵 A 定义如下:

```
A0 <- inla.spde.make.A(mesh,
    cbind(rep(coo[, 1], k), rep(coo[, 2], k)),
    group = rep(1:k, each = n))
A1 <- inla.spde.make.A(mesh,
    cbind(rep(coo[, 1], k), rep(coo[, 2], k)),
    group = rep(1:k, each = n), weights = hh)
```

数据堆栈如下:

```
stk.y <- inla.stack(
    data = list(y = as.vector(y)),
    A = list(A0, A1, 1),
    effects = list(i0, i1, data.frame(mu1 = 1, h = hh)),
    tag = 'y')
```

在这里, i0 类似于 i1, 并且效应 data.frame 的第二个元素中的变量 mu1 和 h 分别对应 μ_{β_0}、μ_{β_1} 和 μ_{β_2}.

此模型的公式考虑了以下的效应:

```
form <- y ~ 0 + mu1 + h + # 拟合 mu_beta
    f(i0, model = spde, group = i0.group,
        control.group = list(model = 'ar1')) +
    f(i1, model = spde, group = i1.group,
        control.group = list(model = 'ar1'))
```

由于模型考虑了高斯似然函数, 在拟合过程中不存在近似. INLA 算法的第一步是优化找到模型中七个超参数的众数. 通过选择好的初始值, 在这个优化过程中需要的迭代次数将会更少. 下面, 通过考虑用来模拟数据的参数真值定义内部尺度的超参数的初始值:

```
theta.ini <- c(
    log(taue), # 似然函数的对数精度
    log(sqrt(8) / kappa[1]), # log range 1
    log(sqrt(sigma2[1])), # log stdev 1
    log((1 + rho[1])/(1 - rho[1])), # log trans. rho 1
    log(sqrt(8) / kappa[2]), # log range 1
    log(sqrt(sigma2[2])), # log stdev 1
    log((1 + rho[2]) / (1 - rho[2]))# log trans. rho 2
```

8.2 动态回归的例子

```
theta.ini
## [1]  2.9957 −1.2629 −0.3466  1.7346 −1.4452 −0.6931  1.0986
```

因为有七个超参数,因此我们在使用 CCD 策略积分时需要在 79 种超参数配置上进行积分. 对于复杂的模型, 模型拟合可能需要几分钟. 可以在 inla.control 中设置一个更大的 tolerance 值以减少后验评估的数量, 这也将减少计算时间. 然而, 在下面的 inla() 调用中, 我们使用经验贝叶斯策略来避免过多的时间消耗.

最后, 在考虑上面定义的初始值后按如下代码进行模型拟合:

```
res <- inla(form, family = 'gaussian',
  data = inla.stack.data(stk.y),
  control.predictor = list(A = inla.stack.A(stk.y)),
  control.inla = list(int.strategy = 'eb'),# 对于theta没有积分
  control.mode = list(theta = theta.ini, # theta的初始值
    restart = TRUE))
```

拟合这一模型所需的时间是:

```
res$cpu
##      Pre  Running     Post    Total
##   3.0943 263.4097   0.4765 266.9805
```

μ_{β_1}、μ_{β_2} 的后验边际和似然精度 (即 $1/\sigma_e^2$) 的汇总见表 8.2.

表 **8.2**　模型中参数的后验分布汇总

参数	真值	均值	标准差	2.5% 分位数	97.5% 分位数
μ_{β_1}	−5	−4.7789	0.2022	−5.1759	−4.382
μ_{β_2}	1	0.9303	0.0587	0.8151	1.046
$1/\sigma_e^2$	20	10.8340	0.4940	9.9005	11.841

各时空过程的范围、标准差和自相关参数的后验边验分布见图 8.2.

为了更深入地了解动态系数的后验均值, 我们计算了模拟值的均值与相应后验均值之间的相关性:

```
## 使用A0来计算系数
c(beta0 = cor(as.vector(beta0),
    drop(A0 %*% res$summary.ran$i0$mean)),
```

```
  beta1 = cor(as.vector(beta1),
    drop(A0 %*% res$summary.ran$i1$mean)))
## beta0 beta1
## 0.9434 0.6107
```

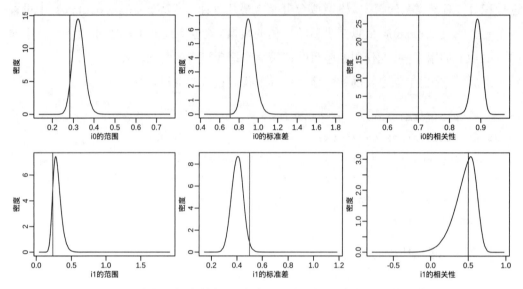

图 8.2 时空场超参数的后验边际分布. 竖直线表示参数的真值

8.3 时空点过程: Burkitt 例子

在本节中, 我们构建一个时空点过程模型并将其应用于一个实际数据集.

8.3.1 数据集

本节将所建立的模型用于分析 splancs 程序包 (Rowlingson 和 Diggle, 1993) 中的 burkitt 数据集, 此数据集记录了 1960—1975 年期间乌干达西尼罗河地区的 Burkitt 淋巴瘤病例 (Bailey 和 Gatrell, 1995, 第 3 章). 该数据集包含五列, 具体描述见表 8.3.

该数据集的加载方式如下:

```
data('burkitt', package = 'splancs')
```

空间坐标和时间值可汇总如下:

```
t(sapply(burkitt[, 1:3], summary))
##     Min. 1st Qu. Median   Mean 3rd Qu. Max.
## x    255   269.0  282.5  286.3   300.2  335
```

8.3 时空点过程: Burkitt 例子

```
## y  247   326.8  344.5  338.8   362.0  399
## t  413  2411.8 3704.5 3529.9  4700.2 5775
```

表 **8.3** burkitt 数据集的描述, 该数据集记录了乌干达 Burkitt 淋巴瘤病例

变量	描述
x	东经
y	北纬
t	天, 从 1960 年 1 月 1 日开始
age	儿童患者的年龄
dates	日期, 以字符串 yy-mm-dd 形式

为了拟合 SPDE 时空模型, 需要定义一组随时间变化的节点, 然后用它来构建一个时间网格, 如下所示:

```
k <- 6
tknots <- seq(min(burkitt$t), max(burkitt$t), length = k)
mesh.t <- inla.mesh.1d(tknots)
```

图 8.3 显示了时间网格以及事件发生的时间.

图 8.3 每个事件发生的时间 (黑色) 和用于推断的节点 (蓝色) (彩图见书末)

空间网格可以使用区域的多边形作为边界来创建. 区域多边形可以通过以下方式转换为一个 SpatialPolygons 类:

```
domainSP <- SpatialPolygons(list(Polygons(list(Polygon(burbdy)),
    '0')))
```

然后使用这个边界来计算网格:

```
mesh.s <- inla.mesh.2d(burpts,
  boundary = inla.sp2segment(domainSP),
  max.edge = c(10, 25), cutoff = 5) # 一个粗略的网格
```

同样, SPDE 模型使用 Fuglstad 等 (2018) 中的 PC 先验作为范围和边际标准差的先验. 这些定义如下:

```
spde <- inla.spde2.pcmatern(mesh = mesh.s,
  prior.range = c(5, 0.01), # P(practic.range < 5) = 0.01
  prior.sigma = c(1, 0.01)) # P(sigma > 1) = 0.01
m <- spde$n.spde
```

同时考虑时空位置和时空网格, 制作时空投影矩阵, 如下所示:

```
Ast <- inla.spde.make.A(mesh = mesh.s, loc = burpts,
  n.group = length(mesh.t$n), group = burkitt$t,
  group.mesh = mesh.t)
```

生成的投影矩阵的维数为:

```
dim(Ast)
## [1]  188 2424
```

在 INLA 内部, inla.spde.make.A() 函数在空间投影矩阵和组投影矩阵 (在我们的例子中即为时间维度) 之间生成一个行 Kronecker 乘积 (参见函数 inla.row.kron() 的指南页). 这个矩阵的列数等于网格中的节点数乘以组数.

考虑到组的特点, 建立索引集:

```
idx <- inla.spde.make.index('s', spde$n.spde, n.group = mesh.t$n)
```

数据堆栈可以考虑纯空间模型的思想. 因此, 有必要考虑积分点和数据位置的预期病例数量. 对于积分点, 预期病例数量为对每个网格节点和时间节点计算的时空体积, 如第 4 章那样考虑对偶网格多边形的空间面积, 再乘以每个时间点的时间窗口长度. 对于数据位置, 预期病例数量为零, 因为期望在一个点上为零, 正如 Simpson 等 (2016) 提出的近似似然函数中那样.

对偶网格用 spde-book-functions.R 文件中的 book.mesh.dual() 函数提取, 具体操作如下:

8.3 时空点过程: Burkitt 例子

```
dmesh <- book.mesh.dual(mesh.s)
```

然后, 使用 rgeos 包中的函数 gIntersection() 计算与对偶网格中的每个多边形的交集, 如下所示:

```
library(rgeos)
w <- sapply(1:length(dmesh), function(i) {
  if (gIntersects(dmesh[i,], domainSP))
    return(gArea(gIntersection(dmesh[i,], domainSP)))
  else return(0)
})
```

所有权重之和等于 1.1035×10^4, 这和区域面积是一样的:

```
gArea(domainSP)
## [1] 11035
```

时空体积是这些权重值与每个时间节点的时间窗口长度的乘积. 计算如下:

```
st.vol <- rep(w, k) * rep(diag(inla.mesh.fem(mesh.t)$c0), m)
```

使用以下 R 代码构建数据堆栈:

```
y <- rep(0:1, c(k * m, n))
expected <- c(st.vol, rep(0, n))
stk <- inla.stack(
  data = list(y = y, expect = expected),
  A = list(rbind(Diagonal(n = k * m), Ast), 1),
  effects = list(idx, list(a0 = rep(1, k * m + n))))
```

最后, 使用粗糙的高斯近似来进行模型拟合:

```
pcrho <- list(prior = 'pccor1', param = c(0.7, 0.7))
form <- y ~ 0 + a0 + f(s, model = spde, group = s.group,
  control.group = list(model = 'ar1',
    hyper = list(theta = pcrho)))

burk.res <- inla(form, family = 'poisson',
  data = inla.stack.data(stk), E = expect,
  control.predictor = list(A = inla.stack.A(stk)),
  control.inla = list(strategy = 'adaptive'))
```

截距的指数加上每个时空积分点上的随机效应就是这些点上的相对风险. 这个相对风险乘以时空体积将给出每个时空位置的预期点数 (E(n)). 把它们加起来, 就会得到一个接近观测数量的值:

```
eta.at.integration.points <- burk.res$summary.fix[1,1] +
  burk.res$summary.ran$s$mean
c(n = n, 'E(n)' = sum(st.vol * exp(eta.at.integration.points)))
##       n    E(n)
## 188.0  144.7
```

截距和模型中其他参数的后验边际分布已绘制在图 8.4 中.

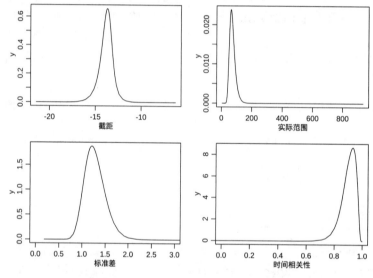

图 8.4 截距和随机场参数的后验分布

每个时间节点在网格上的投影可以计算为:

```
r0 <- diff(range(burbdy[, 1])) / diff(range(burbdy[, 2]))
prj <- inla.mesh.projector(mesh.s, xlim = range(burbdy[, 1]),
  ylim = range(burbdy[, 2]), dims = c(100, 100 / r0))
ov <- over(SpatialPoints(prj$lattice$loc), domainSP)
m.prj <- lapply(1:k, function(j) {
  r <- inla.mesh.project(prj,
    burk.res$summary.ran$s$mean[1:m + (j - 1) * m])
  r[is.na(ov)] <- NA
  return(r)
})
```

8.4 大型点过程数据集

图8.5中显示了每个时间节点拟合的潜在随机场. 对于标准差也可以绘制类似的图.

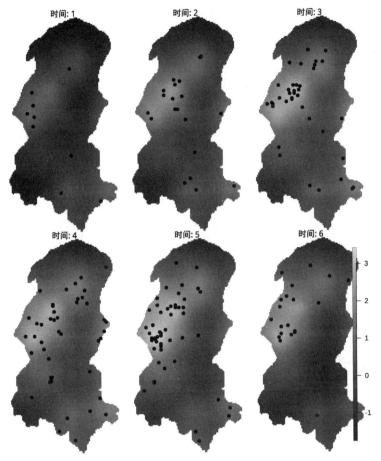

图 8.5 每个时间节点上拟合的潜在随机场, 由时间上更接近的点叠加 (彩图见书末)

8.4 大型点过程数据集

在本节中, 我们使用一个模拟数据集展示对大数据集拟合一种时空对数高斯 – Cox 点过程模型的方法.

8.4.1 模拟数据集

通过从可分时空强度函数中抽取样本来模拟数据集. 我们假设强度函数的对数是一个高斯过程. 这个时空点过程可以分两步进行采样. 首先, 从一个可分的时空高斯过程中得到一个样本. 其次, 基于该样本实现进行条件采样.

可分时空协方差假设对空间为 Matérn 协方差, 对时间为指数协方差. 在这种情况下, 在滞后 δt 处的时间相关性为 $e^{-\theta \delta t}$. 若考虑这一连续过程以等间隔时间 $t_1, t_2, \ldots$ 采样, 且 $t_2 - t_1 = \delta t$, 则相关性可表示为 $\rho = \mathrm{e}^{-\theta \delta t}$. 如果 $\delta t = 1$, 我们有 $\rho = \mathrm{e}^{-\theta}$. 这与我们将在拟合过程中考虑的一阶自回归建立了联系, 其中 ρ 是一阶滞后相关性参数.

本示例使用 `lgcp` 包 (Taylor 等, 2013) 绘制. 我们必须为高斯过程指定参数. 这些参数包括边际标准差 σ、空间相关参数 ϕ (在我们的参数化中, 得到空间范围参数 $\sqrt{\phi}$) 和时间相关参数 $\theta = -\log(\rho)$. 考虑 `lgcppars()` 函数, 这些参数被传递给 `lgcpSim()` 函数.

对于 `lgcpSim()` 函数还有两个附加参数, 它们与高斯潜在过程的均值相关, 即在协变量情况下使用的截距 μ 和 β. 我们可以增加 μ 来增加强度函数, 然后增加样本中的点数. 预期的样本点的数量取决于强度的均值函数, 该均值函数由潜在随机场的均值、潜在随机场的方差、空间区域的大小和时间窗口的长度建模为 $\mathrm{E}(N) = \exp(\mu + \sigma^2/2) * V$, 其中 V 是空间区域的面积乘以时间长度.

首先, 空间区域定义如下:

```
x0 <- seq(0, 4 * pi, length = 15)
domain <- data.frame(x = c(x0, rev(x0), 0))
domain$y <- c(sin(x0 / 2) - 2, sin(rev(x0 / 2)) + 2, sin(0) - 2)
```

然后, 它被转换为 `SpatialPolygons` 类对象:

```
domainSP <- SpatialPolygons(list(Polygons(list(Polygon(domain)),
    '0')))
```

面积可以计算为:

```
library(rgeos)
s.area <- gArea(domainSP)
```

我们现在可以定义模型参数:

```
ndays <- 12

sigma <- 1
phi <- 1
range <- sqrt(8) * phi
rho <- 0.7
theta <- -log(rho)
mu <- 2
```

8.4 大型点过程数据集

```
(E.N <- exp(mu + sigma^2/2) * s.area * ndays )
## [1] 7348
```

然后我们使用 `lgcpSim()` 函数来采样:

```
if(require(lgcp, quietly = TRUE)) {
  mpars <- lgcppars(sigma, phi, theta, mu - sigma^2/2)
  set.seed(1)
  xyt <- lgcpSim(
    owin = spatstat:::owin(poly = domain), tlim = c(0, ndays),
    model.parameters = mpars, cellwidth = 0.1,
    spatial.covmodel = 'matern', covpars = c(nu = 1))
  #save("xyt", file="data/xyt.RData")
} else {
  load("data/xyt.RData")
}

n <- xyt$n
```

在前面的代码中, 我们使用了 `require()` 函数来检查 `lgcp` 包是否可以被加载. `lgcp` 包依赖于 `rpanel` 包 (Bowman 等, 2010), 而后者又依赖于 TCL/TK 小工具库 `BWidget`. 这是一个系统依赖项, 不能从 R 安装, 并且默认情况下可能在所有系统上都不可用. 如果本地没有安装 `BWidget` 库, `lgcp` 包会安装失败, 上面的代码无法运行, 但模拟数据可以通过扫描封底二维码下载, 以运行下面的示例.

为了拟合模型, 需要定义离散化的空间和时间. 对于时域, 将使用基于多个时间节点的时域网格:

```
w0 <- 2
tmesh <- inla.mesh.1d(seq(0, ndays, by = w0))
tmesh$loc
## [1]  0  2  4  6  8 10 12
(k <- length(tmesh$loc))
## [1] 7
```

为了考虑快速计算, 我们降低了网格分辨率. 但是, 它必须根据空间过程的范围进行调优. 需要考虑的问题是, 一个太粗糙的网格可能不能代表 Matérn 随机场. 考虑到这一点, 一种方法是尝试使用一个粗糙的网格, 查看范围的估计值, 然后在必要时进行改进. 最好避免空间范围值小于网格边缘长度.

使用区域多边形定义空间网格:

```
smesh <- inla.mesh.2d(boundary = inla.sp2segment(domainSP),
  max.edge = 0.75, cutoff = 0.3)
```

图8.6显示了数据样本在时间和时间节点上的图, 以及数据在空间和空间网格上的图.

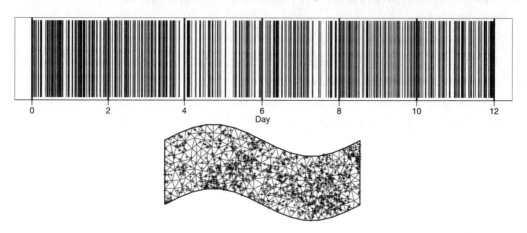

图 8.6 上图: 事件样本的时间 (黑色), 时间节点 (蓝色). 下图: 空间区域中另一个样本的空间位置 (彩图见书末)

8.4.2 时空聚合

对于大型数据集, 拟合模型的计算要求很高. 此时, 模型的维数将是 $n+mk$, 其中 n 是数据点的数量, m 是网格中节点的数量, k 是时间节点的数量. 在本节中, 处理模型所选择的方法是聚合数据, 将问题的维数降到 $2mk$ 维. 所以, 当 $n \gg mk$ 时, 这种方法是有意义的.

数据将根据积分点进行聚合, 使拟合过程更容易. 对偶网格多边形也将被考虑, 如第 4 章所示.

所以, 第一步是为网格节点找到 Voronoi 多边形:

```
library(deldir)
dd <- deldir(smesh$loc[, 1], smesh$loc[, 2])
tiles <- tile.list(dd)
```

然后, 这些被转换成一个 `SpatialPolygons` 对象, 如下所示:

8.4 大型点过程数据集

```
polys <- SpatialPolygons(lapply(1:length(tiles), function(i) {
  p <- cbind(tiles[[i]]$x, tiles[[i]]$y)
  n <- nrow(p)
  Polygons(list(Polygon(p[c(1:n, 1), ])), i)
}))
```

下一步是找出每个数据点属于哪个多边形:

```
area <- factor(over(SpatialPoints(cbind(xyt$x, xyt$y)), polys),
  levels = 1:length(polys))
```

同样, 需要找出每个数据点属于时间网格的哪一部分:

```
t.breaks <- sort(c(tmesh$loc[c(1, k)],
  tmesh$loc[2:k - 1] / 2 + tmesh$loc[2:k] / 2))
time <- factor(findInterval(xyt$t, t.breaks),
  levels = 1:(length(t.breaks) - 1))
```

时间节点上的数据点分布汇总如下:

```
table(time)
## time
##    1    2    3    4    5    6    7
##  657 1334  845  782  832 1022  610
```

然后, 使用两个识别索引集对数据进行聚合:

```
agg.dat <- as.data.frame(table(area, time))
for(j in 1:2) # 将时间与区域设为正整数
  agg.dat[[j]] <- as.integer(as.character(agg.dat[[j]]))
```

结果的 data.frame 包含聚合数据的区域、时间跨度和频率:

```
str(agg.dat)
## 'data.frame':    1743 obs. of  3 variables:
##  $ area: int  1 2 3 4 5 6 7 8 9 10 ...
##  $ time: int  1 1 1 1 1 1 1 1 1 1 ...
##  $ Freq: int  2 0 0 1 1 0 0 2 4 0 ...
```

需要定义预期的病例数量 (至少) 正比于多边形的面积乘以时间节点的宽度. 计算每个多边形与区域相交的面积 (显示和), 如下所示:

```
w.areas <- sapply(1:length(tiles), function(i) {
  p <- cbind(tiles[[i]]$x, tiles[[i]]$y)
  n <- nrow(p)
  pl <- SpatialPolygons(
    list(Polygons(list(Polygon(p[c(1:n, 1),])), i)))
  if (gIntersects(pl, domainSP))
    return(gArea(gIntersection(pl, domainSP)))
  else return(0)
})
```

多边形面积的汇总如下:

```
summary(w.areas)
##    Min. 1st Qu.  Median    Mean 3rd Qu.    Max.
##   0.039   0.141   0.210   0.202   0.252   0.339
```

权重之和为 50.2655, 且空间区域的面积为:

```
s.area
## [1] 50.27
```

时间长度 (区域) 为 12, 每个节点的宽度为:

```
w.t <- diag(inla.mesh.fem(tmesh)$c0)
w.t
## [1] 1 2 2 2 2 2 1
```

在这里, 时间周期边界上节点的宽度比内部的更低.

由于强度函数是每个体积单位的病例数, n 个病例的强度随单位体积的平均病例数 (强度) 而变化. 这个量与模型中的截距有关. 实际上, 它的对数是在没有时空效应的情况下模型中截距的估计值, 如下所示:

```
i0 <- n / (gArea(domainSP) * diff(range(tmesh$loc)))
c(i0, log(i0))
## [1] 10.083  2.311
```

每个多边形和时间节点处的时空体积 (每时间单位的面积单位数) 为:

```
e0 <- w.areas[agg.dat$area] * (w.t[agg.dat$time])
summary(e0)
```

```
##      Min.   1st Qu.   Median    Mean   3rd Qu.    Max.
##     0.039    0.222    0.336    0.346    0.466    0.679
```

8.4.3 模型拟合

投影矩阵、SPDE 模型对象和时空索引集定义计算如下:

```
A.st <- inla.spde.make.A(smesh, smesh$loc[agg.dat$area, ],
  group = agg.dat$time, mesh.group = tmesh)
spde <- inla.spde2.pcmatern(
  smesh, prior.sigma = c(1,0.01), prior.range = c(0.05,0.01))
idx <- inla.spde.make.index('s', spde$n.spde, n.group = k)
```

数据堆栈定义为:

```
stk <- inla.stack(
  data = list(y = agg.dat$Freq, exposure = e0),
  A = list(A.st, 1),
  effects = list(idx, list(b0 = rep(1, nrow(agg.dat)))))
```

拟合模型的公式考虑了截距、空间效应和时间效应:

```
# 相关性的PC先验
pcrho <- list(theta = list(prior = 'pccor1', param = c(0.7, 0.7)))
# 模型公式
formula <- y ~ 0 + b0 +
  f(s, model = spde, group = s.group,
    control.group = list(model = 'ar1', hyper = pcrho))
```

最后进行模型拟合:

```
res <- inla(formula, family = 'poisson',
  data = inla.stack.data(stk), E = exposure,
  control.predictor = list(A = inla.stack.A(stk)),
  control.inla = list(strategy ='adaptive'))
```

μ 的值和截距的汇总如下所示:

```
cbind(True = mu, res$summary.fixed[, 1:6])
##      True   mean    sd  0.025quant  0.5quant  0.975quant   mode
```

```
## b0      2 2.045 0.177         1.696    2.045      2.396 2.044
```

每个积分点的预期病例数可以用来计算总的预期病例数 (下面的 Est. N), 即:

```
eta.i <- res$summary.fix[1, 1] + res$summary.ran$s$mean
c('E(N)' = E.N, 'Obs. N' = xyt$n,
  'Est. N' = sum(rep(w.areas, k) *
    rep(w.t, each = smesh$n) * exp(eta.i)))
##    E(N) Obs. N Est. N
##    7348   6082   5726
```

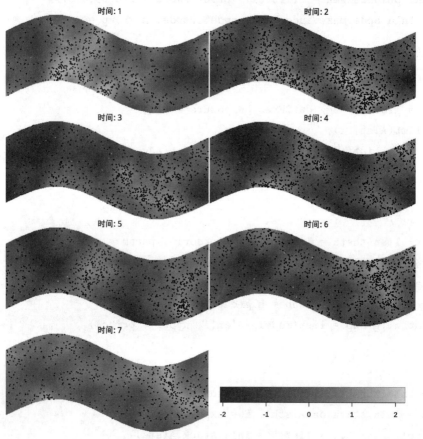

图 8.7 每个时间节点拟合的空间表面, 由最接近每个时间节点的时间点处的趋势叠加 (彩图见书末)

超参数的汇总可以通过如下 R 代码获得:

```
cbind(True = c(range, sigma, rho),
  res$summary.hyperpar[, c(1, 2, 3, 5)])
##                   True   mean     sd 0.025quant 0.975quant
## Range for s      2.828 2.4240 0.19804     2.0651     2.8427
## Stdev for s      1.000 0.6812 0.03794     0.6105     0.7594
## GroupRho for s   0.700 0.5332 0.04507     0.4421     0.6192
```

每个时间节点上的空间表面也可以计算:

```
r0 <- diff(range(domain[, 1])) / diff(range(domain[, 2]))
prj <- inla.mesh.projector(smesh, xlim = bbox(domainSP)[1, ],
  ylim = bbox(domainSP)[2, ], dims = c(r0 * 200, 200))
g.no.in <- is.na(over(SpatialPoints(prj$lattice$loc), domainSP))
t.mean <- lapply(1:k, function(j) {
  z.j <- res$summary.ran$s$mean[idx$s.group == j]
  z <- inla.mesh.project(prj, z.j)
  z[g.no.in] <- NA
  return(z)
})
```

图 8.7 显示了每个时间节点的预测空间表面.

8.5 累积降雨量: Hurdle 伽马模型

对于某些应用, 结果可能为零或正数. 常见的例子是鱼的生物量和累积的降雨量. 在这种情况下, 我们可以建立一个模型, 考虑两个似然函数的组合, 一个对发生 (occurrence) 的情况进行建模, 另一个对数量 (amount) 进行建模, 从而同时容纳结果为零和正的情况. 一种情形是对发生考虑伯努利分布, 对数量考虑伽马分布. 这种两部分模型的优点是我们可以分别对降雨的概率和降雨量进行建模. 可能两个部分中的某些项是可以共享的.

8.5.1 模型

我们将考虑第 2.8 节中的日降雨数据. 令

$$z_{i,t} = \begin{cases} 1, & \text{如果在地点 } s_i \text{ 在时间 } t \text{ 下过雨,} \\ 0, & \text{其他情况,} \end{cases} \tag{8.1}$$

并且降雨量为

$$y_{i,t} = \begin{cases} \text{NA}, & \text{如果在地点 } s_i \text{ 在时间 } t \text{ 没有下过雨,} \\ \text{在地点 } s_i \text{ 在时间 } t \text{ 的降雨量,} & \text{其他情况.} \end{cases} \quad (8.2)$$

然后我们定义每个结果的似然函数. 我们选择设置 z_i 服从伯努利分布以及 y_i 服从伽马分布:

$$z_{i,t} \sim \text{Binomial}(\pi_{i,t}, n_{i,t} = 1), \quad y_{i,t} \sim \text{Gamma}(a_{i,t}, b_{i,t}). \quad (8.3)$$

这个设置等价于考虑一个 Hurdle 伽马模型, 其中降雨量的期望值为 $p_{i,t} + (1 - p_{i,t})\mu_{i,t}$, 这里 $\mu_{i,t}$ 是伽马部分的期望值. 接下来, 我们定义 $p_{i,t}$ 和 $\mu_{i,t}$ 的模型.

对于发生概率, 其模型指定通常的伯努利概率的 logit 函数作为线性预测因子:

$$\text{logit}(\pi_{i,t}) = \alpha^z + \xi_{i,t}, \quad (8.4)$$

其中 α^z 是截距, $\xi_{i,t}$ 来自时空随机效应, 即通过 SPDE 方法建立的 GF.

在 R-INLA 中考虑伽马分布的参数化为 $\text{E}(y) = \mu = a/b$ 以及 $\text{Var}(y) = a/b^2 = 1/\tau$, 其中 τ 为精度参数. 线性预测因子定义在 $\log(\mu)$ 上, 我们有

$$\log(\mu_{i,t}) = \alpha^y + \beta\xi_{i,t} + u_{i,t}, \quad (8.5)$$

其中 α^y 是截距, β 是 $\xi_{i,t}$ 的尺度参数, 即发生概率的时空效应, 它在降雨量模型中是共享的. 线性预测因子同时影响 $\text{E}(y)$ 和 $\text{Var}(y)$, 因为 $a = b\mu$, $a/b^2 = \mu/b$.

注意, $\xi_{i,t}$ 将被计算为 $\xi_{i,t} A\xi_0$, 其中 ξ_0 是网格节点和时间点的时空过程, A 是相应的时空投影矩阵. 这与 $u_{i,t}$ 类似.

对于 ξ 和 u 我们考虑用 Cameletti 等 (2013) 中的模型. 但是, 我们将对三个参数分别考虑 PC 先验. 因此, 对于边际标准差和空间范围, 我们考虑 Fuglstad 等 (2018) 中提出的先验. 我们设其标准差中位数为 0.5, 即 $\text{P}(\sigma > 0.5) = 0.5$.

```
psigma <- c(0.5, 0.5)
```

对于实际范围, 我们考虑 Paraná 州的大小. 首先, 我们加载数据 `PRprec`, 它也加载了 Paraná 州的边界 `PRborder`.

```
data(PRprec)
head(PRborder,2)
##       Longitude Latitude
## [1,]    -54.61   -25.45
```

8.5 累积降雨量: Hurdle 伽马模型

```
## [2,]     -54.60   -25.43
```

我们考虑坐标为经纬度, 并将其投影到以千米为单位的 UTM 中, 如下所示:

```
border.ll <- SpatialPolygons(list(Polygons(list(
  Polygon(PRborder)), '0')),
  proj4string = CRS("+proj=longlat +datum=WGS84"))
border <- spTransform(border.ll,
  CRS("+proj=utm +units=km +zone=22 +south"))
bbox(border)
##     min    max
## x   136   799.9
## y  7045  7509.6
apply(bbox(border), 1, diff)
##     x      y
## 663.9 464.7
```

我们知道 Paraná 州大约是 663.8711 千米宽, 464.7481 千米长. 考虑实际距离小于所选距离的概率, 建立实际范围的 PC 先验. 我们考虑中位数为 100 千米来设置先验.

```
prange <- c(100, 0.5)
```

对于时间相关性参数, 即一阶自回归参数, 我们也考虑 PC 先验框架, 如 Simpson 等 (2016). 我们选择相关性为 1 时作为基础模型, 然后考虑 P($\rho > 0.5$) = 0.7 来设置先验, 如下所示:

```
rhoprior <- list(theta = list(prior = 'pccor1',
  param = c(0.5, 0.7)))
```

对于共享参数 β, 我们可以根据降雨的发生与降雨量之间相关性的知识设置一个先验. 我们假设这个参数的先验为 $N(0,1)$, 如下所示:

```
bprior <- list(prior = 'gaussian', param = c(0,1))
```

我们也有一个似然参数需要设置先验, 同样, 我们考虑 PC 先验框架. 因此, 我们选择 λ 的值为 1, 然后为精度设置先验如下:

```
pcgprior <- list(prior = 'pc.gamma', param = 1)
```

8.5.2 Paraná 州降雨数据

在本节中,我们考虑在第 2.8 节中引入的降雨数据. 在这个数据中, 第一列是经度, 第二列是纬度, 第三列是海拔, 从第四列起是每天的数据, 如下图所示:

```
PRprec[1:3, 1:8]
##    Longitude Latitude Altitude d0101 d0102 d0103 d0104 d0105
## 1    -50.87   -22.85     365     0     0     0    0.0    0
## 3    -50.77   -22.96     344     0     1     0    0.0    0
## 4    -50.65   -22.95     904     0     0     0    3.3    0
loc.ll <- SpatialPoints(PRprec[,1:2], border.ll@proj4string)
loc <- spTransform(loc.ll, border@proj4string)
```

我们将通过前 8 天的数据进行说明. 两个响应变量 z_i 和 y_i 定义如下. 首先, 我们定义降雨发生变量:

```
m <- 8
days.idx <- 3 + 1:m
z <- as.numeric(PRprec[, days.idx] > 0)
table(z)
## z
##    0    1
## 3153 1719
```

然后将降雨量定义为

```
y <- ifelse(z == 1, unlist(PRprec[, days.idx]), NA)
table(is.na(y))
##
## FALSE  TRUE
##  1719  3209
```

8.5.3 模型拟合

为了定义 SPDE 模型, 我们必须构建一个网格. 我们在以下代码中考虑所有测量仪器的位置:

```
mesh <- inla.mesh.2d(loc, max.edge = 200, cutoff = 35,
  offset = 150)
```

我们在图 8.8 中得到了网格的结果.

8.5 累积降雨量: Hurdle 伽马模型

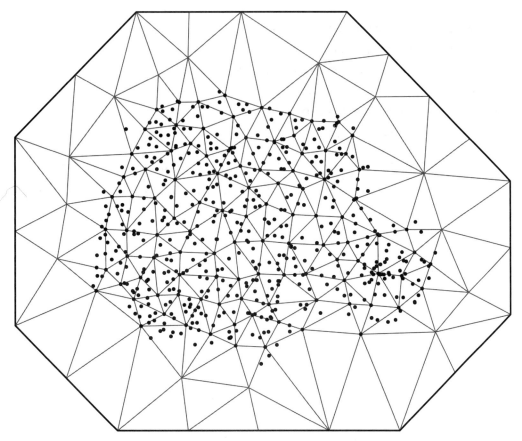

图 **8.8** 包含 138 个节点的 Paraná 州的网格. 黑点表示 616 个降雨量测量仪器

SPDE 模型如下定义:

```
spde <- inla.spde2.pcmatern(
  mesh, prior.range = prange, prior.sigma = psigma)
```

相应的时空预测矩阵为:

```
n <- nrow(PRprec)
stcoords <- kronecker(matrix(1, m, 1), coordinates(loc))
A <- inla.spde.make.A(mesh = mesh, loc = stcoords,
  group = rep(1:m, each = n))
dim(A) == (m * c(n, spde$n.spde)) # 检查维数是否吻合
## [1] TRUE TRUE
```

我们需要在两个线性预测因子中定义时空索引 ξ:

```
field.z.idx <- inla.spde.make.index(name = 'x',
  n.spde = spde$n.spde, n.group = m)
field.zc.idx <- inla.spde.make.index(name = 'xc',
  n.spde = spde$n.spde, n.group = m)
field.y.idx <- inla.spde.make.index(name = 'u',
  n.spde = spde$n.spde, n.group = m)
```

下一步是将数据组织成堆栈. 首先, 我们为降雨发生数据创建一个数据堆栈, 要记住我们有降雨量数据. 所以我们有一个两列的矩阵, 第一列为降雨的发生, 第二列为降雨量:

```
stk.z <- inla.stack(
  data = list(Y = cbind(as.vector(z), NA), link = 1),
  A = list(A, 1),
  effects = list(field.z.idx, z.intercept = rep(1, n * m)),
  tag = 'zobs')

stk.y <- inla.stack(
  data = list(Y = cbind(NA, as.vector(y)), link = 2),
  A = list(A, 1),
  effects = list(c(field.zc.idx, field.y.idx),
  y.intercept = rep(1, n * m)),
  tag = 'yobs')
```

在网格节点上有一个预测堆栈是有用的, 这样以后就可以很容易地映射预测值:

```
stk.zp <- inla.stack(
  data = list(Y = matrix(NA, ncol(A), 2), link = 1),
  effects = list(field.z.idx, z.intercept = rep(1, ncol(A))),
  A = list(1, 1),
  tag = 'zpred')

stk.yp <- inla.stack(
  data = list(Y = matrix(NA, ncol(A), 2), link = 2),
  A = list(1, 1),
  effects = list(c(field.zc.idx, field.y.idx),
    y.intercept = rep(1, ncol(A))),
  tag = 'ypred')
```

8.5 累积降雨量: Hurdle 伽马模型

我们连接所有的数据堆栈:

```
stk.all <- inla.stack(stk.z, stk.y, stk.zp, stk.yp)
```

现在我们为函数 inla() 设置一些参数. 伽马似然的精度参数的先验将在控制族参数的列表中:

```
cff <- list(list(), list(hyper = list(theta = pcgprior)))
```

请注意, 上面的空列表, 即 list(), 是必需的, 它可以用来传递额外的参数到模型中的二项似然.

为了快速逼近边际, 我们使用自适应逼近策略 (通过下面的设置 strategy = 'adaptive'). 该策略主要使用高斯近似来避免 INLA 算法中的第二次拉普拉斯近似, 但对于长度 ⩽ adaptive.max 的固定效应和随机效应采用默认策略 (见?control.inla). 此外, 我们选择不对超参数进行积分, 而选择经验贝叶斯估计, 即 int.strategy = 'eb'. 这些选项在拟合模型时将在参数 control.inla 中传递给函数 inla(), 现在被定义为:

```
cinla <- list(strategy = 'adaptive', int.strategy = 'eb')
```

我们也考虑不返回潜在随机场的边际分布. 因此我们设置

```
cres <- list(return.marginals.predictor = FALSE,
  return.marginals.random = FALSE)
```

我们可以为设定的模型定义模型公式. 我们使用 spde 对象来定义时空模型以及 AR(1) 时间动态先验. 为了定义时空分量的共享参数 β, 我们设置 fixed = FALSE 来估计 β 并插入它的先验. 为了在超参数后验的优化过程中实现更少的迭代次数, 我们将初始值设置在最优值附近, 就像我们之前运行这个模型一样, 然后从那里重新开始优化. 那么, 具有共享时空分量的联合模型拟合如下:

```
cg <- list(model = 'ar1', hyper = rhoprior)
formula.joint <- Y ~ -1 + z.intercept + y.intercept +
  f(x, model = spde, group = x.group, control.group = cg) +
  f(xc, copy = "x", fixed = FALSE, group = xc.group,
    hyper = list(theta = bprior)) +
  f(u, model = spde, group = u.group, control.group = cg)
```

```
# 参数初始值
ini.jo <- c(-0.047, 5.34, 0.492, 1.607, 4.6, -0.534, 1.6, 0.198)

res.jo <- inla(formula.joint, family = c("binomial", "gamma"),
  data = inla.stack.data(stk.all), control.family = cff,
  control.predictor = list(A = inla.stack.A(stk.all),
    link = link),
  control.compute = list(dic = TRUE, waic = TRUE, cpo = TRUE,
    config = TRUE),
  control.results = cres, control.inla = cinla,
  control.mode = list(theta = ini.jo, restart = TRUE))
```

不包含共享时空分量的模型拟合如下:

```
formula.zy <- Y ~ -1 + z.intercept + y.intercept +
  f(x, model = spde, group = x.group, control.group = cg) +
  f(u, model = spde, group = u.group, control.group = cg)

# 参数初始值
ini.zy <- c(-0.05, 5.3, 0.5, 1.62, 4.65, -0.51, 1.3)

res.zy <- inla(formula.zy, family = c("binomial", "gamma"),
  data = inla.stack.data(stk.all), control.family = cff,
  control.predictor = list(A =inla.stack.A(stk.all),
    link = link),
  control.compute=list(dic = TRUE, waic = TRUE, cpo = TRUE,
    config = TRUE),
  control.results = cres, control.inla = cinla,
  control.mode = list(theta = ini.zy, restart = TRUE))
```

另外, 只包含共享时空分量的模型拟合如下:

```
formula.sh <- Y ~ -1 + z.intercept + y.intercept +
  f(x, model = spde, group = x.group, control.group = cg) +
  f(xc, copy = "x", fixed = FALSE, group = xc.group)

# 参数初始值
ini.sh <- c(-0.187, 5.27, 0.47, 1.47, 0.17)
```

8.5 累积降雨量: Hurdle 伽马模型

```
res.sh <- inla(formula.sh, family = c("binomial", "gamma"),
  data = inla.stack.data(stk.all), control.family = cff,
  control.predictor = list(
    A = inla.stack.A(stk.all), link = link),
  control.compute = list(dic = TRUE, waic = TRUE, cpo = TRUE,
    config = TRUE),
  control.results = cres, control.inla = cinla,
  control.mode = list(theta = ini.sh, restart = TRUE))
```

有时, CPO 不是针对所有的观测值自动计算的. 在这种情况下, 我们可以使用 inla.cpo() 函数来手动计算它.

```
sum(res.jo$cpo$failure, na.rm = TRUE)
sum(res.zy$cpo$failure, na.rm = TRUE)
sum(res.sh$cpo$failure, na.rm = TRUE)

res.jo <- inla.cpo(res.jo, verbose = FALSE)

res.zy <- inla.cpo(res.zy, verbose = FALSE)
res.sh <- inla.cpo(res.sh, verbose = FALSE)
```

现在, 我们可以进行模型比较. 这可以通过边际似然、DIC、WAIC 或 CPO 来实现. 因为我们有两种结果, 我们需要仔细考虑这一点. 计算每次观测的 DIC、WAIC 和 CPO. 因此, 我们可以将每个结果相加如下:

```
getfit <- function(r) {
  fam <- r$dic$family
  data.frame(dic = tapply(r$dic$local.dic, fam, sum),
    waic = tapply(r$waic$local.waic, fam, sum),
    cpo = tapply(r$cpo$cpo, fam,
      function(x) - sum(log(x), na.rm = TRUE))) }
rbind(separate = getfit(res.jo),
  joint = getfit(res.zy),
  oshare = getfit(res.sh))[c(1, 3, 5, 2, 4, 6),]
##              dic   waic  cpo
## separate.1  5094  5082  2542
## joint.1     5097  5084  2543
```

```
## oshare.1     5101   5088  2545
## separate.2  11281  11297  5693
## joint.2     11294  11310  5705
## oshare.2    11457  11458  5729
```

我们可以看到, 分开建模的模型拟合更好.

8.5.4 一些结果的可视化

我们提取有用的索引供以后使用, 一个用于观测位置处的每种结果, 一个用于网格位置处的每种结果, 用于所有时间点:

```
idx.z <- inla.stack.index(stk.all, 'zobs')$data
idx.y <- inla.stack.index(stk.all, 'yobs')$data
idx.zp <- inla.stack.index(stk.all, 'zpred')$data
idx.yp <- inla.stack.index(stk.all, 'ypred')$data
```

显示每个时间点的时空效应地图、降雨的概率或降雨的期望值可能是有用的. 为了计算它, 我们需要从网格节点到一个细网格的投影:

```
wh <- apply(bbox(border), 1, diff)
nxy <- round(300 * wh / wh[1])
pgrid <- inla.mesh.projector(mesh, xlim = bbox(border)[1, ],
  ylim = bbox(border)[2, ], dims = nxy)
```

最好丢弃在边界外插入的值. 因此, 我们确定那些在 Paraná 州边界之外的像素点:

```
ov <- over(SpatialPoints(pgrid$lattice$loc,
  border@proj4string), border)
id.out <- which(is.na(ov))
```

图 8.9 表示每个已知时间的降雨概率的后验均值. 它是用以下代码生成的:

```
stpred <- matrix(res.jo$summary.fitted.values$mean[idx.zp],
  spde$n.spde)
par(mfrow = c(4, 2), mar =c(0, 0, 0, 0))
for (j in 1:m) {
  pj <- inla.mesh.project(pgrid, field = stpred[, j])
  pj[id.out] <- NA
  book.plot.field(list(x = pgrid$x, y = pgrid$y, z = pj),
    zlim = c(0, 1)) }
```

8.5 累积降雨量: Hurdle 伽马模型

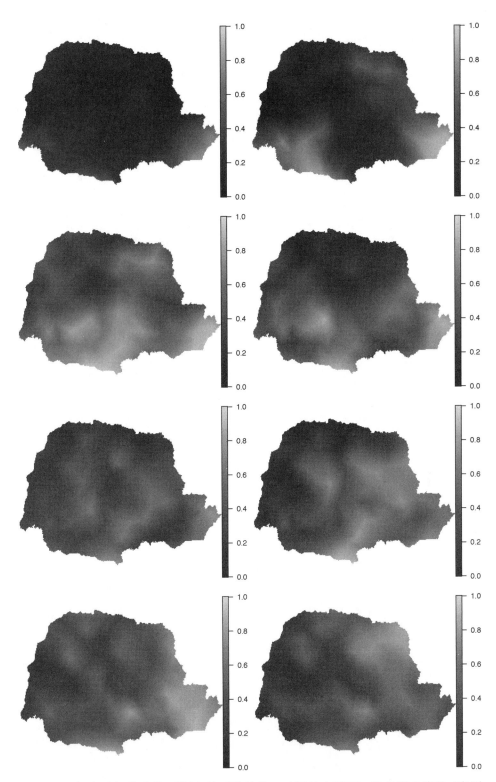

图 8.9 每个时间节点降雨概率的后验均值. 时间从上到下、从左到右流动 (彩图见书末)

附录 A
符号和记号列表

$s = (s_1, s_2)$ 空间位置.

$s_i = (s_{1i}, s_{2i})$ 第 i 个观测点的空间位置.

D 是研究区域的范围.

$\Re^d$ 是一个维数为 d 的实坐标空间.

$U(s)$ 是一个随机过程.

$u(s_i)$ 是 $U(s)$ 在位置 s_i 处的一个实现.

n 是采样位置的数量.

h 是一个距离(通常是两点之间).

y_i 是位置 s_i 处的观测值.

μ 是模型的均值或截距.

μ_i 是位置 s_i 处的空间过程的均值.

e_i 是误差项.

σ_e^2 是误差项的方差.

Σ 是一个方差-协方差矩阵.

F_i 是位置 s_i 处的协变量矩阵.

β 是协变量的系数向量.

β_j 是协变量 j 的系数.

κ 是 Matérn 协方差的规模参数.

ν 是 Matérn 协方差的平滑参数.

$\|\cdot\|$ 表示欧氏距离.

$K_\nu(\cdot)$ 是第二类修正的贝塞尔函数.

σ_u^2 是 Matérn 过程的边际方差.

u 是 Matérn 过程的一个样本.

z 是标准高斯分布的 n 个样本点构成的向量.

R 是协方差的 Cholesky 分解.

$E(\cdot)$ 表示期望值.

$\text{Cor}(\cdot,\cdot)$ 表示相关系数.

$\text{Cor}_M(\cdot,\cdot)$ 表示 Matérn 过程的相关系数.

I 是单位矩阵.

$\lambda(s)$ 是点过程在位置 s 处的强度.

$S(s)$ 是一个连续的空间高斯过程 (通常有一个 Matérn 协方差).

附录 B
本书使用的软件包

我们在下面列出了编纂本书时使用的软件包的信息, 这在试图复现结果和图形时将会很有用. 不同版本的 R 和下面显示的软件包可能会产生略有不同的结果. 此外, 架构也可能导致模型拟合结果的微小差异.

```
## R version 3.5.1 (2018-07-02)
## Platform: x86_64-apple-darwin15.6.0 (64-bit)
## Running under: macOS High Sierra 10.13.6
##
## Matrix products: default
## BLAS: /R/Versions/3.5/Resources/lib/libRblas.0.dylib
## LAPACK: /R/Versions/3.5/Resources/lib/libRlapack.dylib
##
## attached base packages:
##  [1] grid      parallel  stats     graphics  grDevices utils
##  [7] datasets  methods   base
##
## other attached packages:
##  [1] survival_2.42-6       scales_1.0.0
##  [3] splancs_2.01-40       spelling_1.2
##  [5] spdep_0.8-1           spData_0.2.9.4
##  [7] spatstat_1.56-1       rpart_4.1-13
##  [9] nlme_3.1-137          spatstat.data_1.3-1
## [11] rgeos_0.3-28          rgdal_1.3-4
## [13] osmar_1.1-7           geosphere_1.5-7
## [15] RCurl_1.95-4.11       bitops_1.0-6
## [17] XML_3.98-1.16         maptools_0.9-3
## [19] mapdata_2.3.0         latticeExtra_0.6-28
## [21] lattice_0.20-35       inlabru_2.1.9
## [23] ggplot2_3.0.0         gridExtra_2.3
## [25] evd_2.3-3             deldir_0.1-15
```

```
## [27] RColorBrewer_1.1-2    viridisLite_0.3.0
## [29] fields_9.6            maps_3.3.0
## [31] spam_2.2-0            dotCall64_1.0-0
## [33] knitr_1.20            INLA_18.09.24
## [35] sp_1.3-1              Matrix_1.2-14
## 
## loaded via a namespace (and not attached):
##  [1] splines_3.5.1         gtools_3.8.1
##  [3] assertthat_0.2.0      expm_0.999-3
##  [5] LearnBayes_2.15.1     yaml_2.2.0
##  [7] pillar_1.3.0          backports_1.1.2
##  [9] glue_1.3.0            digest_0.6.17
## [11] polyclip_1.9-1        colorspace_1.3-2
## [13] htmltools_0.3.6       plyr_1.8.4
## [15] pkgconfig_2.0.2       gmodels_2.18.1
## [17] bookdown_0.7          purrr_0.2.5
## [19] gdata_2.18.0          tensor_1.5
## [21] spatstat.utils_1.9-0  tibble_1.4.2
## [23] mgcv_1.8-24           withr_2.1.2
## [25] lazyeval_0.2.1        magrittr_1.5
## [27] crayon_1.3.4          evaluate_0.11
## [29] MASS_7.3-50           foreign_0.8-71
## [31] tools_3.5.1           stringr_1.3.1
## [33] munsell_0.5.0         bindrcpp_0.2.2
## [35] compiler_3.5.1        rlang_0.2.2
## [37] goftest_1.1-1         rmarkdown_1.10
## [39] boot_1.3-20           gtable_0.2.0
## [41] abind_1.4-5           R6_2.2.2
## [43] dplyr_0.7.6           bindr_0.1.1
## [45] rprojroot_1.3-2       stringi_1.2.4
## [47] Rcpp_0.12.18          coda_0.19-2
## [49] tidyselect_0.2.4      xfun_0.3
```

参考文献

Abrahamsen, P., (1997). A review of Gaussian random fields and correlation functions. Norwegian Computing Center report No. 917.

Andersen, P. K., R. D. Gill, (1982). Cox's regression model for counting processes: A large sample study. The Annals of Statistics, 10(4): 1100-1120.

Assunção, J. J., D. Gamerman, R. M. Assunção, (1999). Regional differences in factor productivities of Brazilian agriculture: A space-varying parameter approach. Technical report, Universidade Federal do Rio de Janeiro, Statistical Laboratory.

Assunção, R. M., J. E. Potter, S. M. Cavenaghi, (2002). A Bayesian space varying parameter model applied to estimating fertility schedules. Statistics in Medicine, 21: 2057-2075.

Baddeley, A., E. Rubak, R. Turner, (2015). Spatial Point Patterns: Methodology and Applications with R. Boca Raton, FL: Chapman & Hall/CRC.

Bailey, T. C., A. C. Gatrell, (1995). Interactive Spatial Data Analysis. Harlow, UK: Longman Scientific & Technical.

Bakka, H., H. Rue, G.-A. Fuglstad, A. Riebler, D. Bolin, E. Krainski, D. Simpson, F. Lindgren, (2018a). Spatial modelling with R-INLA: A review. WIREs Comput. Stat., 10(6):1-24.

Bakka, H., J. Vanhatalo, J. Illian, D. Simpson, H. Rue, (2016). Non-stationary Gaussian models with physical barriers. ArXiv e-prints.

Bakka, H., (2018b). How to solve the stochastic partial differential equation that gives a Matérn random field using the finite element method. ArXiv preprint arXiv:1803.03765.

Banerjee, S., B. P. Carlin, A. E. Gelfand, (2014). Hierarchical Modeling and Analysis for Spatial Data. 2nd ed. Boca Raton, FL: Chapman & Hall/CRC.

Becker, R. A., A. R. Wilks, R. Brownrigg, (2016). Mapdata: Extra Map Databases. R package version 2.2-6.

Besag, J., (1981). On a system of two-dimensional recurrence equations. J. R. Statist.

Soc. B, 43(3): 302-309.

Bivand, R., T. Keitt, B. Rowlingson, (2017). Rgdal: Bindings for the "Geospatial" Data Abstraction Library. R package version 1.2-16.

Bivand, R., J. Nowosad, R. Lovelace, (2018). SpData: Datasets for Spatial Analysis. R package version 0.2.7.0.

Bivand, R., G. Piras, (2015). Comparing implementations of estimation methods for spatial econometrics. Journal of Statistical Software, 63(18): 1-36.

Bivand, R., C. Rundel, (2017). Rgeos: Interface to Geometry Engine - Open Source ("GEOS"). R package version 0.3-26.

Bivand, R., E. Pebesma, V. Gómez-Rubio, (2013). Applied Spatial Data Analysis with R. 2nd ed. NY: Springer.

Blangiardo, M., M. Cameletti, (2015). Spatial and Spatio-temporal Bayesian Models with R-INLA. Chichester, UK: John Wiley & Sons, Ltd.

Bowman, A. W., I. Gibson, E. M. Scott, E. Crawford, (2010). Interactive teaching tools for spatial sampling. Journal of Statistical Software, 36(13): 1-17.

Box, G. E., N. R. Draper, (2007). Response Surfaces, Mixtures, and Ridge Analyses. 2nd ed. Hoboken, NJ: Wiley-Interscience.

Brenner, S. C., R. Scott, (2007). The Mathematical Theory of Finite Element Methods. 3rd ed. NY: Springer.

Cameletti, M., F. Lindgren, D. Simpson, H. Rue, (2013). Spatio-temporal modeling of particulate matter concentration through the SPDE approach. Advances in Statistical Analysis, 97(2): 109-131.

Carlin, B. P., T. A. Louis, (2008). Bayesian Methods for Data Analysis. 3rd ed. Boca Raton, FL: Chapman & Hall/CRC.

Casson, E., S. Coles, (1999). Spatial regression models for extremes. Extremes, 1(4): 449-468.

Castro-Camilo, D., M. de Carvalho, (2017). Spectral density regression for bivariate extremes. Stochastic Environmental Research and Risk Assessment, 31(7): 1603-1613.

Castro-Camilo, D., M. de Carvalho, J. Wadsworth, (2018). Time-varying extreme value dependence with application to leading European stock markets. Annals of Applied Statistics, 12(1): 283-309.

Chang, W., J. Cheng, J. J. Allaire, Y. Xie, J. McPherson, (2018). Shiny: Web Application Framework for R. R package version 1.1.0.

Ciarlet, P. G., (1978). The Finite Element Method for Elliptic Problems. Amsterdam: North-Holland.

Coles, S., (2001). An Introduction to Statistical Modeling of Extreme Values. London: Springer.

Cooley, D., D. Nychka, P. Naveau, (2007). Bayesian spatial modeling of extreme precipitation return levels. Journal of the American Statistical Association, 102(479): 824-840.

Cressie, N., (1993). Statistics for Spatial Data. NY: John Wiley & Sons.

Cressie, N., C. K. Wikle, (2011). Statistics for Spatio-Temporal Data. Hoboken, NJ: John Wiley & Sons.

Davison, A. C., R. L. Smith, (1990). Models for exceedances over high thresholds (with discussion). Journal of the Royal Statistical Society, Series B, 393-442.

de Berg, M., O. Cheong, M. van Kreveld, M. Overmars, (2008). Computational Geometry. 3rd ed. Berlin Heidelberg: Springer.

Diggle, P. J., (2013). Statistical Analysis of Spatial and Spatio-Temporal Point Patterns. 3rd ed. Boca Raton, FL: Chapman & Hall/CRC.

Diggle, P. J., (2014). Statistical Analysis of Spatial and Spatio-Temporal Point Patterns. 3rd ed. Boca Raton, FL: CRC Press, Taylor & Francis Group.

Diggle, P. J., R. Menezes, T.-L. Su, (2010). Geostatistical inference under preferential sampling. Journal of the Royal Statistical Society, Series C (Applied Statistics), 59(2): 191-232.

Diggle, P. J., P. J. Ribeiro Jr., (2007). Model-Based Geostatistics. NY: Springer.

Eugster, M. J. A., T. Schlesinger, (2013). Osmar: OpenStreetMap and R. The R Journal, 5(1): 53-63.

Fuglstad, G.-A., D. Simpson, F. Lindgren, H. Rue, (2018). Constructing priors that penalize the complexity of Gaussian random fields. Journal of the American Statistical Association, to appear.

Gamerman, D., A. R. B. Moreira, H. Rue, (2003). Space-varying regression models: specifications and simulation. Computational Statistics & Data Analysis - Special Issue: Computational Econometrics, 42(3): 513-533.

Gelfand, A. E., H. Kim, C. F. Sirmans, S. Banerjee, (2003). Spatial modeling with spatially varying coefficient processes. Journal of the American Statistical Association, 98(462): 387-396.

Gelfand, A. E., A. M. Schmidt, C. F. Sirmans, (2002). Multivariate spatial process models: conditional and unconditional Bayesian approaches using coregionalization. Center for Real Estate and Urban Economic Studies, University of Connecticut.

Gilks, W. R., S. Richardson, D. Spiegelhalter, (1996). Markov Chain Monte Carlo in Practice. Boca Raton, FL: Chapman & Hall/CRC.

Gómez-Rubio, V., (2020). Bayesian Inference with INLA. FL: Chapman & Hall/CRC.

Guibas, L. J., D. E. Knuth, M. Sharir, (1992). Randomized incremental construction of Delaunay and Voronoi diagrams. Algorithmica, 7: 381-413.

Haining, R., (2003). Spatial Data Analysis: Theory and Practice. Cambridge University Press.

Henderson, R., S. Shimakura, D. Gorst, (2003). Modeling spatial variation in leukemia survival data. JASA, 97(460): 965-972.

Holford, T. R., (1980). The analysis of rates and of survivorship using log-linear models. Biometrics, 36: 299-305.

Ibrahim, J. G., M.-H. Chen, D. Sinha, (2001). Bayesian Survival Analysis. NY: Springer.

Illian, J., A. Penttinen, H. Stoyan, D. Stoyan, (2008). Statistical Analysis and Modelling of Spatial Point Patterns. Chichester, UK: John Wiley & Sons.

Illian, J. B., S. H. Sørbye, H. Rue, (2012). A toolbox for fitting complex spatial point process models using integrated nested Laplace approximation (INLA). Annals of Applied Statistics, 6(4): 1499-1530.

Ingebrigtsen, R., F. Lindgren, I. Steinsland, (2014). Spatial models with explanatory variables in the dependence structure. Spatial Statistics, 8: 20-38.

Knorr-Held, L., H. Rue, (2002). On block updating in Markov random field models for disease mapping. Scandinavian Journal of Statistics, 20: 597-614.

Laird, N., D. Olivier, (1981). Covariance analysis of censored survival data using log-linear analysis techniques. Journal of the American Statistical Association, 76: 231-240.

Lindgren, F., (2012). Continuous domain spatial models in R-INLA. The ISBA Bulletin,

19(4): 14-20.

Lindgren, F., H. Rue, (2015). Bayesian spatial and spatio-temporal modelling with R-INLA. Journal of Statistical Software, 63(19).

Lindgren, F., H. Rue, J. Lindström, (2011). An explicit link between Gaussian fields and Gaussian Markov random fields: the stochastic partial differential equation approach (with discussion). J. R. Statist. Soc. B, 73(4): 423-498.

Little, R. J. A., D. B. Rubin, (2002). Statistical Analysis with Missing Data. 2nd ed. Hoboken, NJ: John Wiley & Sons.

Marshall, E. C., D. J. Spiegelhalter, (2003). Approximate cross-validatory predictive checks in disease mapping models. Statistics in Medicine, 22(10): 1649-1660.

Martino, S., R. Akerkar, H. Rue, (2010). Approximate Bayesian inference for survival models. Scandinavian Journal of Statistics, 28(3): 514-528.

Martins, T. G., D. Simpson, F. Lindgren, H. Rue, (2013). Bayesian computing with INLA: New features. Computational Statistics & Data Analysis, 67(0): 68-83.

Møller, J., A. R. Syversveen, R. P. Waagepetersen, (1998). Log Gaussian Cox Processes. Scandinavian Journal of Statistics, 25: 451-482.

Møller, J., R. P. Waagepetersen, (2003). Statistical Inference and Simulation for Spatial Point Processes. Boca Raton, FL: Chapman & Hall/CRC.

Muff, S., A. Riebler, L. Held, H. Rue, P. Saner, (2014). Bayesian analysis of measurement error models using integrated nested Laplace approximations. Journal of the Royal Statistical Society, Series C, 64(2): 231-252.

OpenStreetMap contributors, (2018). Planet dump retrieved from https://planet.osm.org.

Opitz, T., R. Huser, H. Bakka, H. Rue, (2018). INLA goes extreme: Bayesian tail regression for the estimation of high spatio-temporal quantiles. Extremes, 21(3): 441-462.

Petris, G., S. Petroni, P. Campagnoli, (2009). Dynamic Linear Models with R. NY: Springer.

Pettit, L. I., (1990). The conditional predictive ordinate for the normal distribution. Journal of the Royal Statistical Society, Series B (Methodological), 52(1): 175-184.

Quarteroni, A. M., A. Valli, (2008). Numerical Approximation of Partial Differential Equations. 2nd ed. NY: Springer.

Ribeiro Jr., P. J., P. J. Diggle, (2001). GeoR: a package for geostatistical analysis. R-NEWS, 1(2):14-18.

Rowlingson, B., P. Diggle, (2017). Splancs: Spatial and Space-Time Point Pattern Analysis. R package version 2.01-40.

Rowlingson, B., P. Diggle, (1993). Splancs: Spatial point pattern analysis code in S-plus. Computers & Geosciences, 19(5): 627-655.

Rozanov, J. A., (1977). Markov random fields and stochastic partial differential equations. Math. USSR Sbornik, 32(4): 515-534.

Rue, H., L. Held, (2005). Gaussian Markov Random Fields: Theory and Applications. Boca Raton, FL: Chapman & Hall/CRC.

Rue, H., S. Martino, N. Chopin, (2009). Approximate Bayesian inference for latent Gaussian models using integrated nested Laplace approximations (with discussion). Journal of the Royal Statistical Society, Series B, 71(2): 319-392.

Rue, H., A. I. Riebler, S. H. Sørbye, J. B. Illian, D. P. Simpson, F. K. Lindgren, (2017). Bayesian computing with INLA: A review. Annual Review of Statistics and Its Application, 4: 395-421.

Rue, H., H. Tjelmeland, (2002). Fitting Gaussian Markov random fields to Gaussian fields. Scandinavian Journal of Statistics, 29(1): 31-49.

Ruiz-Cárdenas, R., E. T. Krainski, H. Rue, (2012). Direct fitting of dynamic models using integrated nested Laplace approximations—INLA. Computational Statistics & Data Analysis, 56(6): 1808-1828.

Schabenberger, O.,C. A. Gotway, (2004). Statistical Methods for Spatial Data Analysis. Boca Raton, FL: Chapman & Hall/CRC.

Schlather, M., A. Malinowski, P. J. Menck, M. Oesting, K. Strokorb, (2015). Analysis, simulation and prediction of multivariate random fields with package random fields. Journal of Statistical Software, 63(8): 1-25.

Schmidt, A. M., A. E. Gelfand, (2003). A Bayesian coregionalization approach for multivariate pollutant data. Journal of Geographysical Research, 108 (D24).

Simpson, D. P., J. B. Illian, F. Lindren, S. H. Sørbye, H. Rue, (2016). Going off grid: computationally efficient inference for log-Gaussian Cox processes. Biometrika, 103(1): 49-70.

Simpson, D. P., H. Rue, A. Riebler, T. G. Martins, S. H. Sørbye, (2017). Penalising model component complexity: A principled, practical approach to constructing priors. Statistical Science, 32(1):1-28.

Sørbye, S., H. Rue, (2014). Scaling intrinsic Gaussian Markov random field priors in spatial modelling. Spatial Statistics, 8: 39-51.

Spiegelhalter, D. J., N. G. Best, B. P. Carlin, A. Van der Linde, (2002). Bayesian measures of model complexity and fit (with discussion). Journal of the Royal Statistical Society, Series B, 64(4): 583-616.

Stephenson, A. G., (2002). Evd: Extreme value distributions. R News, 2(2): 31-32.

Taylor, B. M., T. M. Davies, R. B. S., P. J. Diggle, (2013). Lgcp: An R package for inference with spatial and spatio-temporal log-Gaussian Cox processes. Journal of Statistical Software, 52(4):1-40.

Therneau, T. M., (2015). A Package for Survival Analysis in S. R package version 2.38.

Therneau, T. M., P. M. Grambsch, (2000). Modeling Survival Data: Extending the Cox Model. NY: Springer.

Tobler, W. R., (1970). A computer movie simulating urban growth in the Detroid region. Economic Geography, 2(46): 234-240.

Vivar, J. C., M. A. R. Ferreira, (2009). Spatiotemporal models for Gaussian areal data. Journal of Computational and Graphical Statistics, 18(3): 658-674.

Wang, X., Y. R. Yue, J. J. Faraway, (2018). Bayesian Regression Modeling with INLA. Boca Raton, FL: Chapman & Hall/CRC.

Watanabe, S., (2013). A widely applicable Bayesian information criterion. Journal of Machine Learning Research, (14): 867-897.

West, M., J. Harrison, (1997). Bayesian Forecasting and Dynamic Models. NY: Springer.

Zuur, A. F., E. N. Ieno, A. A. Saveliev, (2017). Beginner's Guide to Spatial, Temporal and Spatial-Temporal Ecological Data Analysis with R-INLA. Highland Statistics Ltd.

索引

C

CRDT, 见：受约束的 Delaunay 精细三角剖分

D

点过程分析, 220, 225
    大数据集, 225
    时空模型, 220, 225
点模式分析, 129, 132
    空间模型, 121, 129, 132

F

非平稳性, 139
风险评估, 165
复杂度惩罚先验, 32
    标准差, 32, 34, 53
    范围, 34
    范围值, 53
    空间模型, 53

G

GF, 见：高斯场
高斯场, 37
高斯随机场, 37
各向同性, 38

H

函数

book.dual.mesh, 50
book.spatial.correlation, 150
coxph, 170
inla.barrier.polygon, 149
inla.coxph, 170
inla.dmarginal, 20
inla.emarginal, 20, 57
inla.group, 84
inla.hpdmarginal, 20, 57
inla.list.models, 8
inla.mesh.2d, 50, 69
inla.mesh.fem, 50
inla.mesh.project, 90
inla.mesh.projector, 60, 90
inla.models, 8
inla.nonconvex.hull, 71
inla.over_sp_mesh, 149
inla.pmarginal, 20, 57
inla.posterior.sample, 94
inla.qmarginal, 20, 57
inla.rmarginal, 20
inla.smarginal, 20
inla.sp2segment, 77
inla.spde.make.A, 50
inla.spde2.pcmatern, 52, 53
inla.spde2.precision, 150
inla.stack, 55, 56

inla.stack.A, 56

inla.stack.data, 56

inla.stack.index, 62

inla.surv, 168

inla.tmarginal, 20, 57

inla.zmarginal, 20

meshbuilder, 79

slcpo, 87

Surv, 170

I

INLA, 1

    copy 模型, 113

    Cox 比例风险生存模型, 169

    CPO, 14, 87

    DIC, 14

    Hurdle 模型, 233

    INLA 包, 1, 3

    inla 对象, 9

    PIT, 14

    R-INLA 包, 1, 3

    WAIC, 14

    测量误差, 104

    点过程分析, 220, 225

    点模式分析, 121, 129, 132

    动态回归, 214

    对数高斯–Cox 过程, 129

    对数高斯–Cox 点过程, 121

    多个似然, 22, 97

    多个网格, 199

    非标准似然, 165

    复现模型, 28

    复制模型, 24

    复制线性预测因子, 113

    估计方法, 16

    广义极值分布, 172

    广义帕累托分布, 172

    后验边际分布, 20

    极值模型, 172

    结果, 9

    控制选项, 13

    联合建模, 104

    模型拟合, 3

    屏障模型, 146, 154

    潜在效应的线性组合, 30

    生存模型, 165

    时空模型, 181, 209

    输出, 9

    投影矩阵, 32, 53

    网格, 67

    伪造零技巧, 108, 115

    先验, 17

    协方差建模, 139

    优先抽样法, 132

    预测, 12

J

积分嵌套拉普拉斯近似, 1

K

空间建模, 35

M

Matérn 相关性, 39

索引

Matérn 协方差, 39

P

PC 先验, 见: 复杂度惩罚先验

平稳性, 38

Q

区域数据, 36

S

SPDE, 见: 随机偏微分方法

时空模型, 181, 209
 降低分辨率, 193
 离散时间, 181
 连续时间, 190

受约束的 Delaunay 精细三角剖分, 68

数据集
 Albacete 的噪声, 154
 `burkitt`, 220
 `Leuk`, 165
 Paraná 州降雨量, 81, 194, 199, 233

SPDEtoy, 52

加拿大海岸线, 147

乌干达的 Burkitt 淋巴瘤, 220

新英格兰地区急性骨髓性白血病, 165

随机偏微分方程, 67

W

网格评估, 79
 Shiny 应用程序, 79

X

协方差, 139

协同区域, 97
 时空模型, 209

Y

阈值超限, 178

Z

栅格数据, 36

统计学丛书

书号	书名	著译者
9787040607710	R 语言与统计分析（第二版）	汤银才 主编
9787040608199	基于 INLA 的贝叶斯推断	Virgilio Gomez-Rubio 著 汤银才、周世荣 译
9787040610079	基于 INLA 的贝叶斯回归建模	Xiaofeng Wang、Yu Ryan Yue、Julian J. Faraway 著 汤银才、周世荣 译
9787040604894	社会科学的空间回归模型	Guangqing Chi、Jun Zhu 著 王平平 译
9787040612615	基于 R–INLA 的 SPDE 空间模型的高级分析	Elias Krainski 等 著 汤银才、陈婉芳 译
9787040607666	地理空间健康数据：基于 R–INLA 和 Shiny 的建模与可视化	Paula Moraga 著 汤银才、王平平 译
9787040557596	MINITAB 软件入门：最易学实用的统计分析教程（第二版）	吴令云 等 编著
9787040588200	缺失数据统计分析（第三版）	Roderick J. A. Little、Donald B. Rubin 著 周晓华、邓宇昊 译
9787040554960	蒙特卡罗方法与随机过程：从线性到非线性	Emmanuel Gobet 著 许明宇 译
9787040538847	高维统计模型的估计理论与模型识别	胡雪梅、刘锋 著
9787040515084	量化交易：算法、分析、数据、模型和优化	黎子良 等 著 冯玉林、刘庆富 译
9787040513806	马尔可夫过程及其应用：算法、网络、基因与金融	Étienne Pardoux 著 许明宇 译
9787040508291	临床试验设计的统计方法	尹国至、石昊伦 著

续表

书号	书名	著译者
9787040506679	数理统计（第二版）	邵军
9787040478631	随机场：分析与综合（修订扩展版）	Erik Vanmarke 著 陈朝晖、范文亮 译
9787040447095	统计思维与艺术：统计学入门	Benjamin Yakir 著 徐西勒 译
9787040442595	诊断医学中的统计学方法（第二版）	侯艳、李康、宇传华、周晓华 译
9787040448955	高等统计学概论	赵林城、王占锋 编著
9787040436884	纵向数据分析方法与应用（英文版）	刘宪
9787040423037	生物数学模型的统计学基础（第二版）	唐守正、李勇、符利勇 著
9787040419504	R 软件教程与统计分析：入门到精通	潘东东、李启寨、唐年胜 译
9787040386721	随机估计及 VDR 检验	杨振海
9787040378177	随机域中的极值统计学：理论及应用（英文版）	Benjamin Yakir 著
9787040372403	高等计量经济学基础	缪柏其、叶五一
9787040322927	金融工程中的蒙特卡罗方法	Paul Glasserman 著 范韶华、孙武军 译
9787040348309	大维统计分析	白志东、郑术蓉、姜丹丹
9787040348286	结构方程模型：Mplus 与应用（英文版）	王济川、王小倩 著

续表

书号	书名	著译者
9787040348262	生存分析：模型与应用（英文版）	刘宪
9787040321883	结构方程模型：方法与应用	王济川、王小倩、姜宝法 著
9787040319682	结构方程模型：贝叶斯方法	李锡钦 著 蔡敬衡、潘俊豪、周影辉 译
9787040315370	随机环境中的马尔可夫过程	胡迪鹤 著
9787040256390	统计诊断	韦博成、林金官、解锋昌 编著
9787040250626	R 语言与统计分析	汤银才 主编
9787040247510	属性数据分析引论（第二版）	Alan Agresti 著 张淑梅、王睿、曾莉 译
9787040182934	金融市场中的统计模型和方法	黎子良、刑海鹏 著 姚佩佩 译

购书网站：高教书城（www.hepmall.com.cn），高教天猫（gdjycbs.tmall.com），京东，当当，微店

其他订购办法：
各使用单位可向高等教育出版社电子商务部汇款订购。书款通过银行转账，支付成功后请将购买信息发邮件或传真，以便及时发货。购书免邮费，发票随书寄出（大批量订购图书，发票随后寄出）。

单位地址：北京西城区德外大街 4 号
电　　话：010-58581118
传　　真：010-58581113
电子邮箱：gjdzfwb@pub.hep.cn

通过银行转账：
户　　名：高等教育出版社有限公司
开　户　行：交通银行北京马甸支行
银行账号：110060437018010037603

郑重声明

高等教育出版社依法对本书享有专有出版权。任何未经许可的复制、销售行为均违反《中华人民共和国著作权法》，其行为人将承担相应的民事责任和行政责任；构成犯罪的，将被依法追究刑事责任。为了维护市场秩序，保护读者的合法权益，避免读者误用盗版书造成不良后果，我社将配合行政执法部门和司法机关对违法犯罪的单位和个人进行严厉打击。社会各界人士如发现上述侵权行为，希望及时举报，我社将奖励举报有功人员。

反盗版举报电话　(010)58581999　58582371
反盗版举报邮箱　dd@hep.com.cn
通信地址　　　　北京市西城区德外大街 4 号
　　　　　　　　高等教育出版社法律事务部
邮政编码　　　　100120

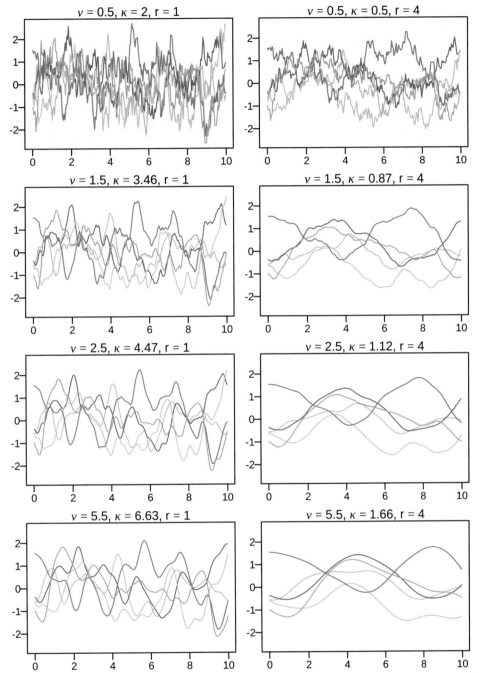

图 2.2 取自一维 Matérn 相关函数的 5 组样本图, 两个不同的范围值对应左右两列的图像, 4 个平滑参数值对应每一行的图像

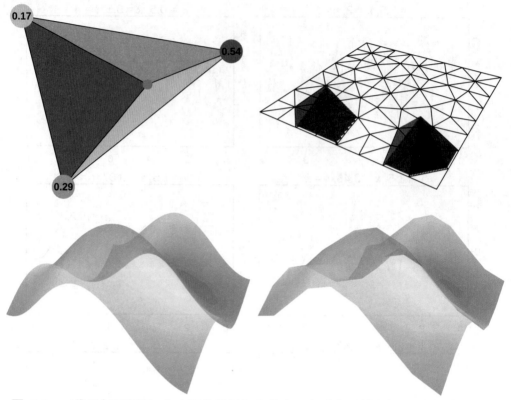

图 2.6 二维近似示例图: 左上图为目标红点的大三角形和区域坐标, 右上图为两个位点所有的三角形及其基函数; 左下图为真实域, 右下图为近似域

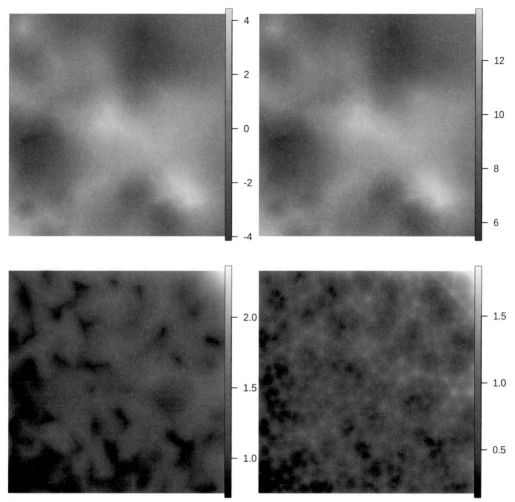

图 2.10 左上和左下图分别是随机场的均值与标准差, 右上和右下图分别是拟合结果的均值与标准差

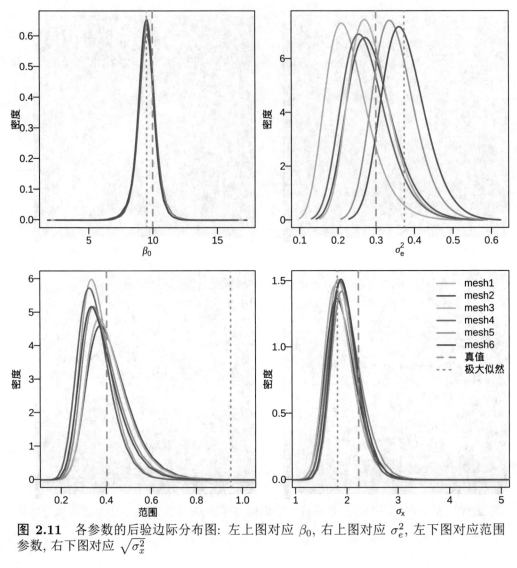

图 2.11 各参数的后验边际分布图: 左上图对应 β_0, 右上图对应 σ_e^2, 左下图对应范围参数, 右下图对应 $\sqrt{\sigma_x^2}$

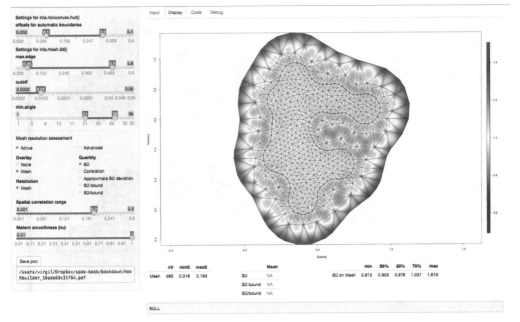

图 2.20 在 Shiny 应用程序中，Display 选项卡展示了空间过程的估计标准差

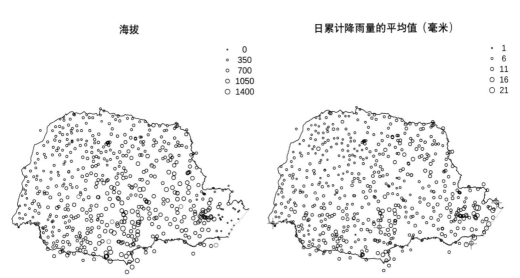

图 2.21 此图展示了 Paraná 州测量站点的位置及其海拔和 2011 年 1 月的日平均累计降雨量. 红色标记的圆点代表有缺失观测值的站点, 红叉即代表前文中所述的四个站点

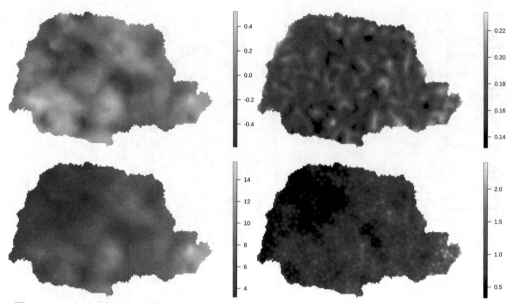

图 2.24 左上图和右上图分别是随机场的后验均值与标准差，左下图和右下图分别是响应变量的后验均值与标准差

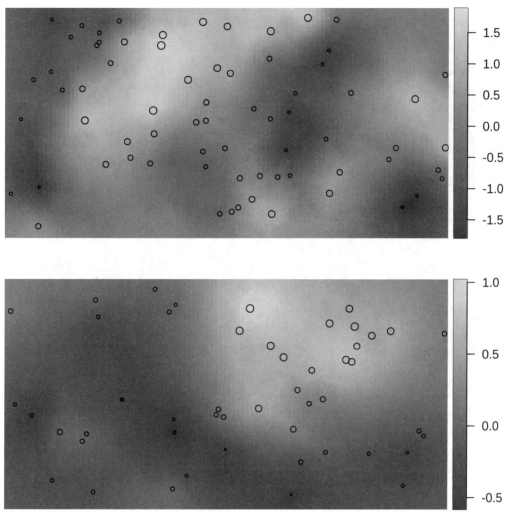

图 3.7 上图为 m 和 x 位置的后验均值, 其对应圆点大小与 m 的模拟值成正比. 下图为 v 和 y 位置的后验均值, 其对应圆点大小与 v 的模拟值成正比

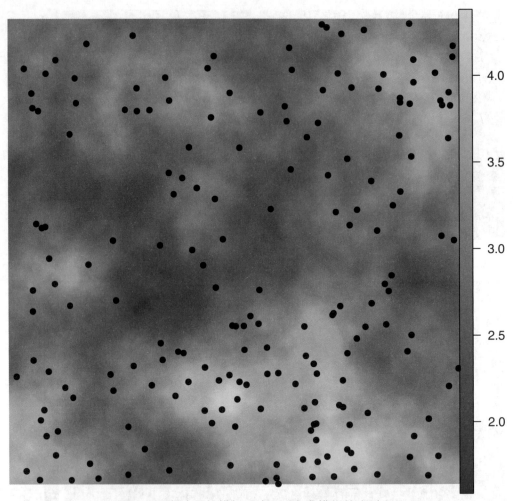

图 4.1 点过程的模拟强度. 黑点为模拟的点过程

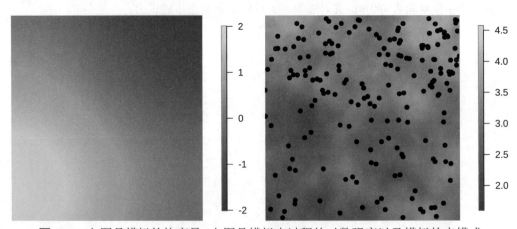

图 4.5 左图是模拟的协变量, 右图是模拟点过程的对数强度以及模拟的点模式

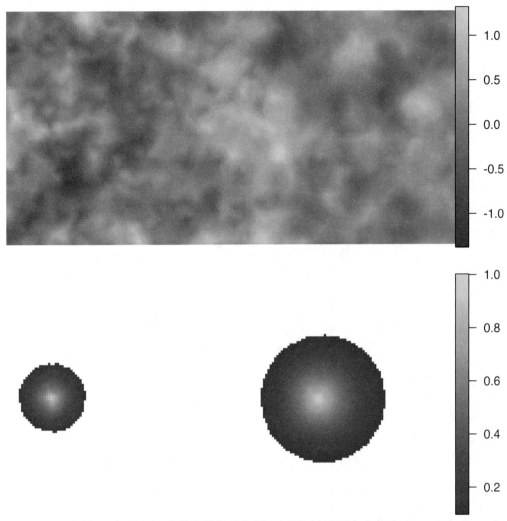

图 5.2 范围值沿水平坐标递增的模拟随机场 (上图) 以及两个定位点 (1, 2.5) 和 (7, 2.5) 的相关性 (下图)

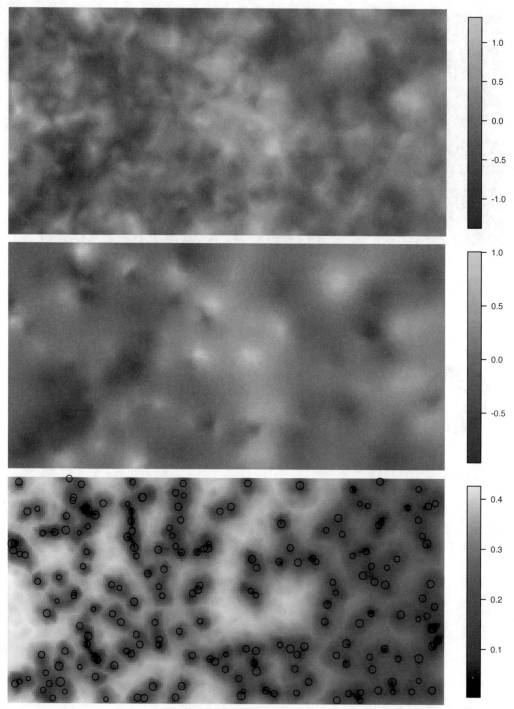

图 5.3 模拟场 (上图)、后验均值 (中图)、后验标准差与位置点 (下图)

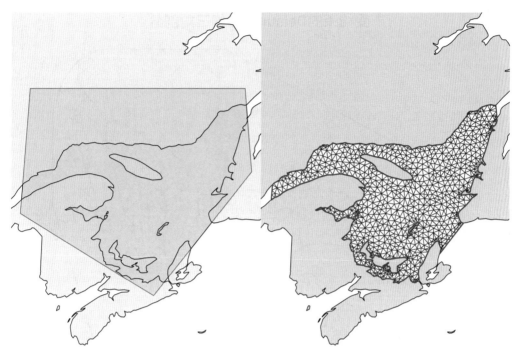

图 5.4 左边的图显示了灰色的土地多边形和浅蓝色的人工构建的研究区域的多边形. 右边的图显示了简单的网格, 只在水中构建

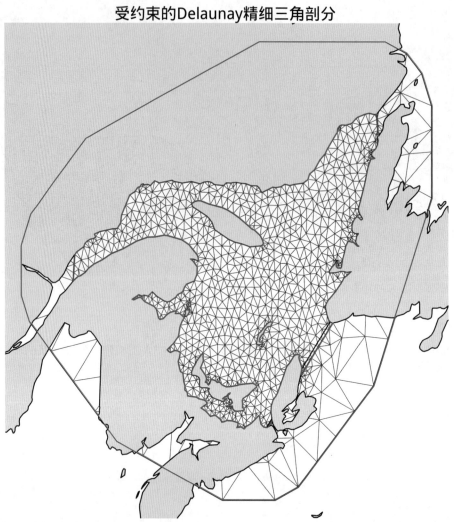

图 5.5 在水上和陆地上构建的网格. 灰色区域是原始的陆地地图. 内部的红色轮廓标志着海岸线的屏障

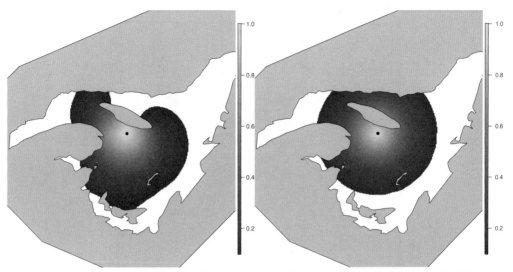

图 5.6 左图是屏障模型相对于黑点的相关结构,右图是平稳模型的相关结构

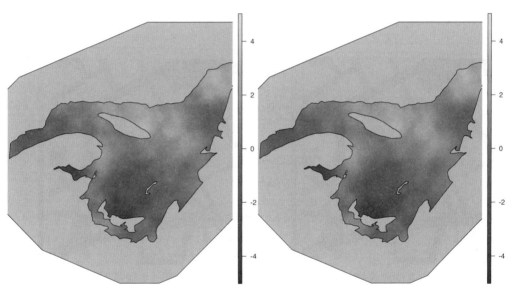

图 5.7 左图显示真实的模拟空间场 u,右图显示屏障模型的后验均值

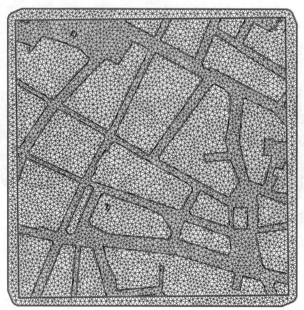

图 5.9 为 Albacete(西班牙) 噪声数据分析创建的网格

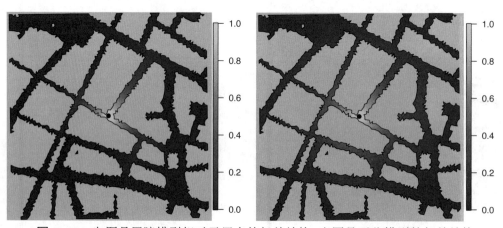

图 5.10 左图是屏障模型相对于黑点的相关结构, 右图是平稳模型的相关结构

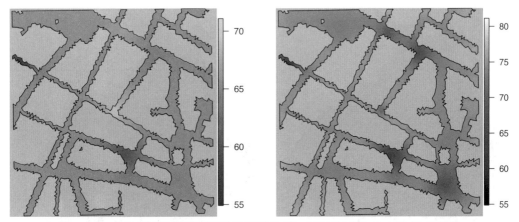

图 5.11 左图显示了屏障模型的后验均值，右图显示了 97.5% 的分位数

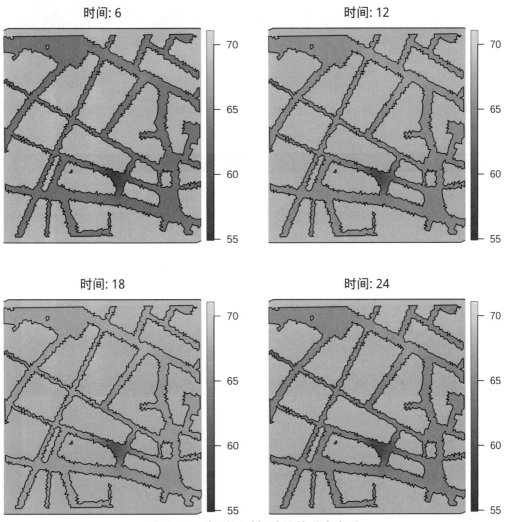

图 5.12 在不同时间估计的噪声水平

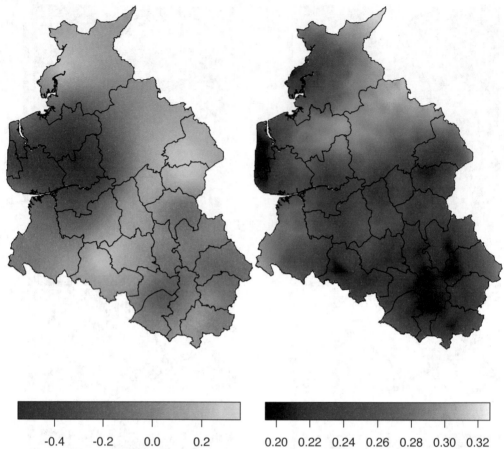

图 6.2 Weibull 生存模型的空间效应图. 后验均值 (左图) 和后验标准差 (右图)

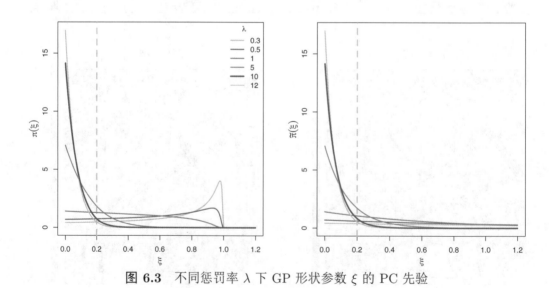

图 6.3 不同惩罚率 λ 下 GP 形状参数 ξ 的 PC 先验

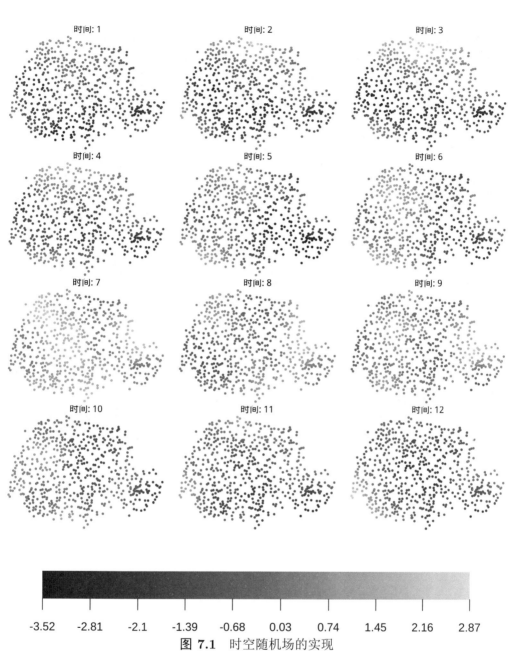

图 **7.1** 时空随机场的实现

图 7.3 时空随机场后验均值的可视化. 时间从上到下、从左到右流动

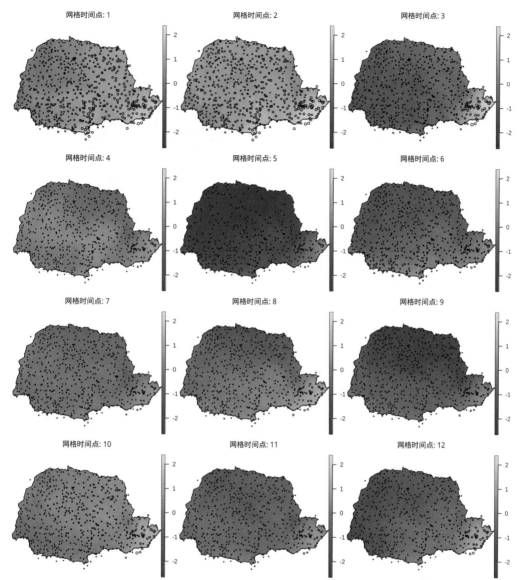

图 7.6 利用时空模型拟合 Paraná 州 (巴西) 的降雨天数得到的每个时间节点上的空间效应

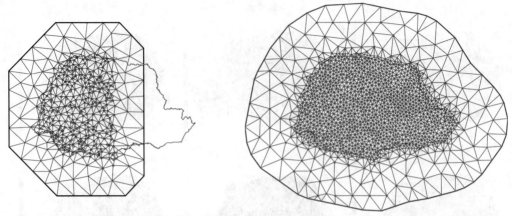

图 7.8 第一个网格以及由蓝色显示的观测数据的位置 (左图). 将用于预测的网络 mesh2 以及由红点显示的第一个网格的点 (右图). 内部蓝色多边形显示 Paraná 州的边界

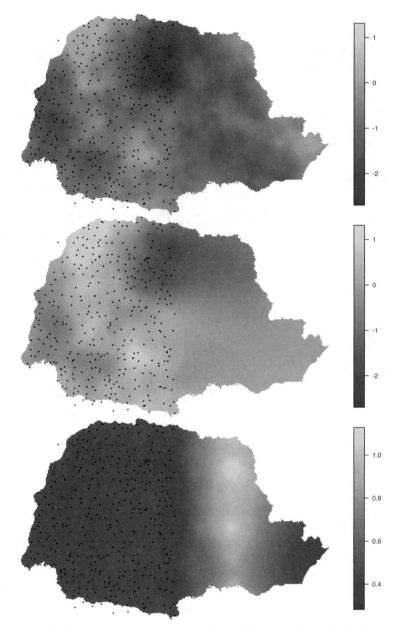

图 7.9 模拟场 (上图), 后验均值的估计 (中图) 和后验边际标准差 (下图)

图 8.3 每个事件发生的时间 (黑色) 和用于推断的节点 (蓝色)

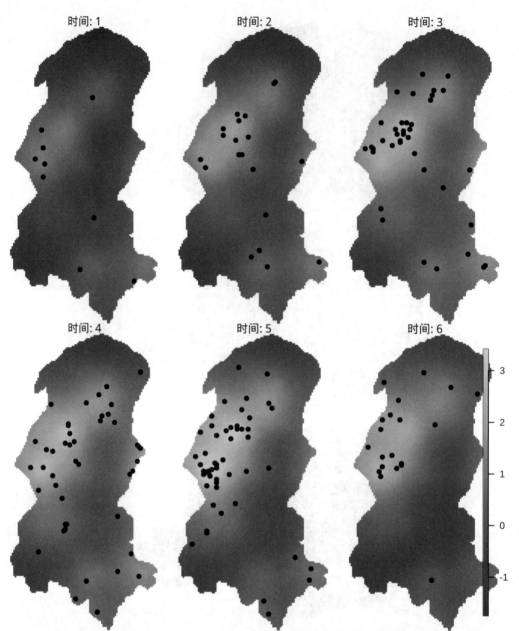

图 8.5 每个时间节点上拟合的潜在随机场,由时间上更接近的点叠加

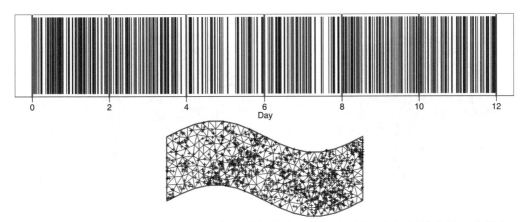

图 8.6 上图: 事件样本的时间 (黑色), 时间节点 (蓝色). 下图: 空间区域中另一个样本的空间位置 (下图)

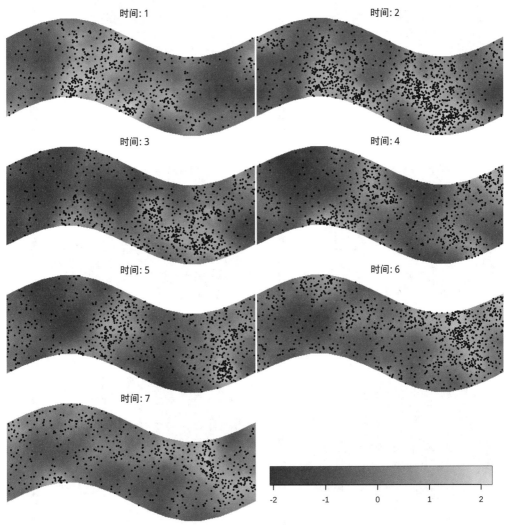

图 8.7 每个时间节点拟合的空间表面, 由最接近每个时间节点的时间点处的趋势叠加

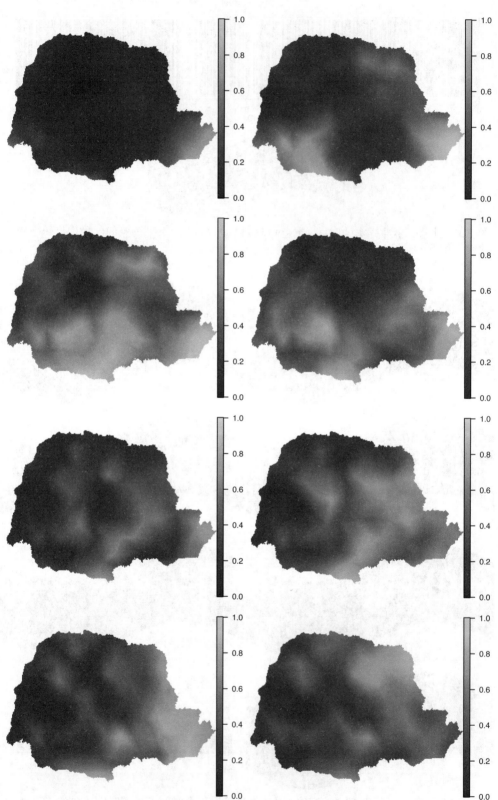

图 8.9 每个时间节点降雨概率的后验均值. 时间从上到下、从左到右流动